AUGUST SCHUSTER

MATHEMATISCHE UNTERRICHTS-BRIEFE

II. Teil

(Übungsbuch)

Longum iter est per praecepta,
breve et efficax per exempla
Seneca der Jüngere

Berlin und Leipzig 1922
Vereinigung wissenschaftlicher Verleger
Walter de Gruyter & Co.
vormals G. J. Göschen'sche Verlagshandlung :: J. Guttentag, Verlagsbuchhandlung :: Georg Reimer :: Karl J. Trübner :: Veit & Comp.

Druck von Metzger & Wittig in Leipzig.

Inhalt.

Erster Teil.

Berichtigung.

S. 217 letzte Zeile lies: $y = x^2 e^{C-x}$ statt: $y = e^{x^2(C-x)}$.

Erster Teil.

I. Bestimmung des Wertes des Quotienten $q = \frac{0}{0}$ auf elementarem Wege.

Außer der später zu zeigenden Ermittelung des Wertes $q = \frac{0}{0}$ mittels Differentialrechnung kann dieselbe auch stets durch Verwendung von Reihen, also auf elementarem Wege erfolgen.

Beispiel 1. Sollte z. B. der Wert von $q = \frac{\sin x}{x}$ für $x = 0$ bestimmt werden, so würde hier zunächst $q = \frac{0}{0}$, und auch durch Benutzung der Reihe für $\sin x$ erhielte man zunächst aus

$$q = \frac{x - \frac{x^3}{3!} + \frac{x^5}{5!} - \ldots}{x}$$

für $x = 0$ den Wert $q = \frac{0}{0}$.

Wird aber, ehe man $x = 0$ setzt, Zähler und Nenner des Bruches durch x gekürzt, so erhält man

$$q = \frac{1 - \frac{x^2}{3!} + \frac{x^4}{5!} - \ldots}{1},$$

was für $x = 0$ nun $q = \frac{1}{1} = 1$ ergibt.

Beispiel 2. Welches ist der Wert des Verhältnisses einer Kreisbogensehne σ zu ihrer Projektion δ auf den Durchmesser?

Lösung. In dem rechtwinkligen Dreieck OCP ist:

$$r^2 = x^2 + y^2 \tag{1}$$

In dem Dreieck OAB:

$$r^2 = (x - \delta)^2 + \left(y + \sqrt{\sigma^2 - \delta^2}\right)^2. \tag{2}$$

Die ausquadrierte Gl. (2) vereinfacht sich mit Rücksicht auf Gl. (1) zu

$$0 = -\, 2x\delta + 2y\sqrt{\sigma^2 - \delta^2} + \sigma^2.$$

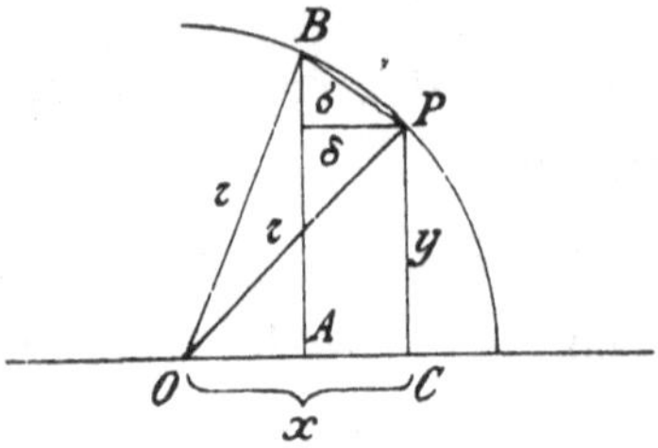

Fig. 1.

Wird nun das gesuchte Verhältnis $\frac{\sigma}{\delta} = q$, also $\sigma = q\delta$ gesetzt, so wird die letzte Gleichung zu

$$2x\delta = 2y\sqrt{q^2\delta^2 - \delta^2} + q^2\delta^2$$

$$= 2y\delta\sqrt{q^2 - 1} + q^2\delta^2,$$

was durch δ gekürzt

$$2x = 2y\sqrt{q^2 - 1} + q^2\delta \tag{3}$$

ergibt. Für $\delta = 0$ wird nach der Figur aber auch $\sigma = 0$, also in diesem Falle $q = \frac{0}{0}$. Für $\delta = 0$ wird aber Gl. (3) zu

$$2x = 2y\sqrt{q^2 - 1}$$

und hieraus

$$q = \sqrt{\frac{x^2}{y^2} + 1} = \frac{\sqrt{x^2 + y^2}}{y}$$

oder wegen Gl. (1) $q = \frac{r}{y}$.

Diesen Proportionalitätswert kann man bekanntlich zur Bestimmung der **Kugeloberfläche** benutzen. Denkt man sich in einen größten Kreis einer Kugel ein regelmäßiges Vieleck von unbeschränkter Seitenzahl eingezeichnet und ist σ die Seite dieses Vielecks, so wird ein als Kegelstumpfmantel zu betrachtendes Oberflächenelement der Kugel den Inhalt:

$$F = \frac{2\pi y + 2\pi\left(y + \sqrt{\sigma^2 - \delta^2}\right)}{2}\,\sigma$$

haben oder wegen der Proportionalität

$$q = \frac{\sigma}{\delta} = \frac{r}{y}$$

wird

$$F = \pi\left(2y + \delta\sqrt{\frac{r^2}{y^2} - 1}\right)\sigma$$

oder

$$\frac{F}{\sigma} = \pi\left(2y + \delta\sqrt{\frac{r^2}{y^2} - 1}\right),$$

also für unbeschränkt kleine Werte von F, σ und δ,

$$\frac{F}{\sigma} = 2\pi y,$$

weil der Summand

$$\delta\sqrt{\frac{r^2}{y^2} - 1}$$

neben $2y$ verschwindet. Es ist also allgemein $F = 2\pi y\sigma$, somit sind das erste und die folgenden Oberflächenelemente

$$F_1 = 2\pi y_1\sigma, \qquad F_2 = 2\pi y_2\sigma, \qquad F_3 = 2\pi y_3\sigma,$$

oder da aus

$$\frac{\sigma}{\delta_1} = \frac{r}{y_1}, \quad \frac{\sigma}{\delta_2} = \frac{r}{y_2} \text{ usw.} \quad y_1\sigma = r\delta_1, \quad y_2\sigma = r\delta_2 \text{ usw.}$$

folgt, so wird die Oberfläche einer Kugelzone

$$\begin{aligned} O = F_1 + F_2 + F_3 + \ldots &= 2\pi(r\delta_1 + r\delta_2 + r\delta_3 + \ldots) \\ &= 2\pi r(\delta_1 + \delta_2 + \delta_3 + \ldots) \end{aligned}$$

oder, da

$$\delta_1 + \delta_2 + \delta_3 + \ldots$$

die Höhe h der Kugelzone darstellt:

$$O = 2\pi r h.$$

Beispiel 3. Für die Gleichung

$$v = 1 + 2abn^2\left(1 - \sqrt{1 + \frac{1}{bn} + \frac{1}{2bn}}\right) \tag{1}$$

für $n = \infty$ den Wert von v zu bestimmen.

Lösung. Würde man hier n ohne weiteres $= \infty$ setzen so erhielte man die unbestimmte Gleichung:

$$v = 1 + \infty(1 - 1 + 0) = 1 + \infty\cdot 0.$$

Entwickelt man dagegen

$$\left(1 + \frac{1}{bn}\right)^{\frac{1}{2}}$$

nach dem binomischen Satze, so erhält man:

$$v = 1 + 2abn^2 \left[1 - \left(1 + \frac{1}{2} \cdot \frac{1}{bn} + \frac{\frac{1}{2}\left(\frac{1}{2} - 1\right)}{2} \cdot \frac{1}{b^2 n^2} + \frac{\frac{1}{2}\left(\frac{1}{2} - 1\right)\left(\frac{1}{2} - 2\right)}{2 \cdot 3} \cdot \frac{1}{b^3 n^3} + \ldots \right) + \frac{1}{2bn} \right]$$

$$= 1 - 2abn^2 \left(\frac{\frac{1}{2}\left(\frac{1}{2} - 1\right)}{2} \cdot \frac{1}{b^2 n^2} + \frac{\frac{1}{2}\left(\frac{1}{2} - 1\right)\left(\frac{1}{2} - 2\right)}{2 \cdot 3} \cdot \frac{1}{b^3 n^3} + \ldots \right)$$

$$= 1 - 2ab \left(\frac{\frac{1}{2}\left(\frac{1}{2} - 1\right)}{2b^2} + \frac{\frac{1}{2}\left(\frac{1}{2} - 1\right)\left(\frac{1}{2} - 2\right)}{2 \cdot 3 b^3 \cdot n} + \ldots \right).$$

Für $n = \infty$ wird somit das zweite und alle folgenden Reihenglieder, weil dieselben n und Potenzen von n im Nenner haben, zu Null, somit wird

$$v = 1 + \frac{a}{4b}.$$

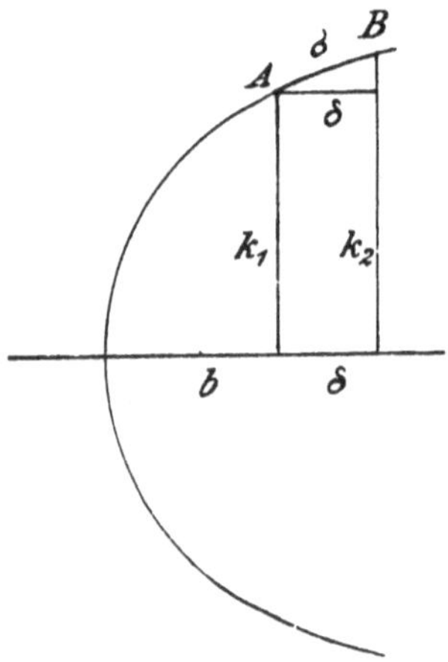

Fig. 2.

Eine geometrische Interpretation dieser Gleichung ergibt sich auf folgende Weise: Für eine Parabel mit dem Parameter a wird für einen

Punkt A mit den Koordinaten

$$x = b, \qquad y = k_1,$$

Punkt B mit den Koordinaten

$$x = b + \delta, \qquad y = k_2,$$

$$k_1^2 = ab, \qquad k_2^2 = a(b + \delta),$$

und da nach der Figur, wenn σ die Sehne des Parabelbogens AB bezeichnet:

$$\sigma^2 = \delta^2 + (k_2 - k_1)^2 = \delta^2 + \left(\sqrt{a(b + \delta)} - \sqrt{ab}\right)^2$$

$$= \delta^2 + ab + a\delta - 2a\sqrt{b(b + \delta)} + ab$$

$$= \delta^2 + 2ab\left(1 + \frac{\delta}{2b} - \sqrt{1 + \frac{\delta}{b}}\right),$$

so folgt hieraus:

$$\left(\frac{\sigma}{\delta}\right)^2 = 1 + \frac{2ab}{\delta^2}\left(1 + \frac{\delta}{2b} - \sqrt{1 + \frac{\delta}{b}}\right)$$

oder, wenn $\frac{1}{\delta} = n$ gesetzt wird,

$$\left(\frac{\sigma}{\delta}\right)^2 = 1 + 2abn^2\left(1 + \frac{1}{2bn} - \sqrt{1 + \frac{1}{bn}}\right).$$

Für unbeschränkt kleine Werte von δ wird also $\frac{1}{\delta}$, d. i. $n = \infty$, die vorstehende Gleichung somit identisch mit Gl. (1), also für $n = \infty$

$$\left(\frac{\sigma}{\delta}\right)^2 = 1 + \frac{a}{4b}.$$

Seiner geometrischen Bedeutung nach ist nun $\frac{\sigma}{\delta} = \frac{1}{\cos\alpha}$, wenn α den Tangentenwinkel der Parabel bezeichnet, somit $\frac{1}{\cos^2\alpha}$,

d. i. $$1 + \operatorname{tg}^2\alpha = 1 + \frac{a}{4b}$$

oder es ist für die Parabel

$$\operatorname{tg}\alpha = \frac{1}{2}\sqrt{\frac{a}{b}},$$

dasselbe Resultat, das man auch durch Differenzieren der Parabelgleichung

$$y = \sqrt{ax} \quad \text{als} \quad \frac{dy}{dx} = \operatorname{tg}\alpha = \sqrt{a}\cdot\frac{1}{2\sqrt{x}}$$

erhielte, oder, wenn b für x geschrieben wird,

$$\operatorname{tg}\alpha = \frac{1}{2}\sqrt{\frac{a}{b}},$$

wie oben.

Übungsbeispiele.

1. $r = 1 + \frac{(1 + 2kn)^2}{a^2n^2}$ zu bestimmen für $n = \infty$.

   Geometrische Interpretation in bezug auf eine Parabel?

2. $r = n\sqrt{a}\left(\sqrt{b + \frac{1}{n}} - \sqrt{b}\right)$ für $n = \infty$.

   Geometrische Interpretation in bezug auf die Parabel?

3. $v = \dfrac{n\left(\cos\varphi - \cos\dfrac{n\varphi + 1}{n}\right)}{1 + n\left(\sin\varphi - \sin\dfrac{n\varphi + 1}{n}\right)}$ für $n = \infty$.

Geometrische Interpretation in bezug auf die Zykloide?

4. Der Quotient

$$q = \frac{1}{a\tau}\ln\frac{a(k+\tau) + \sqrt{a^2(k+\tau)^2 - 1}}{ak + \sqrt{a^2k^2 - 1}}$$

wird für $\tau = 0$ zu $q = \frac{1}{0}\ln 1 = \frac{0}{0}$.

Welches ist somit der Wert von q?

5. $y = n\left(a^{\frac{1}{n}} - b^{\frac{1}{n}}\right)$ für $n = \infty$ zu bestimmen.

Anleitung: Setze $\frac{1}{n} = \delta$, $a = 1 + g$ und $b = 1 + k$.

6. $y = n\left[\left(1 + \frac{1}{n}\right)^a - 1\right]$ für $n = \infty$?

7. $q = \dfrac{\sqrt{n(a^2n + b)}}{a + bn}$ für $n = \infty$?

8. $y = \sqrt{n(a + n)} - n$ für $n = \infty$?

9. $y = \sqrt{(a + n)(b + n)} - n$ für $n = \infty$?

10. $y = n\ln\left(1 - \frac{1}{n}\right)$ für $n = \infty$?

11. $y = \left(\cos\frac{a}{n} + k\sin\frac{a}{n}\right)^n$ für $n = \infty$?

12. $y = \left(\frac{1}{n}\right)^{\frac{1}{n}}$ für $n = \infty$?

(Bei Potenzen von unbestimmter Form ist es vorteilhaft, solche zuerst in logarithmische Funktionen zu verwandeln.)

13. $y = (1 + x)^{\frac{1}{\sin x}}$ für $x = 0$ $\left(y = 1^{\infty}\right)$?

14. $y = e^{\frac{\sin x}{x}}$ für $x = 0$ $\left(y = e^{\frac{0}{0}}\right)$?

II. Bestimmung des Summenwertes unendlicher Reihen auf elementarem Wege.

Die hier befolgte Methode besteht in der Reduktion der gegebenen Reihe auf Reihen, deren Summenwert bereits bekannt ist (event. mit Zuhilfenahme des binomischen Satzes).

Beispiel. Die Summe S der Reihe

$$\frac{1^m + 2^m + 3^m + \ldots + n^m}{n^{m+1}}$$

zu bestimmen.

Da eine Reihe von der Form $1^m + 2^m + 3^m + \ldots$ als erstes Glied der Summenformel stets $\frac{n^{m+1}}{m+1}$ ergibt (vgl. des Verf. Unterr.-Briefe Bd. I, S. 56 oben), so läßt sich schreiben:

$$S = \frac{\frac{n^{m+1}}{m+1} + A n^m + B n^{m-1} + C n^{m-2} + \ldots}{n^{m+1}},$$

wobei der Wert der Koeffizienten A, B, C usw. der niedrigeren Potenzen, wie man ersehen wird, für uns belanglos ist, denn es läßt sich jetzt schreiben:

$$S = \frac{1}{m+1} + \frac{A}{n} + \frac{B}{n^2} + \ldots,$$

somit wird für eine Reihe mit unbeschränkt vielen Gliedern, wo also $n = \infty$ zu setzen ist:

$$S = \frac{1}{m+1}.$$

Nach der Formel

$$1^m + 2^m + 3^m + \ldots = \frac{n^{m+1}}{m+1} + \ldots \tag{1}$$

läßt sich z. B. leicht der Summenwert einer Reihe von der Form

$$R = \delta[\cos\delta + \cos 2\delta + \cos 3\delta + \ldots + \cos n\delta]$$

bestimmen, wobei δ eine Größe von unbeschränkter Kleinheit und die Zahl der Reihenglieder, d. i. n unbeschränkt groß ist, so daß $n\delta$ eine Größe von endlichem Wert darstellt, die wir mit φ bezeichnen wollen. Nun ist nach der Kosinusreihe

$$\cos\delta = 1 - \frac{\delta^2}{2} + \frac{\delta^4}{4!} - \frac{\delta^6}{6!} + \dots$$

$$\cos 2\delta = 1 - \frac{2^2\delta^2}{2} + \frac{2^4\delta^4}{4!} - \frac{2^6\delta^6}{6!} + \dots$$

$$\cos 3\delta = 1 - \frac{3^2\delta^2}{2} + \frac{3^4\delta^4}{4!} - \frac{3^6\delta^6}{6!} + \dots$$

$$\vdots$$

$$\cos n\delta = 1 - \frac{n^2\delta^2}{2} + \frac{n^4\delta^4}{4!} - \frac{n^6\delta^6}{6!} + \dots$$

Summiert man also die Glieder der Reihen in vertikaler Richtung, so erhält man als Summenwert S der Reihe R:

$$S = \delta\Big[n - \frac{\delta^2}{2}(1 + 2^2 + 3^2 + \dots + n^2)$$
$$+ \frac{\delta^4}{4!}(1 + 2^4 + 3^4 + \dots)$$
$$- \frac{\delta^6}{6!}(1 + 2^6 + 3^6 + \dots -)\Big].$$

Zufolge der obigen Formel (1) ist aber die Summe der Reihe:

$$(m = 2) \qquad 1 + 2^2 + 3^2 + \dots = \frac{n^3}{3} + \dots$$

$$(m = 4) \qquad 1 + 2^4 + 3^4 + \dots = \frac{n^5}{5} + \dots \text{ usw.},$$

somit:

$$S = \delta\left[n - \frac{\delta^2 n^3}{2\cdot 3} + \frac{\delta^4 n^5}{4!\,5} - \frac{\delta^6 n^7}{6!\,7} + \dots\right]$$
$$= n\delta - \frac{n^3\delta^3}{3!} + \frac{n^5\delta^5}{5!} - \dots$$
$$= \varphi - \frac{\varphi^3}{3!} + \frac{\varphi^5}{5!} - \dots = \sin\varphi.$$

(NB. Man überzeugt sich hierbei leicht davon, daß die Glieder $+ \dots$ der Formel (1) Reihenglieder ergeben, die δ bzw. Potenzen von δ als Faktor enthalten, somit neben den anderen Gliedern nicht in Betracht kommen.)

15. Welches ist der Summenwert der Reihe

$$S = \frac{1}{na} + \frac{1}{na+b} + \frac{1}{na+2b} + \frac{1}{na+3b} + \dots$$
$$+ \frac{1}{na+(n-1)b}?$$

Anleitung: Der Summenwert der Reihe liegt jedenfalls zwischen

$$n \cdot \frac{1}{na} = \frac{1}{a}$$

und

$$n \cdot \frac{1}{na + (n-1)b} = \frac{1}{a + \left(1 - \frac{1}{n}\right)b} = \frac{1}{a+b}.$$

Den genauen Wert der Summe aber erhält man, wenn man die Reihe in der Form schreibt:

$$S = \frac{1}{na}\left(1 + \frac{1}{1 + \frac{b}{na}} + \frac{1}{1 + \frac{2b}{na}} + \frac{1}{1 + \frac{3b}{na}} + \dots\right).$$

Führt man nun die Divisionen in den einzelnen Reihengliedern aus, so erhält man:

$$\text{Für das 2. Glied: } 1 - \frac{b}{na} + \frac{b^2}{n^2a^2} - \frac{b^3}{n^3a^3} + \dots$$

$$\text{„ „ 3. „ } 1 - \frac{2b}{na} + \frac{2^2b^2}{n^2a^2} - \frac{2^3b^3}{n^3a^3} + \dots$$

$$\text{„ „ 4. „ } 1 - \frac{3b}{na} + \frac{3^2b^2}{n^2a^2} - \frac{3^3b^3}{n^3a^3} + \dots$$

usw.,

welche Reihen man nun in vertikaler Richtung addiert.

16. $S = \frac{1}{n}\left[\left(1 - \frac{1}{n}\right)^2 + \left(1 - \frac{2}{n}\right)^2 + \left(1 - \frac{3}{n}\right)^2 + \dots + 0\right].$

17. $S = \frac{1}{n}\left[\left(1 - \frac{1}{n}\right)^3 + \left(1 - \frac{2}{n}\right)^3 + \left(1 - \frac{3}{n}\right)^3 + \dots + 0\right].$

18. $S = \frac{1}{n}\left[\left(1 - \frac{1}{n}\right)^4 + \left(1 - \frac{2}{n}\right)^4 + \left(1 - \frac{3}{n}\right)^4 + \dots + 0\right].$

19. $S = \frac{1}{n}\left[\left(1 - \frac{1}{n}\right)^m + \left(1 - \frac{2}{n}\right)^m + \left(1 - \frac{3}{n}\right)^m + \dots + 0\right].$

20. $S = \frac{1}{n^3}(1\cdot 2 + 2\cdot 3 + 3\cdot 4 + \dots)$ für $n = \infty$.

21. $S = \frac{1}{n}\left[\sqrt{1 + \frac{1}{n}} + \sqrt{1 + \frac{2}{n}} + \sqrt{1 + \frac{3}{n}} + \dots\right]$ für $n = \infty$.

22. $S = \frac{1}{n}\left[1 + \sqrt{1 - \left(\frac{1}{n}\right)^2} + \sqrt{1 - \left(\frac{2}{n}\right)^2} + \sqrt{1 - \left(\frac{3}{n}\right)^2} + \dots\right]$

für $n = \infty$.

23. $S = \frac{1}{\sqrt{1(2n-1)}} + \frac{1}{\sqrt{2(2n-2)}} + \frac{1}{\sqrt{3(2n-3)}} + \ldots$

für $n = \infty$.

24. $S = \frac{k}{n}\left[\frac{1}{\sqrt{1-\frac{k}{2an}}} + \frac{1}{\sqrt{1-\frac{2k}{2an}}} + \frac{1}{\sqrt{1-\frac{3k}{2an}}} + \ldots\right]$.

Um den Wert von unendlichen Produkten zu bestimmen, verwandle man dieselbe zuerst durch Logarithmieren in eine unendliche Reihe. Man bestimme hiernach den Wert von:

25. $P = \left(1 + \frac{a}{n}\right)\left(1 + \frac{a}{n+1}\right)\left(1 + \frac{a}{n+2}\right) \ldots$

III. Differentialrechnung.

1. Reihenbildung durch Differenzieren.

Denkt man sich eine Funktion von x in Form einer Reihe nach steigenden Potenzen von x:

$$f(x) = A + Bx + Cx^2 + Dx^3 + \ldots \qquad (1)$$

dargestellt, so läßt sich der Wert der Konstanten A dadurch bestimmen, daß man $x = 0$ setzt, da die Reihe ja auch für $x = 0$ Gültigkeit haben muß und es folgt aus $f(x = 0) = A + 0$ der Wert für A. Wird hierauf Gl. (1) differenziert, so folgt aus

$$\frac{d\,f(x)}{d\,x} = B + 2Cx + 3Dx^2 + \ldots,$$

wenn jetzt $x = 0$ gesetzt wird, der Wert für B, aus

$$\frac{d^2 f(x)}{d\,x^2} = 2C + 2\cdot 3Dx + \ldots$$

für $x = 0$ der Wert für C usw. Auf diese Weise fahre man mit Differenzieren fort, bis man das Bildungsgesetz der Reihe erkannt hat.

Beispiel:

$$\ln(1 + x) = A + Bx + Cx^2 + Dx^3 + \ldots$$

ergibt für $x = 0$, $\ln 1 = A$; da $\ln 1 = 0$ ist, so wird somit auch $A = 0$ und man erhält nun durch Differenzieren:

$$\frac{1}{1+x} = B + 2Cx + 3Dx^2 + \ldots,$$

woraus für $x = 0$, $B = 1$ folgt. Die weitere Differenzierung ergibt:

$$-\frac{1}{(1+x)^2} = 2C + 2\cdot 3Dx + \ldots,$$

somit für $x = 0$, $2C = -1$ oder $C = -\frac{1}{2}$ und für D erhält man aus:

$$\frac{2}{(1+x)^3} = 2\cdot 3D + \ldots, \qquad D = \frac{1}{3}.$$

Die Reihe für $\ln(1+x)$ heißt hiernach:

$$\ln(1+x) = x - \frac{1}{2}x^2 + \frac{1}{3}x^3$$

und es ist leicht ersichtlich, daß die weiteren Glieder der Reihe:

$$-\frac{1}{4}x^4 + \frac{1}{5}x^5 - \ldots$$

lauten werden.

Aufgabe. Man bilde auf diese Weise die bekannten Reihen für e^x, $\sin x$, $\cos x$, $\operatorname{arc}\sin x$, $\operatorname{arc}\operatorname{tg} x$.

Dieses Verfahren läßt sich nicht nur auch auf die Darstellung von Reihen mit steigenden Potenzen von x für zusammengesetzte Funktionen (wie z. B. $\ln\cos x$) erweitern, sondern man kann unter Umständen auch Reihen mit steigenden Potenzen einer anderen Funktion von x erhalten. Setzte man versuchsweise:

$$\ln\cos x = A + B\operatorname{tg} x + C\operatorname{tg}^2 x + D\operatorname{tg}^3 x + \ldots, \tag{2}$$

so würde sich zunächst für $x = 0$, $\ln 1 = A$, d. h. $A = 0$ ergeben. Durch Differenzieren der Gl. (2) erhielte man weiter:

$$-\frac{\sin x}{\cos x} = \frac{B}{\cos^2 x} + \frac{2C\operatorname{tg} x}{\cos^2 x} + \frac{3D\operatorname{tg}^2 x}{\cos^2 x} + \frac{4E\operatorname{tg}^3 x}{\cos^2 x} + \ldots,$$

also für $x = 0$, $B = 0$, man hat also:

$$-\operatorname{tg} x = 2C\frac{\operatorname{tg} x}{\cos^2 x} + 3D\frac{\operatorname{tg}^2 x}{\cos^2 x} + 4E\frac{\operatorname{tg}^3 x}{\cos^2 x}$$

oder $$-1 = \frac{2C}{\cos^2 x} + 3D\frac{\operatorname{tg} x}{\cos^2 x} + 4E\frac{\operatorname{tg}^2 x}{\cos^2 x} + \dots$$

woraus für $x = 0$

$$C = -\frac{1}{2}$$

folgt. Die letzte Gleichung läßt sich also schreiben (mit $\cos^2 x$ multipliziert):

$$-\cos^2 x = -1 + 3D\operatorname{tg} x + 4E\operatorname{tg}^2 x + \dots,$$

was differenziert

$$2\cos x\,\sin x = \frac{3D}{\cos^2 x} + \frac{2\cdot 4E\operatorname{tg} x}{\cos^2 x} + \dots,$$

also für $x = 0$, $D = 0$ und da diese Gleichung sich reduziert auf

$$\cos x = \frac{4E}{\cos^3 x} + \dots,$$

ergibt sich schon hieraus für $x = 0$, $E = \frac{1}{4}\cdot$

Die ersten beiden Glieder der Reihe heißen also:

$$-\frac{1}{2}\operatorname{tg}^2 x + \frac{1}{4}\operatorname{tg}^4 x$$

und es ist ersichtlich, daß die Reihe die Form haben wird:

$$\ln\cos x = -\frac{1}{2}\operatorname{tg}^2 x + \frac{1}{4}\operatorname{tg}^4 x - \frac{1}{6}\operatorname{tg}^6 x + \frac{1}{8}\operatorname{tg}^8 x - \dots \quad (3)$$

Dasselbe Resultat erhält man auch aus der Eulerschen Formel, wenn man derselben die Form gibt:

$$e^{ix} = \cos x(1 + i\operatorname{tg} x),$$

woraus durch Logarithmieren:

$$ix = \ln\cos x + \ln(1 + i\operatorname{tg} x)$$

folgt. Wendet man auf das zweite Glied der rechten Seite dieser Gleichung die Reihenformel:

$$\ln(1 + b) = b - \frac{b^2}{2} + \frac{b^3}{3} - \dots$$

an, so erhält man:

$$\ln(1 + i\operatorname{tg} x) = i\operatorname{tg} x + \frac{\operatorname{tg}^2 x}{x} - \frac{i\operatorname{tg}^3 x}{3} - \frac{\operatorname{tg}^4 x}{4} + \frac{i\operatorname{tg}^5 x}{5} + \dots$$

Es wird also:

$$ix = \ln\cos x + i\,\mathrm{tg}\,x + \frac{\mathrm{tg}^2 x}{2} - \frac{i\,\mathrm{tg}^3 x}{3} - \frac{\mathrm{tg}^4 x}{4} + \frac{i\,\mathrm{tg}^5 x}{5} + \ldots,$$

und wenn man hiervon die mit i multiplizierte arc tg-Reihe

$$x = \mathrm{tg}\,x - \frac{1}{3}\mathrm{tg}^3 x + \frac{1}{5}\mathrm{tg}^5 x - \ldots$$

abzieht, so bleibt:

$$0 = \ln\cos x + \frac{\mathrm{tg}^2 x}{2} - \frac{\mathrm{tg}^4 x}{4} + \ldots$$

oder es ist, wie oben, auf ganz anderem Wege gefunden:

$$\ln\cos x = -\frac{\mathrm{tg}^2 x}{2} + \frac{\mathrm{tg}^4 x}{4} - \frac{\mathrm{tg}^6 x}{6} + \ldots,$$

was sich auch schreiben läßt:

$$\ln\cos x = -\frac{\mathrm{tg}^2 x}{2}\left(1 - \frac{1}{2}\mathrm{tg}^2 x + \frac{1}{3}\mathrm{tg}^4 x - \frac{1}{4}\mathrm{tg}^6 x + \frac{1}{5}\mathrm{tg}^8 x - \ldots\right).$$

Aufgabe 26. Mittels der vorstehenden Formel und der Beziehung

$$\ln\cos x = m\log\cos x \quad (m = 0{,}4343)$$

$$\text{a)}\ \log\cos 30^0 \left(\mathrm{tg}\,30^0 = \frac{1}{\sqrt{3}}\right)$$

und

$$\text{b)}\ \log\cos 15^0 \left(\mathrm{tg}\,\alpha = \frac{1-\cos 2\alpha}{\sin 2\alpha}\right)$$

zu berechnen.

27. $\log\cos 7\frac{1}{2}{}^0$? Anleitung:

$$\mathrm{tg}\frac{\alpha}{2} = \sqrt{\frac{1-\cos\alpha}{1+\cos\alpha}} = \frac{1-\cos\alpha}{\sin\alpha},$$

also analog

$$\mathrm{tg}\frac{\alpha}{4} = \frac{1-\cos\frac{\alpha}{2}}{\sin\frac{\alpha}{2}} = \frac{1-\sqrt{\frac{1+\cos\alpha}{2}}}{\sqrt{\frac{1-\cos\alpha}{2}}} = \frac{\sqrt{2}-\sqrt{1+\cos\alpha}}{\sqrt{1-\cos\alpha}}$$

$$= \frac{\sqrt{2(1+\cos\alpha)} - 1 - \cos a}{\sin\alpha}.$$

Bei der Berechnung des log cos sehr kleiner Winkel ist es vorteilhaft, den Wert $\operatorname{tg} x$ aus dem Bogenmaß zu berechnen, da es hier genügt, als Wert von $\operatorname{tg} x$ den Quotienten

$$\operatorname{tg} x = \frac{\sin x}{\cos x} = \frac{x - \frac{x^3}{6}}{1 - \frac{x^2}{2}} \quad \text{oder näherungsweise} \quad = x + \frac{x^3}{3}$$

zu setzen. Um dann z. B. aus $\ln \cos x$ den $\ln \cos 2x$ zu erhalten, kann man schreiben:

$$\left.\begin{aligned} \ln \cos 2x &= \ln(\cos^2 x - \sin^2 x) = \ln[\cos^2 x(1 - \operatorname{tg}^2 x)] \\ &= \ln \cos^2 x + \ln(1 - \operatorname{tg}^2 x) = 2 \ln \cos x \\ &- \left(\operatorname{tg}^2 x + \frac{1}{2} \operatorname{tg}^4 x + \frac{1}{3} \operatorname{tg}^6 x + \ldots\right) \\ &= 2 \ln \cos x - \operatorname{tg}^2 x\left(1 + \frac{1}{2} \operatorname{tg}^2 x + \frac{1}{3} \operatorname{tg}^3 x + \ldots\right). \end{aligned}\right\} \quad (4)$$

Man berechne hiernach

28. $\log \cos 1^0$ (Bogenmaß des Winkels $1^0 = 0{,}017453$), $\log \cos 2^0$, $\log \cos 4^0$.

Solange nun die Glieder der Reihe für $\ln \cos x$ (Gl. (3)) so klein sind, daß schon das 2. Glied keinen bemerkenswerten Zuwachs mehr ergibt, d. h. solange man noch

$$\ln \cos x = -\frac{1}{2} \operatorname{tg}^2 x$$

oder

$$-\operatorname{tg}^2 x = 2 \ln \cos x$$

setzen kann, erhält man durch Einsetzen dieses Wertes in Gl. (4), d. h. in

$$\ln \cos 2x = 2 \ln \cos x - \operatorname{tg}^2 x,$$

$$\ln \cos 2x = 2 \ln \cos x + 2 \ln \cos x,$$

d. h. die bemerkenswerte Gleichung

$$\underline{\ln \cos 2x = 4 \ln \cos x.} \quad (5)$$

Hiernach könnte man sogar noch

$$\ln \cos 8^0 = 4 \ln \cos 4^0 = -4 \cdot 0{,}00244 = -0{,}00976,$$

also

$$\log \cos 8^0 = 9{,}99576$$

setzen, was mit dem Werte in der Logarithmentafel erst in der letzten Stelle um eine Einheit differiert.

Da aus

$$\ln \cos 2x = 4 \ln \cos x$$

auch

$$m \ln \cos 2x = 4 \cdot m \ln \cos x,$$

also

$$\log \cos 2x = 4 \log \cos x$$

folgt, so läßt sich aus $\log \cos x$ auch sofort $\log \cos 2x$ berechnen. Man berechne auf diese Weise:

29. aus d. Wert v. $\log \cos 3^0$ nach d. Log.-Taf. d. Wert v. $\log \cos 6^0$
 „ „ „ „ $\log 2^0 30'$ „ „ „ „ „ „ $\log \cos 5^0$
 „ „ „ „ $\log 1^0 30'$ „ „ „ „ „ „ $\log \cos 3^0$
 „ „ „ „ $\log \cos 2^0$ „ „ „ „ „ „ $\log \cos 4^0$
 „ „ „ „ $\log 40'$ „ „ „ „ „ „ $\log \cos 1^0 20'$.

Wegen des sehr einfach ausdrückbaren Wertes von $\sin 45^0$ und $\cos 45^0 = \frac{1}{\sqrt{2}}$ lassen sich z. B. log cos der Winkel zwischen 45^0 und 50^0 leicht berechnen nach der Formel:

$$\ln \cos (45^0 + \delta) = \ln (\cos 45^0 \cos \delta - \sin 45^0 \sin \delta)$$

$$= \ln \left[\frac{1}{\sqrt{2}} (\cos \delta - \sin \delta)\right] = \ln \frac{1}{\sqrt{2}} + \ln [\cos \delta (1 - \operatorname{tg} \delta)]$$

$$= \ln \cos \delta + \ln (1 - \operatorname{tg} \delta) - \frac{1}{2} \ln 2$$

$$= \ln \cos \delta - \left(\operatorname{tg} \delta + \frac{1}{2} \operatorname{tg}^2 \delta + \ldots\right) - \frac{1}{2} \ln 2 .$$

Man berechne nach dieser Formel:

30. $\log \cos 47^0 = \log \cos (45^0 + 2^0)$, $\log \cos 48^0$, $\log \cos 49^0$.

31. $\log \cos 75^0 = ?$ Anleitung:

$$\cos 75^0 = \cos (45^0 + 30^0) = \frac{1}{\sqrt{2}} \left(\frac{1}{2} \sqrt{3} - \frac{1}{2}\right) = \frac{1}{2\sqrt{2}} (\sqrt{3} - 1),$$

also

$$\log \cos 75^0 = \log (\sqrt{3} - 1) - \frac{3}{2} \log 2 .$$

32. $\log \cos 72^0 = ?$ Anleitung:

$$\cos 5\alpha = 5 \cos \alpha - 20 \cos^3 \alpha + 16 \cos^5 \alpha ;$$

setzt man also $5\alpha = \frac{\pi}{2}$, so wird $\cos 5\alpha = 0$ und man findet aus obiger Gleichung leicht

$$4\cos^2\frac{\pi}{10} - \frac{5}{2} = \sqrt{\frac{5}{4}},$$

also $\cos\frac{\pi}{10}$, d. i.

$$\cos 18^0 = \frac{1}{2}\sqrt{\frac{5+\sqrt{5}}{2}},$$

somit

$$\cos 2\cdot 18^0 = 2\cos^2 18^0 - 1, \quad \text{d. h.} \quad \cos 36^0 = \frac{\sqrt{5}+1}{4} \quad \text{usw.}$$

Eine praktische Berechnung des log cos ließe sich auch auf folgende Weise ausführen: Bedeutet δ eine sehr kleine Zunahme des Winkels x, so ließe sich setzen:

$$\ln\cos(x+\delta) = \ln[\cos x\cos\delta - \sin x\sin\delta].$$

Setzt man nun δ statt $\sin\delta$ und $\cos\delta = 1$, so wird

$$\ln\cos(x+\delta) = \ln(\cos x - \delta\sin x) = \ln[\cos x(1-\delta\,\mathrm{tg}\,x)]$$
$$= \ln\cos x + \ln(1-\delta\,\mathrm{tg}\,x).$$

Nun ist

$$\ln(1-\delta\,\mathrm{tg}\,x) = -\delta\,\mathrm{tg}\,x - \ldots,$$

wo die durch Punkte bezeichneten Reihenglieder als Faktoren Potenzen von δ enthalten, also vernachlässigt werden können. Man erhält also

$$\underline{\ln\cos(x+\delta) = \ln\cos x - \delta\,\mathrm{tg}\,x} \tag{6}$$

und berechne hiernach z. B.:

33. $\log\cos 45^0\,1'$?
(Bogenmaß von $1' = 0{,}00029$; $\ln 2 = 0{,}6931472$).

Um den Logarithmus des Sinus eines sehr kleinen Winkels zu berechnen, kann man, von der Sinusreihe Gebrauch machend, setzen:

$$\ln\sin\alpha = \ln\left[\alpha\left(1-\frac{\alpha^2}{6}+\ldots\right)\right] = \ln\alpha + \ln\left(1-\frac{\alpha^2}{6}\right)$$

oder

$$\ln\sin\alpha = \ln\alpha - \frac{\alpha^2}{6}.$$

Wird die Gleichung mit dem Modulus m (= 0,43429) multipliziert, so ergibt sich

$$m \ln \sin \alpha = m \ln \alpha - m \frac{\alpha^2}{6}$$

oder

$$\log \sin \alpha = \log \alpha - 0{,}43429 \frac{\alpha^2}{6}$$

oder

$$\underline{\log \sin \alpha = \log \alpha \,[- 0{,}07238\, \alpha^2]^{*)}}. \tag{7}$$

Man berechne hiernach:

34. $\log \sin \frac{1}{2}^0$, 1^0.

35. 2^0,

den letzteren Wert auch nach der Formel

$$\sin 2\alpha = 2 \sin \alpha \cos \alpha ,$$

wonach

$$\log \sin 2^0 = \log 2 + \log \sin 1^0 + \log \cos 1^0$$

sein muß (Bogenmaß von $\frac{1}{2}^0 = 0{,}0087265$, von $1^0 = 0{,}017453$, von $2^0 = 0{,}034907$).

Auch ohne Anwendung der Differentialrechnung, und zwar lediglich durch Benutzung des binomischen Satzes läßt sich z. B. für $\operatorname{tg} x$ sowohl eine nach fortschreitenden Potenzen von $\sin x$, als auch eine solche mit Potenzen von x auf folgende Weise ableiten. Es ist

$$\operatorname{tg} x = \frac{\sin x}{\sqrt{1 - \sin^2 x}} = \sin x\,(1 - \sin^2 x)^{-\frac{1}{2}},$$

und da allgemein

$$(1 - a^2)^{-\frac{1}{2}} = 1 + \frac{1}{2} a^2 + \frac{-\frac{1}{2}\left(-\frac{1}{2} - 1\right)}{2} a^4 + \ldots$$

$$= 1 + \frac{1}{2} a^2 + \frac{1 \cdot 3}{2 \cdot 4} a^4 + \frac{1 \cdot 3 \cdot 5}{2 \cdot 4 \cdot 6} a^6 + \ldots$$

ist, so wird

$$\underline{\operatorname{tg} x = \sin x + \frac{1}{2} \sin^3 x + \frac{1 \cdot 3}{2 \cdot 4} \sin^5 x + \frac{1 \cdot 3 \cdot 5}{2 \cdot 4 \cdot 6} \sin^7 x + \ldots} \tag{8}$$

---

*) Die eingeklammerte Größe ist für Beispiel 34 schon so klein, daß sie kaum noch eine Änderung in der 5. Dezimalstelle ergibt, so daß für solche Winkel $\log \sin \alpha = \log \alpha$ gesetzt werden kann.

Setzt man hier noch an Stelle von $\sin x$ die bekannte Sinusreihe, so erhält man:

$$\operatorname{tg} x = x\left(1 - \frac{x^2}{3!} + \frac{x^4}{5!} - \dots\right)$$

$$\left[1 + \frac{1}{2}x^2\left(1 - \frac{x^2}{3!} + \frac{x^4}{5!} - \dots\right)^2 + \frac{1\cdot 3}{2\cdot 4}x^4(1 - \dots)^4 + \dots\right].$$

Die ersten Glieder dieser Reihe, deren Zahlenfaktoren (Koeffizienten) kein einfaches Bildungsgesetz befolgen, heißen also:

$$\underline{\operatorname{tg} x} = x - \frac{x^3}{3!} + \frac{x^5}{5!} + \frac{x^3}{2} - \frac{x^5}{2\cdot 3!} - \frac{x^5}{3!} + \frac{1\cdot 3}{2\cdot 4}x^5 + \dots$$

$$\underline{= x + \frac{x^3}{3} + \frac{2}{15}x^5 + \dots.}$$

36. $\sin n\alpha$ und $\cos n\alpha$ in Reihen zu verwandeln, die nach Potenzen von $\sin\alpha$ fortschreiten.

37. Mittels der Arkustangensreihe:

$$\operatorname{arc\,tg} x = x - \frac{x^3}{3} + \frac{x^5}{5} - \frac{x^7}{7} + \dots,$$

aus $\operatorname{tg}\alpha = \frac{1}{5}$ und vermittelst der Formeln

$$\operatorname{tg} 2\alpha = \frac{2\operatorname{tg}\alpha}{1 - \operatorname{tg}^2\alpha}, \quad \operatorname{tg} 4\alpha = \frac{2\operatorname{tg} 2\alpha}{1 - \operatorname{tg}^2 2\alpha}$$

und

$$\operatorname{tg}\left(4\alpha - \frac{\pi}{4}\right) = \frac{\operatorname{tg} 4\alpha - 1}{\operatorname{tg} 4\alpha + 1}$$

den Wert von $\frac{\pi}{4}$ zu berechnen.

---

2. Ein- und mehrmalige Differenzierung entwickelter und unentwickelter Funktionen.

Das Differenzieren komplizierter Funktionsformen läßt sich häufig durch Substitution vereinfachen. So wäre es z. B. vorteilhaft, in der zu differenzierenden Gleichung

$$\frac{x}{x - \sqrt{x^2 - y^2}} + \ln y)\, x - \sqrt{x^2 - y^2}) = C$$

zunächst

$$x - \sqrt{x^2 - y^2} = u$$

zu setzen, aus welcher Substitutionsgleichung

$$y^2 = 2ux - u^2$$

folgt, woraus durch Differenzieren sich

$$y\frac{dy}{dx} = u + (x-u)\frac{du}{dx} \tag{1}$$

ergibt. Anderseits folgt aus der gegebenen Gleichung, d. h. aus

$$\frac{x}{u} + \ln yu = C$$

durch Differenzieren

$$(x-u)\frac{du}{dx} = u + \frac{u^2}{y}\frac{dy}{dx}.$$

Setzt man aus dieser Gleichung den Wert von $(x-u)\frac{du}{dx}$ in Gleichung (1) ein, so wird diese zu

$$y\frac{dy}{dx} = 2u + \frac{u^2}{y}\frac{dy}{dx}$$

und hieraus

$$\frac{dy}{dx} = \frac{2uy}{y^2-u^2} = \frac{2y(x-\sqrt{x^2-y^2})}{y^2-(x-\sqrt{x^2-y^2})^2},$$

was sich vereinfachen läßt zu

$$\frac{dy}{dx} = \frac{y}{\sqrt{x^2-y^2}}.$$

Ist die zu differenzierende Gleichung in der Form gegeben:

$$y = Af_1(x) + Bf_2(x) + Cf_3(x) + \ldots + Kf_n(x)$$

und die Aufgabe gestellt, diese Gleichung so zu differenzieren, daß dadurch die Konstanten aus der Gleichung verschwinden sollen, so isoliert man diese Konstanten bevor man differenziert etwa in der Weise, daß man schreibt:

$$\frac{y}{f_n(x)} = \frac{Af_1(x)}{f_n(x)} + \frac{Bf_2(x)}{f_n(x)} + \ldots + K,$$

so daß nunmehr, wenn die Gleichung in dieser Form differenziert wird, zunächst die Konstante K und nacheinander durch Wiederholung des Verfahrens die übrigen Konstanten zum Verschwinden gebracht werden können. So wird z. B. hierdurch die Gleichung

$$y = A\sin x + B\cos x + Ce^x$$

dadurch, daß sie mit e^{-x} multipliziert wird, zu

$$ye^{-x} = (A\sin x + B\cos x)e^{-x} + C,$$

woraus zunächst

$$\frac{dy}{dx} - y = (A - B)\cos x - (A + B)\sin x,$$

somit

$$\frac{\frac{dy}{dx} - y}{\cos x} = A - B - (A + B)\operatorname{tg} x$$

und zuletzt

$$\frac{d^3 y}{dx^3} - \frac{d^2 y}{dx^2} + \frac{dy}{dx} - y = 0$$

folgt. Es sei in derselben Weise zu differenzieren:

38. $y = (Ax + B)e^x + C\sin x + D\cos x$

39. $y = e^x + \left(A\cos\frac{\sqrt{3}}{2}x + B\sin\frac{\sqrt{3}}{2}x\right)e^{\frac{x}{2}}$.

3. Ermittelung des Wertes einer Funktion von der unbestimmten Form $\frac{0}{0}$, $\infty - \infty$ usw.

Die in diesem Falle auf eine Funktion in der Form eines Quotienten $\frac{F(x)}{\Phi(x)}$ anwendbare Formel lautet (vgl. Unterrichtsbriefe Bd. I, S. 117):

$$y = \frac{F(x)}{\Phi(x)} = \frac{F'(x)}{\Phi'(x)}.$$

(Man versuche, die hier durch Differentialrechnung zu lösenden Aufgaben auch auf elementarem Wege zu lösen, wie in Abschnitt I.)

40. $y = \frac{x^n - a^n}{x - a}$ für $x = a$.

Anmerkung. Wird ein algebraischer Quotient für einen bestimmten Wert $x = a$ zu $\frac{0}{0}$, so ist hieraus zu schließen, daß sowohl Zähler als Nenner des Bruches den Faktor $x - a$ enthalten, der Bruch sich also durch $x - a$ kürzen lassen muß.

Beispiele: 1. $\frac{x^2 - x - 20}{x^2 + x - 30}$ wird für $x = 5$ zu $\frac{0}{0}$. Hier ergibt der Zähler des Bruches durch $x - 5$ dividiert: $x + 4$, der Nenner des Bruches durch $x - 5$ dividiert: $x + 6$, somit ist $y = \frac{x+4}{x+6}$, also für $x = 5$, $y = \frac{9}{11}$. Mittels Differentialrechnung würde man erhalten $y = \frac{2x-1}{2x+1}$, also für $x = 5$ ebenfalls $y = \frac{9}{11}$.

2. $y = \frac{x^2 - 7x + 12}{x^2 - 8x + 15}$ wird für $x = 3$ zu $\frac{0}{0}$;

$$\frac{x^2 - 7x + 12}{x - 3} = x - 4, \qquad \frac{x^2 - 8x + 15}{x - 3} = x - 5,$$

$$y = \frac{x-4}{x-5} = \frac{3-4}{3-5} = \frac{1}{2}; \qquad \frac{F'(x)}{\Phi'(x)} = \frac{2x-7}{2x-8} = \frac{1}{2}.$$

41. $y = \frac{a^2 + x^2 \sqrt{(a^2 + x^2)^2 - a^2 x^2}}{x^2}$ für $x = 0$.

42. $y = \frac{\sqrt{x} - \sqrt{a}}{x - a}$ für $x = a$.

Wird für $x = a$ ein Quotient zu $\frac{0}{0}$, so braucht nicht gerade $x - a$ der gemeinsame Teiler von Zähler und Nenner zu sein, dieser kann ebensogut sich als eine Potenz von $x - a$, also $(x - a)^m$ oder $\sqrt[m]{x - a}$ darstellen.

So ist z. B. für den Quotienten

$$y = \frac{a + \sqrt{2a^2 - 2ax} - \sqrt{2ax - x^2}}{a - x + \sqrt{a^2 - x^2}},$$

der für $x = a$ zu $\frac{0}{0}$ wird, offenbar $\sqrt{a - x}$ der gemeinsame Teiler. Setzen wir hier zur Vereinfachung der Rechnung den Zähler

$$a + \sqrt{2a^2 - 2ax} - \sqrt{2ax - x^2} = u\sqrt{a - x} \ldots, \tag{1}$$

den Nenner

$$a - x + \sqrt{a^2 - x^2} = v\sqrt{a - x} \ldots, \tag{2}$$

so folgt aus (1)

$$a - \sqrt{2ax - x^2} = u\sqrt{a - x} - \sqrt{2a(a - x)} = \sqrt{a - x}\,(u - \sqrt{2a}),$$

ergibt mit $a + \sqrt{2ax - x^2}$ multipliziert:

$$a^2 - 2ax + x^2,$$

d. i.

$$(a - x)^2 = \sqrt{a - x}\,(u - \sqrt{2a})\,(a + \sqrt{2ax - x^2})$$

oder:

$$(a - x)^{3/2} = (u - \sqrt{2a})\,(a + \sqrt{2ax - x^2}), \quad \text{also für } x = a$$

$$0 = (u - \sqrt{2a}) \cdot 2a, \quad \text{somit ist} \quad u = \sqrt{2a}.$$

Der Gl. (2) dagegen läßt sich die Form geben:

$$\sqrt{a} - x\sqrt{a - x} + \sqrt{(a - x)(a + x)} = v\sqrt{a - x},$$

somit ist

$$v = \sqrt{a - x} + \sqrt{a + x},$$

was für $x = a$ zu $v = \sqrt{2a}$ wird; es ist also

$$y = \frac{u}{v} = \frac{\sqrt{2a}}{\sqrt{2a}} = 1.$$

Man löse nach dieser Methode die Aufgaben:

43. $y = \dfrac{2x^2 - ax - a^2}{\sqrt{x} - \sqrt{2x - a}}$ für $x = a$;

44. $y = \dfrac{a^2 x - x^3 + x^2 - a^2 + \sqrt{ax - a^2}}{x^2 + a^2 - 2ax + 2\sqrt{x^2 - ax}}$ für $x = a$;

45. $\dfrac{\sqrt{x^2 - a^2}}{\sqrt{x - a} + \sqrt{x} - \sqrt{a}}$ für $x = a$;

46. $\dfrac{\sqrt{ax} - \sqrt{a}}{\sqrt{bx} - \sqrt{b}}$ für $x = 1$;

47. $\dfrac{\sqrt{1 + x + x^2} - \sqrt{1 - x + x^2}}{\sqrt{1 + x} - \sqrt{1 - x}}$ für $x = 0$;

48. $\dfrac{x^3 - 2ax^2 + a^2 x + (ax - a)\sqrt{2ax - x^2}}{x^2 - 3ax + a^2 + a\sqrt{2ax - x^2}}$ für $x = a$ durch die Substitution: Zähler $= u(a - x)$, Nenner $= v(a - x)$ und außerdem mittels der trigonometrischen Substitution:

$x - a = a \sin\alpha$ (also $x = a(1 + \sin\alpha)$) zu lösen.

49. $y = \dfrac{x^m - a^m}{x^n - a^n}$ für $x = a$. (Substitution für eine elementare Lösung: $x - a = w$.)

50. $y = \frac{x^p - x^{p+n}}{1 - x^{2m}}$ für $x = 1$. (Substitution für eine elementare Lösung $1 - x = w$, $x = 1 - w$.)

51. $y = \frac{x(2a - \sqrt{a^2 + 4x^2})}{\sqrt{(a^2 + 4x^2)[a\sqrt{a^2 + 4x^2} - (a^2 + x^2)]}}$ für $x = 0$. Man beachte, daß dieser Bruch sich auch schreiben läßt:

$$y = \frac{2a - \sqrt{a^2 + 4x^2}}{\sqrt{a^2 + 4x^2}} \cdot \frac{x}{\sqrt{a\sqrt{a^2 + 4x^2} - (a^2 + x^2)}}$$

und daß es lediglich der zweite Faktor ist, der für $x = 0$ zu $\frac{0}{0}$ wird. Substitution:

$$4x^2 = a^2 \operatorname{tg}^2 \beta, \quad \text{d. h.} \quad x = \frac{a}{2} \operatorname{tg} \beta$$

oder auch durch Erweiterung des Bruches mit

$$\sqrt{a\sqrt{a^2 + 4x^2} + a^2 + x^2}.$$

52. $y = \frac{\sqrt{2}}{1 - x} - \frac{1}{\sqrt{1 + x^2} - x\sqrt{2}}$ wird für $x = 1$ zu $\frac{1}{0} - \frac{1}{0} = \infty - \infty$. Bringt man beide Brüche auf den gemeinsamen Nenner, so wird

$$y = \frac{\sqrt{2}\sqrt{1 + x^2} - (1 + x)}{(1 - x)(\sqrt{1 + x^2} - x\sqrt{2})},$$

welcher Quotient für $x = 1$ zu $\frac{0}{0}$ wird.

Elementare Lösung: Erweiterung des Bruches durch

$$\sqrt{2}\sqrt{1 + x^2} + 1 + x.$$

53. $y = \frac{1 - \cos\alpha}{\sin^2\alpha}$ für $\alpha = 0$.

54. $y = \frac{\sqrt{1 - 2\sin\alpha\cos\alpha}}{(\sin^2\alpha - \cos^2\alpha)\sqrt{2}}$ für $\alpha = \frac{\pi}{4}$.

55. $y = \frac{\sqrt{1 - \cos\alpha}}{\sin\alpha}$ für $\alpha = 0$.

56. $y = \frac{1 - 2\cos\alpha}{\sqrt{3} - 2\sin\alpha}$ für $\alpha = \frac{\pi}{3}$ (60^0).

57. $y = \dfrac{1 - \sin\alpha\sqrt{\sin^2\alpha - \cos^2\alpha}}{\cos^2\alpha}$ für $\alpha = \dfrac{\pi}{2}$.

58. $y = \dfrac{1 - \sin\alpha}{\sin\alpha\cos^2\alpha}$ für $\alpha = \dfrac{\pi}{2}$.

59. $y = \dfrac{\sin\alpha - \sin\beta}{\sin(\alpha - \beta)}$ für $\alpha = \beta$? Anleitung für die elementare Lösung: Man setze entweder

$$y = \frac{2\cos\frac{\alpha+\beta}{2}\sin\frac{\alpha-\beta}{2}}{\sin 2\left(\frac{\alpha-\beta}{2}\right)}$$

oder erweitere den Bruch y mit $\sin(\alpha + \beta)$.

60. $y = \dfrac{\sin^2\alpha - \sin^2\beta}{\sin(\alpha - \beta)}$ für $\alpha = \beta$.

61. $y = \dfrac{\sin^3\alpha - \sin^3\beta}{\sin(\alpha - \beta)}$ für $\alpha = \beta$.

62. $y = \dfrac{x^n - a^n}{\ln x - \ln a}$ für $x = a$.

63. $y = \dfrac{e^x - e^{-x}}{\ln(1 + x)}$ für $x = 0$.

64. $y = \dfrac{x}{x - 1} - \dfrac{1}{\ln x}$ wird für $x = 1$ zu $\infty - \infty$, in der Form

$$y = \frac{x\ln x - x + 1}{(x - 1)\ln x} \quad \text{zu} \quad \frac{0}{0}.$$

65. $y = \dfrac{1}{x^2} - \dfrac{1}{x\,\mathrm{tg}\,x}$ wird für $x = 0$ zu $\infty - \infty$, in der Form

$$y = \frac{\mathrm{tg}\,x - x}{x^2\,\mathrm{tg}\,x} \quad \text{zu} \quad \frac{0}{0}.$$

66. $y = \dfrac{\ln\cos x}{\sin^2 x}$ für $x = 0$.

67. $y = \dfrac{e^x - \cos x}{\ln(1 - \sin x)}$ für $x = 0$.

68. $y = \dfrac{a^x - 1}{\sin x}$ für $x = 0$.

69. $y = \dfrac{\ln\frac{\sin x}{x}}{x^2}$ für $x = 0$.

4. Maxima und Minima.

Ist eine Funktion x so beschaffen, daß wachsenden Werten von x nicht auch durchweg wachsende Werte von y entsprechen, sondern von einem gewissen Werte von x an, weiter zunehmenden Werten von x abnehmende Werte von y entsprechen (wie z. B. bei der Ellipse), so findet man diese „extremen" Werte von y, wenn man die erste Ableitung von y gleich Null setzt. In diesen Punkten ist nämlich der Tangentenwinkel α, wie jede graphische Darstellung dies veranschaulicht, gleich Null geworden, somit wird auch $\operatorname{tg}\alpha$ gleich Null und da stets $\operatorname{tg}\alpha = f'(x)$, so folgt aus $\operatorname{tg}\alpha = 0$ auch

$$f'(x) = 0 .$$

Ein Beispiel für eine Kurve, die keine extremen Werte für y aufweist, ist z. B. die Parabel, wo die Ordinate mit zunehmender Abszisse bis ins Unendliche zunimmt.

Da die später folgende Betrachtung der Eigentümlichkeiten einzelner Kurven stets Gelegenheit und Veranlassung zur Aufsuchung dieser extremen Werte gibt, so beschränken wir uns hier auf einige wenige Aufgaben.

70. Unter allen Ellipsen, für welche die Summe der Halbachsen u und v einen konstanten Wert c hat, diejenige zu bestimmen, deren Flächeninhalt J einen extremen Wert hat.

Anleitung: Aus den hier als gegeben zu betrachtenden beiden Gleichungen

$$J = \pi \cdot u \cdot v \qquad (1)$$

und

$$u + v = c \qquad (2)$$

ist die zweite entweder nach u oder nach v aufzulösen und deren Wert in Gl. (1) einzusetzen, so daß J entweder nur eine Funktion von u oder nur von v darstellt, aus welcher sodann $J' = 0$ zu setzen ist. Entsprechend ist auch bei allen übrigen Aufgaben zu verfahren.

71. Welches von allen rechtwinkligen Dreiecken mit gleicher Hypotenuse a hat den größten Flächeninhalt?

Anleitung: Sind die beiden Katheten x und y, so ist der Flächeninhalt des Dreiecks

$$F = \frac{1}{2} x y, \tag{1}$$

anderseits hat man noch zwischen a, x und y die bekannte Beziehung:

$$x^2 + y^2 = a^2. \tag{2}$$

72. Am Fuße eines Abhanges steht eine Mauer, mit der Ebene des Abhanges einen $\measuredangle \beta$ bildend. Es soll eine Leiter von bestimmter Länge a unter einem solchen Winkel φ auf den

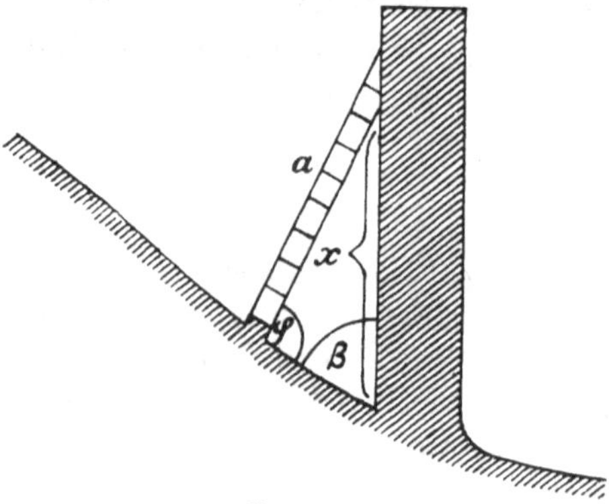

Fig. 3.

Abhang gestellt werden, daß dadurch die höchstmögliche Stelle der Mauer erreicht werden kann.

73. Aus einem rechteckigen Stück Karton oder Blech soll durch Ausschneiden von Quadraten an den Ecken und

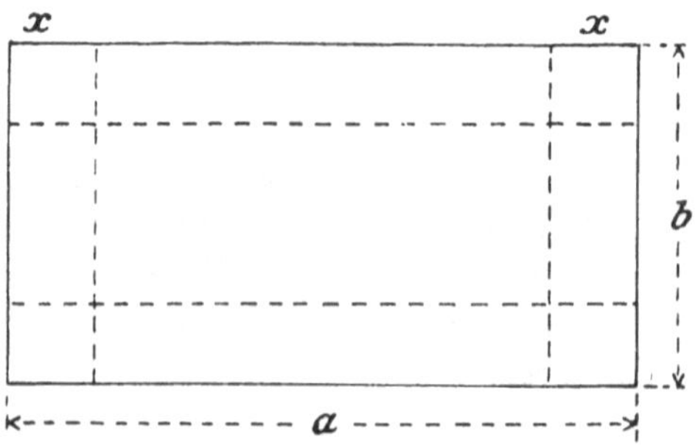

Fig. 4.

Aufbiegen der punktierten Ränder ein rechteckiger Kasten von größtmöglichem Rauminhalt gebildet werden. Wie groß muß die Seite x des auszuschneidenden Quadrates zu diesem Zwecke sein?

74. Welches von allen in ein Quadrat einschreibbares anderes Quadrat hat den kleinsten Flächeninhalt?

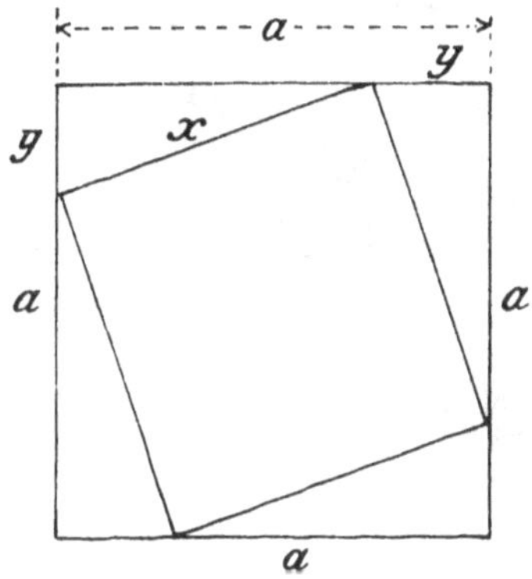

Fig. 5.

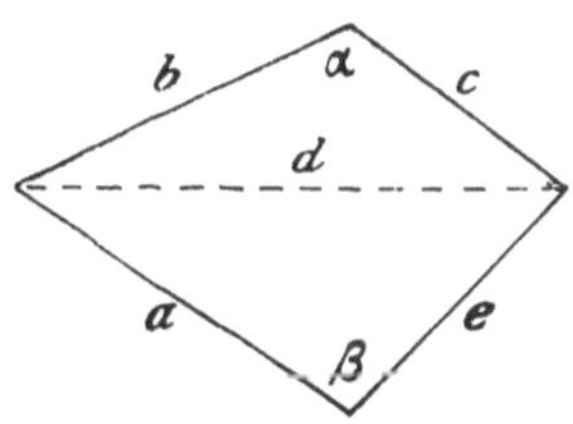

Fig. 6.

75. Welches Viereck, dessen Seiten a, b, c und e gegeben sind, hat den größten Flächeninhalt?

---

5. Anwendung der Differentialrechnung auf Geometrie.

(Koordinatentransformationen, Polarkoordinaten, Tangenten und Krümmungsradius.)

a) Koordinatentransformation.

Die Werte, welche sich für rechtwinklige Koordinaten ergeben, wenn das System durch bloße Drehung desselben um den alten Koordinatenanfang eine Änderung erfährt, ergeben sich, wenn dieser Drehwinkel mit β bezeichnet wird, wie folgt. Werden die neuen Koordinaten mit η und ξ bezeichnet, so ist nach der Figur:

$$y = \eta \sin \beta - \xi \cos \beta , \quad (1)$$

$$x = \eta \cos \beta + \xi \sin \beta . \quad (2)$$

Um nun η und ξ als Funktion von x, y und β zu erhalten, multipliziere man (1) mit $\sin\beta$, (2) mit $\cos\beta$, dann erhält man durch Addition der beiden Gleichungen:

$$x\cos\beta + y\sin\beta = \eta(\cos^2\beta + \sin^2\beta),$$

d. h.

$$\underline{\eta = x\cos\beta + y\sin\beta}.$$

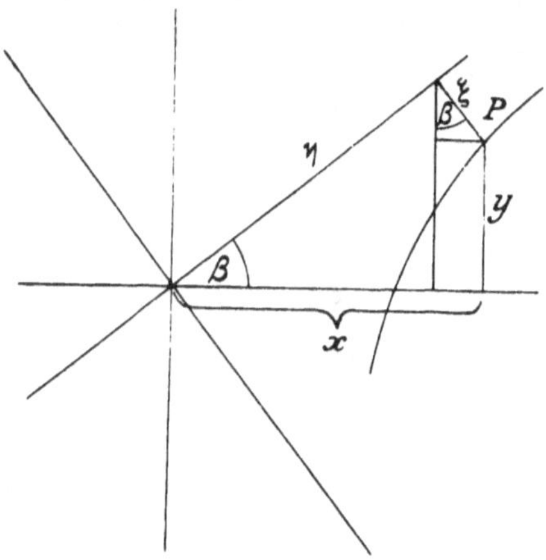

Fig. 7.

Analog ergibt (2) $\times \sin\beta - (1) \cdot \cos\beta$:

$$x\sin\beta - y\cos\beta = \xi(\sin^2\beta + \cos^2\beta),$$

d. h.

$$\underline{\xi = x\sin\beta - y\cos\beta}.$$

Um z. B. die Gleichung der auf ihre Asymptoten als Koordinatenachsen bezogenen gleichseitigen Hyperbel zu finden, wäre $\beta = 45^0$, also

$$\sin\beta = \cos\beta = \frac{1}{\sqrt{2}}$$

zu setzen. Es wird hier also nach obigen Gleichungen für die transformierten Koordinaten

$$\eta = \frac{x+y}{\sqrt{2}} \quad \text{und} \quad \xi = \frac{x-y}{\sqrt{2}};$$

durch Multiplikation der beiden Gleichungen erhält man aber

$$\xi \cdot \eta = \frac{x^2 - y^2}{2}$$

und da die Gleichung der gleichseitigen Hyperbel $x^2 - y^2 = a^2$ ist, so wird durch die Einsetzung dieses Wertes in die Gleichung für die transformierten Koordinaten:

$$\xi \cdot \eta = \frac{a^2}{2}.$$

b) Polarkoordinaten.

Zur Verwandlung orthogonaler Koordinaten in Polarkoordinaten dienen die Gleichungen:

$$x = r \cos \varphi, \qquad y = r \sin \varphi,$$

bzw.

$$y : x = \operatorname{tg} \varphi; \qquad x^2 + y^2 = r^2.$$

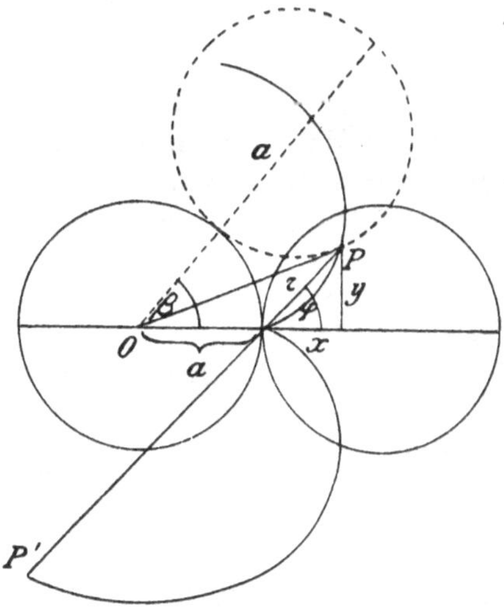

Fig. 8.

So erhält man beispielsweise für die Kardioide, wenn zugleich der Koordinatenanfang vom Mittelpunkt des festen Kreises O nach dem Peripheriepunkt O' verlegt wird, aus den Gleichungen:

$$a + x = 2\,a \cos \beta - a \cos 2\,\beta$$

und
$$y = 2a\sin\beta - a\sin 2\beta\,,$$

$$a + r\cos\varphi = a(2\cos\beta - \cos 2\beta)$$
und
$$r\sin\varphi = a(2\sin\beta - \sin 2\beta)$$
oder
$$r\cos\varphi = a(2\cos\beta - \cos^2\beta + \sin^2\beta - 1) = 2a\cos\beta(1 - \cos\beta) \quad (1)$$
und
$$r\sin\varphi = a(2\sin\beta - 2\sin\beta\cos\beta) = 2a\sin\beta(1 - \cos\beta)\,. \quad (2)$$

Aus (1) und (2) folgt also:

$$\frac{\sin\varphi}{\cos\varphi}\,, \quad \text{d. i. } \operatorname{tg}\varphi = \operatorname{tg}\beta\,,$$

d. h. es ist $\varphi = \beta$. Sezt man also in (1) und (2) φ an Stelle von β, so erhält man als Gleichung der Kardioide in Polarkoordinaten:

$$r = 2a(1 - \cos\varphi)\,.$$

Für einen zweiten Punkt der Kardioide, dessen Radiusvektor die gerade Verlängerung von r bildet ($O'P'$), wird der Polarwinkel $\varphi + 180^0$ sein müssen, also wird

$$O'P' = r' = 2a(1 - \cos(\varphi + 180^0)) = 2a(1 + \cos\varphi)\,,$$
somit
$$r + r' = 2a(1 - \cos\varphi) + 2a(1 + \cos\varphi) = 4a\,. \quad (3)$$

Aus der Polargleichung $r = 2a(1 - \cos\varphi)$ ergibt sich auch eine einfache Konstruktion der Kardioide: Trägt man unter einem beliebigen Winkel φ auf dem oberen Winkelschenkel die Strecke $2a = O'A$ und von A gegen O' die Kreisbogensehne $O'B = AP$ ab, so ist P ein Punkt der Kardioide, denn da in dem mit a als Halbmesser beschriebenen Kreise $BC \perp BO'$ ist, so ist nach der Figur:

$$\frac{BO'}{2a} = \cos\varphi\,, \quad \text{also } BO' = AP = 2a\cos\varphi\,,$$

somit wird

$$O'P = 2a - 2a\cos\varphi = 2a(1 - \cos\varphi)\,,$$

d. h. identisch mit dem Radiusvektor. Einen zweiten Punkt der Kardioide erhält man nun sofort, indem man von P aus auf

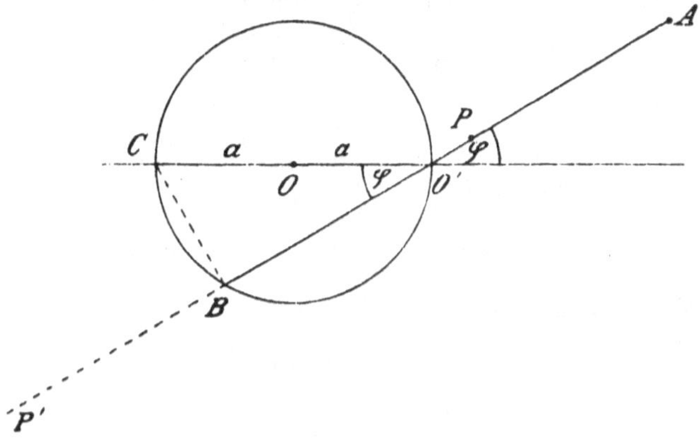

Fig. 9.

der Verlängerung von $O'B$, von P aus die Strecke $PP' = 4a$ abträgt, wodurch

$$r' = O'P' = PP' - O'P = 4a - r$$

wird, der Gl. (3) entsprechend.

c) Tangente. Bogendifferential und Krümmungskreis für Polarkoordinaten.

Wird der Winkel, den die Tangente eines Kurvenpunktes mit der rechten Seite der X-Achse bildet, durchweg mit α, das Bogendifferential mit ds, der Krümmungsradius mit ϱ, die Polarkoordinaten mit r und φ bezeichnet, so finden unter diesen Größen folgende Beziehungen statt:

Aus $y = r \sin \varphi$ und $x = r \cos \varphi$ folgt durch Differenzieren:

$$dy = \sin \varphi \, dr + r \cos \varphi \, d\varphi, \quad dx = \cos \varphi \, dr - r \sin \varphi \, d\varphi,$$

also wird

$$\frac{dy}{dx} = \operatorname{tg} \alpha = \frac{\sin \varphi \frac{dr}{d\varphi} + r \cos \varphi}{\cos \varphi \frac{dr}{d\varphi} - r \sin \varphi}. \tag{1}$$

Für $\cos\alpha$ und $\sin\alpha$ ergeben sich nach der Formel

$$\cos\alpha = \frac{1}{\sqrt{1+\operatorname{tg}^2\alpha}}$$

und

$$\sin\alpha = \operatorname{tg}\alpha\cdot\cos\alpha$$

die Werte

$$\cos\alpha = \frac{1}{\sqrt{1+\left(\dfrac{\sin\varphi\dfrac{dr}{d\varphi}+r\cos\varphi}{\cos\varphi\dfrac{dr}{d\varphi}-r\sin\varphi}\right)^2}},$$

was sich reduziert auf

$$\cos\alpha = \frac{\cos\varphi\dfrac{dr}{d\varphi}-r\sin\varphi}{\sqrt{\left(\dfrac{dr}{d\varphi}\right)^2+r^2}} \tag{2}$$

somit

$$\sin\alpha = \frac{\sin\varphi\dfrac{dr}{d\varphi}+r\cos\varphi}{\sqrt{\left(\dfrac{dr}{d\varphi}\right)^2+r^2}} \tag{3}$$

Endlich wird

$$ds = \sqrt{1+f'(x)^2}\,dx = \sqrt{1+\operatorname{tg}^2\alpha}\,dx = \frac{dx}{\cos\alpha} = \frac{\cos\varphi\,dr - r\sin\varphi\,d\varphi}{\cos\alpha}$$

also zufolge Gl. (2)

$$ds = (\cos\varphi\,dr - r\sin\varphi\,d\varphi)\frac{\sqrt{\left(\dfrac{dr}{d\varphi}\right)^2+r^2}}{\cos\varphi\dfrac{dr}{d\varphi}-r\sin\varphi}$$

$$= \frac{\left(\cos\varphi\dfrac{dr}{d\varphi}-r\sin\varphi\right)d\varphi}{\cos\varphi\dfrac{dr}{d\varphi}-r\sin\varphi}\sqrt{\left(\frac{dr}{d\varphi}\right)^2+r^2},$$

d. h. es ist

$$ds = \sqrt{\left(\frac{dr}{d\varphi}\right)^2+r^2}\,d\varphi\,. \tag{4}$$

Mittels der bekannten Formeln für $\sin(\alpha-\varphi)$ und $\sin(\alpha+\varphi)$

unter Zuziehung der Gl. (2) und (3) erhält man ferner nach Vornahme der möglichen Vereinfachungen die Beziehungen:

$$\sin(\alpha - \varphi) = \frac{r}{\sqrt{\left(\frac{dr}{d\varphi}\right)^2 + r^2}}, \tag{5}$$

$$\sin(\alpha + \varphi) = \frac{\sin 2\varphi \frac{dr}{d\varphi} + r\cos 2\varphi}{\sqrt{\left(\frac{dr}{d\varphi}\right)^2 + r^2}}, \tag{6}$$

$$\cos(\alpha - \varphi) = \frac{\frac{dr}{d\varphi}}{\sqrt{\left(\frac{dr}{d\varphi}\right)^2 + r^2}}, \tag{7}$$

$$\cos(\alpha + \varphi) = \frac{\cos 2\varphi - r\sin 2\varphi}{\sqrt{\left(\frac{dr}{d\varphi}\right)^2 + r^2}}, \tag{8}$$

endlich aus (5) und (7), bzw. (6) und (8):

$$\operatorname{tg}(\alpha - \varphi) = r\frac{d\varphi}{dr}, \tag{9}$$

$$\operatorname{tg}(\alpha + \varphi) = \frac{\sin 2\varphi \frac{dr}{d\varphi} + r\cos 2\varphi}{\cos 2\varphi - r\sin 2\varphi}. \tag{10}$$

Aus

$$\varrho = \frac{[1 + f'(x)^2]^{3/2}}{f''(x)} = \frac{[1 + \operatorname{tg}^2\alpha]^{3/2}}{\frac{d^2y}{dx^2}},$$

da $\frac{dy}{dx} = \operatorname{tg}\alpha$, also $\frac{d^2y}{dx^2} = \frac{1}{\cos^2\alpha}\,\frac{d\alpha}{dx}$,

$$\varrho = \frac{\left(\frac{1}{\cos^2\alpha}\right)^{3/2}}{\frac{1}{\cos^2\alpha}} \cdot \frac{dx}{d\alpha} = \frac{1}{\cos\alpha}\,\frac{dx}{d\alpha}.$$

Anderseits ist auch

$$ds = \sqrt{1 + f'(x)^2}\,dx = \sqrt{1 + \operatorname{tg}^2\alpha}\,dx,$$

$$= \frac{dx}{\cos\alpha}, \qquad \text{also} \qquad \frac{dx}{ds} = \cos\alpha, \tag{11}$$

man erhält dadurch für ϱ die einfache Beziehung:

$$\varrho \frac{dx}{ds} = \cos\alpha \cdot \frac{1}{\cos\alpha} \frac{dx}{d\alpha}, \quad \text{woraus} \quad \varrho = \frac{ds}{d\alpha} \tag{12}$$

folgt, außerdem folgt aus

$$\frac{dy}{dx} = \operatorname{tg}\alpha$$

und Gl. (11) durch Multiplizieren die Beziehung:

$$\frac{dy}{ds} = \cos\alpha \operatorname{tg}\alpha = \sin\alpha\,. \tag{13}$$

Setzt man in Gl. (12) an Stelle von ds den Wert aus Gl. (4), so erhält man:

$$\varrho = \sqrt{\left(\frac{dr}{d\varphi}\right)^2 + r^2}\,\frac{d\varphi}{d\alpha}\,. \tag{12a}$$

Der Differentialquotient $\frac{d\varphi}{d\alpha}$ läßt sich leicht als Funktion von r und φ erhalten, wenn z. B. Gl. (9) in der Form differenziert wird:

$$\alpha - \varphi = \operatorname{arc\,tg} \frac{r}{\frac{dr}{d\varphi}}\,.$$

Dies ergibt (vereinfacht):

$$d\alpha - d\varphi = \frac{\left(\frac{dr}{d\varphi}\right)^2 - r\frac{d^2 r}{d\varphi^2}}{\left(\frac{dr}{d\varphi}\right)^2 + r^2}\,d\varphi$$

und hieraus folgt:

$$\frac{d\varphi}{d\alpha} = \frac{\left(\frac{dr}{d\varphi}\right)^2 + r^2}{r^2 + 2\left(\frac{dr}{d\varphi}\right)^2 - r\frac{d^2 r}{d\varphi^2}}\,, \tag{14}$$

wodurch obige Gleichung für ϱ zu

$$\varrho = \frac{\left[\left(\frac{dr}{d\varphi}\right)^2 + r^2\right]^{3/2}}{r^2 + 2\left(\frac{dr}{d\varphi}\right)^2 - r\frac{d^2 r}{d\varphi^2}} \tag{15}$$

wird.

Aus Gl. (5) und Gl. (14) folgt ferner:

$$\sin(\alpha - \varphi)\frac{d\alpha}{d\varphi} = \frac{r\left[r^2 + 2\left(\frac{dr}{d\varphi}\right)^2 - r\frac{d^2 r}{d\varphi^2}\right]}{\left[\left(\frac{dr}{d\varphi}\right)^2 + r^2\right]^{3/2}}.$$

Ein Vergleich mit Gl. (15) zeigt also, daß:

$$\sin(\alpha - \varphi)\frac{d\alpha}{d\varphi} = \frac{r}{\varrho} \qquad \text{oder} \qquad \varrho = \frac{r}{\sin(\alpha - \varphi)}\cdot\frac{d\varphi}{d\alpha} \tag{16}$$

gesetzt werden kann.

Aufgaben.

76. Welche Beziehung besteht für die Kardioide zwischen dem Polarwinkel φ und dem Tangentenwinkel α? Wie berechnet sich hieraus der Krümmungsradius ϱ?

77. Man untersuche die Kreisevolvente, die man dadurch entstanden denken kann, daß von einer kreisförmigen Scheibe eine straff angezogene Schnur abgewickelt wird. Das lose Ende der Schnur beschreibt dabei die Kreisevolvente.

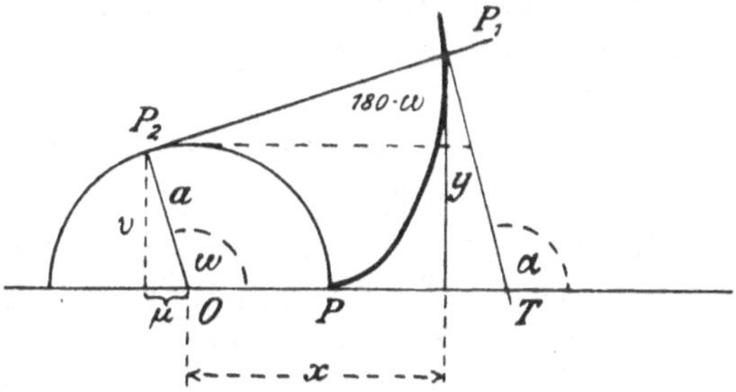

Fig. 10.

Anleitung: Nach der Fig. 10 ist offenbar das abgewickelte Schnurende $P_2 P_1$ gleich dem Kreisbogen PP_2, d. h.:

$$P_2 P_1 = a \cdot \omega. \tag{1}$$

Da die Schnur stets die Tangente an die Kreisscheibe darstellt, so ist $P_2 P_1 \perp a$ und da $y \perp OP$, so ist der von y und $P_2 P_1$ eingeschlossene Winkel = dem Supplementwinkel von ω, d. h. = $180 - \omega$.

Nach der Fig. 10 ist nun ferner:

$$u = a\cos(180 - \omega) = -a\cos\omega\,,$$

$$v = a\sin(180 - \omega) = a\sin\omega\,.$$

Ferner ist

$$\frac{x + u}{P_2 P_1} = \sin(180 - \omega) = \sin\omega$$

oder da $u = -a\cos\omega$ und zufolge Gl. (1) $P_2 P_1 = a\,\omega$ ist,

$$\frac{x - a\cos\omega}{a\,\omega} = \sin\omega$$

und hieraus

$$x = a(\cos\omega + \omega\sin\omega)\,, \tag{2}$$

während die ebenfalls der Fig. 10 zu entnehmende Beziehung:

$$\frac{y - v}{P_2 P_1}\,,\quad \text{d. i.}\quad \frac{y - v}{a\,\omega} = \cos(180 - \omega) = -\cos\omega\,,$$

weil $v = a\sin\omega$ gefunden wurde,

$$y = a(\sin\omega - \omega\cos\omega) \tag{3}$$

ergibt. Aus der hier betrachteten Entstehungsart der Kreisevolvente ist ersichtlich, daß ein Element dieser Kurve, etwa das, dem der Punkt P_1 angehört, nicht verschieden ist von dem Element eines mit der Strecke $P_2 P_1$ als Radius beschriebenen Kreisbogens, so daß also $P_2 P_1$ mit dem Krümmungsradius der Kreisevolvente identisch, also nach Gl. (1)

$$\varrho = P_2 P_1 = a \cdot \omega$$

sein muß. Hieraus folgt weiter, daß eine in P_1 senkrecht auf $P_2 P_1$ errichtete Gerade $P_1 T$ die Tangente des Evolventenpunktes P_1 sein muß, wodurch $P_1 T \parallel$ zu $P_2 O$, der Abwälzungswinkel ω also gleich dem Tangentenwinkel α sein muß, wenn der Anfangspunkt der Kurve als in der X-Achse gelegen angenommen wird. An Stelle der Gl. (2) und (3) läßt sich daher auch schreiben:

$$x = a(\cos\alpha + \alpha\sin\alpha), \tag{2}$$

$$y = a(\sin\alpha - \alpha\cos\alpha). \tag{3}$$

a) Wie lautet die Gleichung der Kreisevolvente in Polarkoordinaten?

b) Man zeige mittels der Formel für den Krümmungsradius, daß derselbe tatsächlich den Wert $\varrho = a \cdot \omega$, d. i. $= a \cdot \alpha$ hat.

78. Man untersuche die Kurve, deren Gleichung

$$y = \frac{x^2}{\sqrt{a^2 - x^2}}$$

ist, nachdem man dieselbe durch Polarkoordinaten ausgedrückt hat, in bezug auf die Eigenschaften ihrer Tangente, bestimme den Krümmungsradius, nachdem man zunächst auch die Art ihrer Konstruktion angegeben hat.

79. In gleicher Weise die Kurve zu untersuchen, deren Gleichung:

$$y = \pm \frac{a\,x}{\sqrt{4x^2 - a^2}}.$$

80. Ebenso die Kurve:

$$x^2(x^2 + y^2) = a^2(x + y)^2.$$

81. Man untersuche die Cissoide, eine Kurve, die auf folgende Weise entsteht: Ist OSA ein Kreis mit dem Radius a, $AB \perp OA$, $SB = OP$, so ist P ein Punkt der Cissoide. Hiernach ist, da

$$OP = SB = r,$$

$$\left.\begin{aligned} \frac{r}{AB} &= \sin\varphi, \\ \frac{AB}{2a} &= \operatorname{tg}\varphi = \frac{\sin\varphi}{\cos\varphi}, \\ \text{also} \qquad \frac{r}{2a} &= \frac{\sin^2\varphi}{\cos\varphi}. \end{aligned}\right\} \quad (1)$$

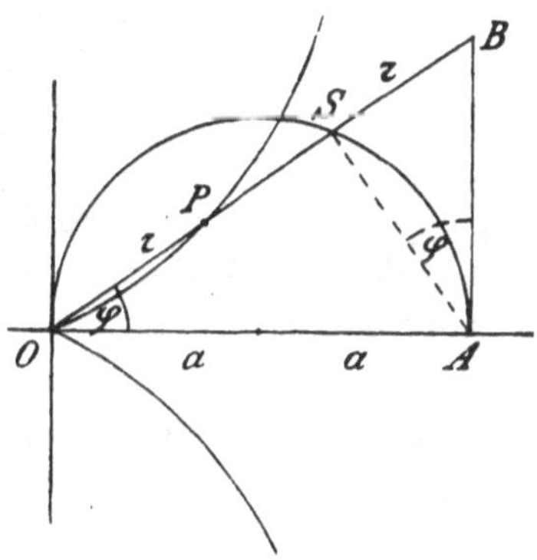

Fig. 11.

In rechtwinkligen Koordinaten also:

$$\left.\begin{aligned} r &= 2a\,\frac{\frac{y^2}{r^2}}{\frac{x}{r}} = \frac{2a\,y^2}{r\,x} \\ \text{oder} \qquad & r^2, \text{ d. i. } x^2 + y^2 = 2a\,\frac{y^2}{x} \\ \text{oder} \qquad y^2 &= \frac{x^3}{2a - x} \qquad \text{oder} \qquad y = x\sqrt{\frac{x}{2a - x}}. \end{aligned}\right\} \quad (2)$$

82. Man untersuche die Lemniskate. Anleitung: Außer der bekannten Auffassung der Lemniskate als der Tangenten-Fußpunktkurve einer gleichseitigen Hyperbel kann man die Lemniskate auch als diejenige Kurve definieren, für welche das Produkt der nach zwei festen Punkten (den „Brennpunkten") gezogenen Fahrstrahlen einen konstanten Wert, nämlich b^2 ergibt, wenn mit b die Entfernung der Brennpunkte vom Koordinatenanfang bezeichnet wird. Der Beweis hierfür

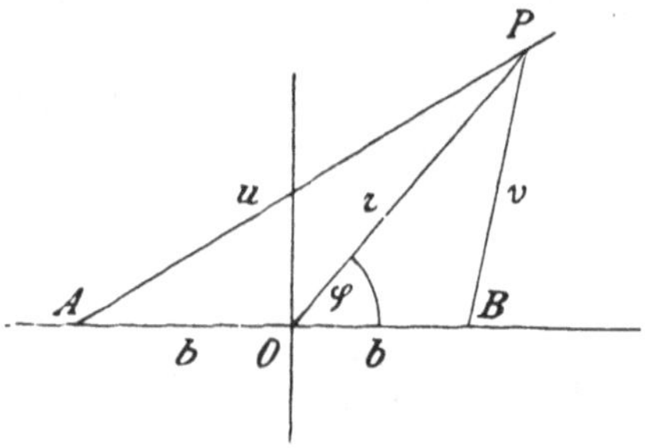

Fig. 12.

ergibt sich wie folgt: Sind u und v die Fahrstrahlen des Lemniskatenpunktes P nach den Brennpunkten A und B der Lemniskate, so wäre also zu setzen:

$$u \cdot v = b^2. \tag{1}$$

Nach der Fig. 12 ist nun aber

$$u^2 = b^2 + r^2 - 2br\cos(180 - \varphi) = b^2 + r^2 + 2br\cos\varphi, \tag{2}$$

$$v^2 = b^2 + r^2 - 2br\cos\varphi. \tag{3}$$

Es ergibt also (2) und (3) u^2v^2, d. i. nach (1)

$$= b^4 = (b^2 + r^2)^2 - 4b^2r^2\cos^2\varphi,$$

was sich reduziert auf:

$$0 = 2b^2r^2 + r^4 - 4b^2r^2\cos^2\varphi,$$

woraus

$$r^2 = 2b^2(2\cos^2\varphi - 1) = 2b^2\cos 2\varphi$$

oder wenn man

$$2b^2 = a^2 \tag{4}$$

setzt:

$$r^2 = a^2\cos 2\varphi. \tag{5}$$

In rechtwinkligen Koordinaten ergibt dies aber

$$x^2 + y^2 = a^2(\cos^2\varphi - \sin^2\varphi) = a^2\left(\frac{x^2}{x^2+y^2} - \frac{y^2}{x^2+y^2}\right),$$

und dies ist die bekannte Lemniskatengleichung:

$$(x^2 + y^2)^2 = a^2(x^2 - y^2).$$

Welche Konstruktion ergibt sich aus der Polarkoordinatengleichung für die Lemniskate und welche Werte für den Tangentenwinkel und Krümmungsradius derselben?

83. **Man untersuche die Kettenlinie auf ihren Tangentenwinkel und Krümmungsradius, deren Gleichung gegeben ist durch:**

$$y = \frac{k}{2}\left(e^{\frac{x}{k}} + e^{-\frac{x}{k}}\right). \tag{1}$$

Welche Beziehung besteht für die Kettenlinie zwischen der Ordinate und dem Tangentenwinkel und zwischen dem Krümmungsradius und der Normalen?

IV. Integralrechnung.

1. Die Fundamentalintegrale.

$$\left.\begin{aligned}\int x^m\,dx &= \frac{1}{m+1}\,x^{m+1}\\ \int\frac{dx}{x^m} &= -\frac{1}{m-1}\cdot\frac{1}{x^{m-1}}.\end{aligned}\right\} \tag{1}$$

$$\int a^x\,dx = \frac{a^x}{\ln a}. \tag{2}$$

$$\int e^x\,dx = e^x. \tag{3}$$

$$\int\frac{dx}{x} = \ln x. \tag{4}$$

$$\int\cos x\,dx = \sin x. \tag{5}$$

$$\int\sin x\,dx = -\cos x. \tag{6}$$

$$\int\frac{dx}{\cos^2 x} = \operatorname{tg} x. \tag{7}$$

$$\int \frac{dx}{\sin^2 x} = -\operatorname{cotg} x. \tag{8}$$

$$\int \frac{dx}{\sqrt{a^2 - x^2}} = \arcsin \frac{x}{a}. \tag{9}$$

$$\left.\begin{aligned} &\left(-\int \frac{dx}{\sqrt{a^2 - x^2}} = \arccos \frac{x}{a}\right) \\ &\int \frac{dx}{\sqrt{1 - x^2}} = \arcsin x. \end{aligned}\right\} \tag{9a}$$

$$\int \frac{dx}{a^2 + x^2} = \frac{1}{a} \operatorname{arc\,tg} \frac{x}{a}. \tag{10}$$

$$\int \frac{dx}{a^2 - x^2} = \frac{1}{2a} \ln \frac{a + x}{a - x}. \tag{10a}$$

$$\int \frac{dx}{\sin x} = \ln \operatorname{tg} \frac{x}{2} = \ln \frac{1 - \cos x}{\sin x} = \ln \frac{\sin x}{1 + \cos x}. \tag{11}$$

$$\int \frac{dx}{\cos x} = \ln \operatorname{tg}\left(\frac{\pi}{4} + \frac{x}{2}\right) = \ln \frac{1 + \sin x}{\cos x} = \ln \frac{\cos x}{1 - \sin x}. \tag{12}$$

$$\int \frac{dx}{\sqrt{a + x^2}} = \ln\left(x + \sqrt{a + x^2}\right). \tag{13}$$

$$\int \operatorname{tg} x \, dx = -\ln \cos x. \tag{14}$$

$$\int \operatorname{cotg} x \, dx = \ln \sin x. \tag{15}$$

$$\int \sqrt{a + b x^2} \, dx = \frac{x}{2} \sqrt{a + b x^2} + \frac{a}{2\sqrt{b}} \ln\left(x\sqrt{b} + \sqrt{a + b x^2}\right). \tag{16}$$

$$\int \sqrt{a - b x^2} \, dx = \frac{x}{2} \sqrt{a - b x^2} + \frac{a}{2\sqrt{b}} \arcsin x \sqrt{\frac{b}{a}}. \tag{17}$$

$$\int \sin^n x \, dx = -\frac{1}{n} \sin^{n-1} x \cos x + \frac{n-1}{n} \int \sin^{n-2} x \, dx. \tag{18}$$

$$\int \cos^n x \, dx = \frac{1}{n} \cos^{n-1} x \sin x + \frac{n-1}{n} \int \cos^{n-2} x \, dx. \tag{19}$$

$$\int \sin^2 x \, dx = \frac{1}{2}(x - \sin x \cos x). \tag{20}$$

$$\int \cos^2 x \, dx = \frac{1}{2}(x + \sin x \cos x). \tag{21}$$

$$\int \frac{dx}{\sin^n x} = -\frac{1}{n-1} \cdot \frac{\cos x}{\sin^{n-1} x} + \frac{n-2}{n-1} \int \frac{dx}{\sin^{n-2} x} \cdot \qquad (22)$$

$$\int \frac{dx}{\cos^n x} = \frac{1}{n-1} \cdot \frac{\sin x}{\cos^{n-1} x} + \frac{n-2}{n-1} \int \frac{dx}{\cos^{n-2} x} \cdot \qquad (23)$$

$$\int \frac{dx}{\sin^3 x} = \frac{1}{2}\left(\ln \frac{\sin x}{1+\cos x} - \frac{\cos x}{\sin^2 x}\right). \qquad (24)$$

$$\int \frac{dx}{\cos^3 x} = \frac{1}{2}\left(\frac{\sin x}{\cos^2 x} + \ln \frac{\cos x}{1-\sin x}\right). \qquad (25)$$

$$\int \frac{dx}{a + b\sin x} = \frac{2}{\sqrt{a^2-b^2}} \operatorname{arc\,tg} \frac{a \operatorname{tg} \frac{x}{2} + b}{\sqrt{a^2-b^2}}. \qquad (26)$$

$$\int \frac{dx}{a + b\cos x} = \frac{2}{\sqrt{a^2-b^2}} \operatorname{arc\,tg}\left(\sqrt{\frac{a-b}{a+b}} \operatorname{tg} \frac{x}{2}\right). \qquad (27)$$

$$\int \frac{dx}{1+\sin x} = \operatorname{tg} x - \frac{1}{\cos x} = -\frac{1-\sin x}{\cos x}. \qquad (28)$$

$$\int \frac{dx}{1+\cos x} = \frac{1-\cos x}{\sin x}. \qquad (29)$$

$$\int \operatorname{tg}^n x\,dx = \frac{1}{n-1} \operatorname{tg}^{n-1} x - \int \operatorname{tg}^{n-2} x\,dx. \qquad (30)$$

$$\int \operatorname{cotg}^n x\,dx = -\frac{1}{n-1} \operatorname{cotg}^{n-1} x - \int \operatorname{cotg}^{n-2} x\,dx. \qquad (31)$$

$$\int \frac{dx}{a + b\operatorname{tg} x} = \frac{1}{a^2+b^2}\left[b \ln(a\cos x + b\sin x) + a x\right]. \qquad (32)$$

$$\int \arcsin x\,dx = x \arcsin x + \sqrt{1-x^2}. \qquad (33)$$

$$\int \arccos x\,dx = x \arccos x - \sqrt{1-x^2}. \qquad (34)$$

$$\int \frac{dx}{a^2 + b^2\sin^2 x} = \frac{1}{a\sqrt{a^2+b^2}} \operatorname{arc\,tg}\left(\frac{\sqrt{a^2+b^2}}{a} \operatorname{tg} x\right). \qquad (35)$$

$$\int \frac{\sqrt{x-1}}{x}\,dx = 2\left(\sqrt{x-1} - \operatorname{arc\,tg}\sqrt{x-1}\right). \qquad (36)$$

$$\int \sqrt{\frac{1-x}{x}}\,dx = \arcsin\sqrt{x} + \sqrt{x(1-x)}. \qquad (37)$$

$$\int \sqrt{\frac{x-1}{x}}\,dx = \sqrt{x(x-1)} - \ln\left(\sqrt{x} + \sqrt{x-1}\right). \tag{38}$$

$$\int \sqrt{\frac{1+x}{x}}\,dx = \sqrt{x(1+x)} + \ln\left(\sqrt{x} + \sqrt{1+x}\right). \tag{39}$$

$$\int \sqrt{\frac{x}{1-x}}\,dx = \arcsin\sqrt{x} - \sqrt{x(1-x)}. \tag{40}$$

$$\int \frac{dx}{x\sqrt{1+x^2}} = \ln \frac{x}{1+\sqrt{1+x^2}}. \tag{41}$$

$$\int \frac{dx}{x\sqrt{a^2-x^2}} = \frac{1}{a}\ln \frac{x}{a+\sqrt{a^2-x^2}}. \tag{42}$$

$$\int \frac{x\,dx}{(a+x^2)\sqrt{x^2-1}} = \frac{1}{\sqrt{a+1}}\operatorname{arc\,tg}\frac{\sqrt{x^2-1}}{\sqrt{a+1}}. \tag{43}$$

$$\int \frac{dx}{x(1+x^2)} = \ln \frac{x}{\sqrt{1+x^2}}. \tag{44}$$

$$\int \frac{dx}{1+x^3} = \frac{1}{3}\ln \frac{x+1}{\sqrt{x^2-x+1}} + \frac{1}{\sqrt{3}}\operatorname{arc\,tg}\frac{2x-1}{\sqrt{3}}. \tag{45}$$

$$\int \frac{dx}{x^2(1+x^2)} = -\frac{1}{x} - \operatorname{arc\,tg} x. \tag{46}$$

$$\int \frac{x^2\,dx}{a^2+b^2x^2} = \frac{1}{b^2}\left(x - \frac{a}{b}\operatorname{arc\,tg}\frac{bx}{a}\right). \tag{47}$$

$$\int x^n e^x\,dx = x^n e^x - n\int x^{n-1} e^x\,dx. \tag{48}$$

$$\int x^n \ln x\,dx = \frac{x^{n+1}}{n+1}\ln x - \frac{1}{(n+1)^2}x^{n+1}. \tag{49}$$

$$\int \ln x\,dx = x(\ln x - 1). \tag{50}$$

Anmerkung: Die Integrale (18) bis (50), obgleich keine eigentlichen Fundamentalintegrale, sind hier ihres häufigen Vorkommens wegen ebenfalls aufgeführt, und bereits in des Verf. Math. Unterr.-Briefen I. sämtlich gelöst.

2. Integration trigonometrischer und gemischter transzendenter Funktionen.

Man kann bei solchen Funktionen häufig Gebrauch von der „partiellen" Integration machen, nach welcher sich setzen läßt:

$$\int u\,dv = uv - \int v\,du.$$

Oft erhält ein gegebenes Integral, das eine rein trigonometrische Funktion ist, eine einfachere algebraische Form durch Substitutionen wie $\sin x$, $\cos x$, $\operatorname{tg} x$ usw. $= u$. So wird z. B.

$$\int \frac{\sin\alpha\,d\alpha}{\cos^4\alpha}$$

durch die Substitution $\cos\alpha = u$, da alsdann durch die Differenzierung sich $-\sin\alpha\,d\alpha = du$ ergibt, zu

$$-\int \frac{du}{u^4},$$

was nach Fundamentalintegral (1) also

$$\frac{1}{3}\cdot\frac{1}{u^3} = \frac{1}{3\cos^3\alpha}$$

ergibt.

Aufgaben und Übungsbeispiele.

84. a) $\int \frac{\sin^2\alpha\,d\alpha}{\cos^3\alpha} = ?$ b) $\int \frac{\sin^3\alpha\,d\alpha}{\cos^4\alpha} = ?$

85. $\int \frac{d\alpha}{1+\cos^2\alpha} = ?$

Anleitung: Setze

$$\cos^2\alpha = \frac{1+\cos 2\alpha}{2}$$

und benutze Fundamentalintegral (27).

86. a) $\int \frac{d\alpha}{\sin^2\alpha\,(1-\cos\alpha)} = ?$ b) $\int \frac{\sin^2\alpha\,d\alpha}{(1+\cos\alpha)^2} = ?$

c) $\int \frac{\sin^2\alpha\,d\alpha}{1+\cos\alpha} = ?$

87. a) $\int \frac{\sin\alpha\cos\alpha\,d\alpha}{1+\cos\alpha} = ?$ b) $\int \frac{\cos\alpha\,d\alpha}{1+\cos^2\alpha} = ?$

c) $\int \frac{\cos\alpha\,d\alpha}{\cos^2\alpha - \sin^2\alpha} = ?$

88. a) $\int \frac{d\alpha}{(\sin\alpha + \cos\alpha)\cos^3\alpha}$ (Substituiere $\operatorname{tg}\alpha = u$);

b) $\int \frac{\cos\alpha\, d\alpha}{1 + \cos\alpha} = ?$

89. a) $\int \frac{d\alpha}{\cos\alpha(1 + \cos\alpha)} = ?$ b) $\int \frac{\sin\alpha\, d\alpha}{\cos^2\alpha(1 + \cos\alpha)} = ?$

c) $\int \frac{\cos\alpha\, d\alpha}{\sin^2\alpha(1 + \sin\alpha)} = ?$

90. a) $\int \frac{\sin^3\alpha\, d\alpha}{\cos^4\alpha(1 + \cos\alpha)} = ?$ b) $\int \frac{d\alpha}{\cos\alpha(\sin\alpha + \cos\alpha)} = ?$

c) $\int \frac{\sin\alpha\, d\alpha}{\cos\alpha - \sin\alpha} = ?$

91. a) $\int \frac{d\alpha}{1 + \sin\alpha\cos\alpha} = ?$ b) $\int \frac{d\alpha}{1 - \sin\alpha\cos\alpha} = ?$

92. a) $\int \frac{d\alpha}{1 + \sin^2\alpha} = ?$ b) $\int \frac{\cos\alpha\, d\alpha}{1 + \sin^2\alpha} = ?$ c) $\int \frac{\sin\alpha\, d\alpha}{1 + \sin^2\alpha} = ?$

93. a) $\int \frac{\cos 2\alpha}{\sin\alpha}\, d\alpha = ?$ b) $\int \frac{\sin 3\alpha}{\cos^3\alpha}\, d\alpha = ?$

c) $\int \frac{\sin 3\alpha}{\cos\alpha}\, d\alpha = ?$

94. a) $\int \frac{\sin\alpha\, d\alpha}{\cos\alpha - \sin\alpha} = ?$ b) $\int \frac{d\alpha}{\cos\alpha - \sin\alpha} = ?$

c) $\int \frac{\sin\alpha\cos\alpha}{\sin\alpha + \cos\alpha}\, d\alpha = ?$

95. a) $\int \frac{d\alpha}{\operatorname{tg}^m\alpha} = ?$ b) $\int \frac{d\alpha}{\operatorname{tg}^2\alpha} = ?$

96. a) $\int \frac{\cos\alpha\, d\alpha}{a + b\sin\alpha} = ?$ b) $\int \frac{\cos\alpha\, d\alpha}{a + b\cos\alpha} = ?$ c) $\int \frac{\cos\alpha\, d\alpha}{1 + \cos\alpha} = ?$

97. a) $\int \frac{\cos^2\alpha\, d\alpha}{a + b\cos\alpha} = ?$ b) $\int \frac{\cos^2\alpha\, d\alpha}{1 + \cos\alpha} = ?$

c) $\int \frac{\sin^2\alpha\, d\alpha}{a + b\cos\alpha} = ?$ d) $\int \frac{d\alpha}{a\cos^2\alpha + b\sin^2\alpha} = ?$

e) $\int \frac{d\alpha}{a\cos^2\alpha - b\sin^2\alpha} = ?$

Die übrigen transzendenten Funktionen (Arkus- und logarithmische) sowie gemischte Funktionen werden am besten nach der Methode der partiellen Integration (event. unter Zuhilfenahme einer Substitution) integriert. Hiernach wird z. B.:

$$\int \operatorname{arc}\operatorname{tg} x\,dx = x\cdot\operatorname{arc}\operatorname{tg} x - \int x\cdot\frac{dx}{1+x^2}$$

$$= x\operatorname{arc}\operatorname{tg} x - \frac{1}{2}\ln(1+x^2)$$

$$(u = \operatorname{arc}\operatorname{tg} x, \quad v = x)$$

$$\int \operatorname{arc}\operatorname{cotg} x\,dx = x\operatorname{arc}\operatorname{cotg} x + \int\frac{x\,dx}{1+x^2}$$

$$= x\operatorname{arc}\operatorname{cotg} x + \frac{1}{2}\ln(1+x^2).$$

98. a) $\int e^x\cos x\,dx = ?$ b) $\int e^x\sin x\,dx = ?$

c) $\int e^{-x}\cos x\,dx = ?$ d) $\int e^{-x}\sin x\,dx = ?$

99. a) $\int e^x\sin^2 x\,dx = ?$ b) $\int e^x\cos^2 x\,dx = ?$

100. a) $\int\frac{\ln x}{x^3}\,dx = ?$ b) $\int\ln(1+x^2)\,dx = ?$

101. a) $\int\frac{e^x(\sin x - \cos x)}{\sin^2 x}\,dx = ?$ b) $\int\frac{e^{-x}(\sin x + \cos x)\,dx}{\sin^2 x} = ?$

c) $\int\frac{x + \sin x\cos x}{\cos^2 x}\,dx = ?$

102. a) $\int x\operatorname{arc}\sin x\,dx = ?$ b) $\int x\operatorname{arc}\operatorname{tg} x\,dx = ?$

c) $\int\frac{\operatorname{arc}\operatorname{tg} x\,dx}{x^2} = ?$

103. a) $\int\operatorname{arc}\sin x\cdot\ln x\,dx = ?$ b) $\int\frac{dx}{\sqrt{1-x^2}\cdot\operatorname{arc}\sin x} = ?$

104. a) $\int\frac{dx}{e^x+e^{-x}} = ?$ b) $\int\frac{dx}{x(a+b\ln x)} = ?$

c) $\int\frac{\ln x\,dx}{\sqrt{1+x}} = ?$

105. a) $\int x^n e^{kx}\,dx = ?$ b) $\int x^n\cos x\,dx = ?$

3. Integration rationaler algebraischer Funktionen.

Die hierbei zu befolgende Methode besteht bekanntlich darin, daß man, wo dies erforderlich erscheint, die gegebene Funktion in Partialbrüche zerlegt. Kommt hierbei eine oder mehrere Wurzeln, z. B. α und β, mehrfach vor, d. h. ist die zu integrierende Funktion von der Form

$$\int \frac{dx}{(x-\alpha)^m \cdot (x-\beta)^n \ldots},$$

so setze man:

$$\frac{1}{(x-\alpha)^m (x-\beta)^n} = \frac{A}{(x-\alpha)^m} + \frac{B}{(x-\alpha)^{m-1}} + \ldots + \frac{K}{x-\alpha} + \frac{L}{(x-\beta)^n}$$
$$+ \frac{M}{(x-\beta)^{n-1}} + \ldots + \frac{R}{x-\beta}.$$

So würde z. B. für $\alpha = 0$, $m = 2$, $\beta = -1$, $n = 2$:

$$\frac{1}{x^2(x+1)^2} = \frac{A}{x^2} + \frac{B}{x} + \frac{C}{(x+1)^2} + \frac{D}{x+1}$$

zu setzen sein, und hieraus findet man auf bekannte Weise

$$A = 1, \quad B = -2, \quad C = 1, \quad D = 2,$$

also wird:

$$\int \frac{dx}{x^2(x+1)^2} = \int \frac{d^2}{x^2} - 2\int \frac{dx}{x} + \int \frac{dx}{(x+1)^2} + 2\int \frac{dx}{x+1}$$
$$= -\frac{1}{x} - 2\ln x - \frac{1}{x+1} + 2\ln(x+1)$$
$$= 2\ln\left(1+\frac{1}{x}\right) - \frac{2x+1}{x(x+1)}.$$

Für die Lösung eines Integrals von der Form

$$\int \frac{dx}{x^m (a+bx)^n}$$

läßt sich auch von folgender

Reduktionsformel

Gebrauch machen. Substituiert man nämlich

$$\frac{a+bx}{x} = u,$$

setzt also

$$x = \frac{a}{u-b},$$

so wird das Integral zu

$$-\frac{1}{a^{m+n-1}}\int\frac{(u-b)^{m+n-2}}{u^u}\,du,$$

wo sich nun $(u-b)^{m+n-2}$ nach dem binomischen Satze entwickeln läßt. Für $m=2$, $a=b=1$, $n=2$ würde man z. B. wieder das oben auf andere Weise ausgeführte Integral erhalten, dessen Lösung mittels der gezeigten Reduktionsformel:

$$-\int\frac{(u-1)^2}{u^2}\,du=\int\left(-1+\frac{2}{u}-\frac{1}{u^2}\right)du=-u+2\ln u$$

$$+\frac{1}{u}=\frac{1-u^2}{u}+2\ln u,$$

oder da hier

$$u=\frac{1+x}{x}=\frac{1}{x}+1$$

ist,

$$\frac{x}{1+x}\left[1-\left(\frac{1}{x}+1\right)^2\right]+2\ln\frac{1+x}{x}=2\ln\left(1+\frac{1}{x}\right)-\frac{2x+1}{x(x+1)},$$

wie oben.

Aufgaben.

106. a) $\int\frac{dx}{x(a+bx)}$ nach obiger Reduktionsformel zu lösen,

106. b) $\int\frac{dx}{x^2(a+bx)}$ " " " " "

106. c) $\int\frac{dx}{x^2(a+bx)^2}$ " " " " "

Eine solche Reduktionsformel läßt sich z. B. auch für das Integral

$$\int\frac{dx}{(a+x^2)^n}$$

aufstellen. Es wird nämlich durch partielle Integration:

$$\int\frac{dx}{(a+x^2)^{n-1}}=\frac{x}{(a+x^2)^{n-1}}+2(n-1)\int\frac{x^2+a-a}{(a+x^2)^n}\,dx$$

$$=\frac{x}{(a+x^2)^{n-1}}+2(n-1)\int\frac{dx}{(a+x^2)^{n-1}}-2a(n-1)\int\frac{dx}{(a+x^2)^n}$$

und hieraus folgt also

$$\int\frac{dx}{(a+x^2)^n}=\frac{1}{2a(n-1)}\left[\frac{x}{(a+x^2)^{n-1}}+(2n-3)\int\frac{dx}{(a+x^2)^{n-1}}\right].$$

107. Nach vorstehender Reduktionsformel sowohl, als auch durch die Substitution $x = \sqrt{a}\,\mathrm{tg}\,\alpha$ das Integral zu bestimmen:

$$\int \frac{dx}{(a + x^2)^2} = ?.$$

108. a) $\int \frac{dx}{x^2(1+x)} = ?$ b) $\int \frac{x^2}{1-x^2}\,dx = ?$

c) $\int \frac{x(x-1)\,dx}{x^3+x^2+x+1} = ?$ d) $\int \frac{x^3+1}{x(x^3-1)}\,dx = ?$

109. a) $\int \frac{x^2+1}{x^3+3x^2-x-3}\,dx = ?$ b) $\int \frac{dx}{x^3-5x^2+8x-6} = ?$

c) $\int \frac{dx}{1+x^3} = ?$

110. a) $\int \frac{x^2+x+1}{1+x^3}\,dx = ?$ b) $\int \frac{x\,dx}{x^3+1} = ?$

111. a) $\int \frac{dx}{1+x^4} = ?$ b) $\int \frac{x^2+1}{x^4+1}\,dx = ?$

c) $\int \frac{x^4+1}{x^2+1}\,dx = ?$ d) $\int \frac{1+x+x^3}{1-x^4}\,dx = ?$

112. a) $\int \frac{x^2\,dx}{1-ax^2} = ?$ b) $\int \frac{dx}{(1-a^2x^2)^2} = ?$

c) $\int \frac{x^2+a^2}{x^3+a^3}\,dx = ?$ d) $\int \frac{x-a}{x^3-a^3} = ?$

e) $\int \frac{x-a}{x^4-a^4} = ?$

113. $\int \frac{dx}{x^3+a^3} = ?$

114. a) $\int \frac{x\,dx}{(a+x^2)^2} = ?$ b) $\int \frac{x^2\,dx}{(a+x^2)^2} = ?$

115. a) $\int \frac{dx}{a+2bx+x^2} = ?$ b) $\int \frac{x\,dx}{a+2bx+x^2} = ?$

c) $\int \frac{x^2\,dx}{a+x^2} = ?$ d) $\int \frac{bx+x^2}{a+x^2}\,dx = ?$

e) $\frac{x^2}{a+x}\,dx = ?$ f) $\int \frac{x^2}{(a+x)^2}\,dx = ?$

116. Man bilde eine Reduktionsformel für

a) $\int \frac{dx}{x^m (a + b x^n)}$ und bilde hiernach

b) $\int \frac{dx}{x^2 (1 + x)} = ?$ c) $\int \frac{dx}{x^3 (1 + x^2)} = ?$

d) $\int \frac{dx}{x^4 (1 + x^3)} = ?$

---

4. Integration irrationaler algebraischer Funktionen.

Als Fundamentalformel für die Integration irrationaler algebraischer Funktionen ist die (in des Verf. Unterr.-Briefen auf S. 161 abgeleitete) Gleichung zu betrachten:

$$\int \frac{g x^n + h x^{n-1} + \ldots + m}{\sqrt{a^2 x^2 + 2 b x + c}} dx = (A x^{n-1} + B x^{n-2} + \ldots + G x + H) \cdot \sqrt{a^2 x^2 + 2 b x + c} + J \int \frac{dx}{\sqrt{a^2 x^2 + 2 b x + c}},$$

wobei man durch Differenzieren dieser Gleichung zu der neuen Gleichung gelangt:

$$g x^n + h x^{n-1} + \ldots + m = [A(n-1) x^{n-2} + B(n-2) x^{n-3} + \ldots + G] \cdot (a^2 x^2 + 2 b x + c) + (A x^{n-1} + B x^{n-2} + \ldots G x + H)(a^2 x + b) + J,$$

aus welcher Gleichung sich nun die noch unbestimmten Koeffizienten $A, B, C, \ldots J$ durch Gleichsetzen gleich hoher Potenzen von x auf beiden Seiten bestimmen, d. h. durch die gegebenen Koeffizienten $g, h, \ldots m$ ausdrücken lassen, so daß nur noch das Integral

$$J \int \frac{dx}{\sqrt{a^2 x^2 + 2 b x + c}}$$

zu bestimmen bleibt. Indem man

$$\sqrt{a^2 x^2 + 2 b x + c}$$

in der Form schreibt:

$$a \sqrt{x^2 + 2 \frac{b}{a^2} x + \frac{c}{a^2}} = a \sqrt{\frac{c}{a^2} - \frac{b^2}{a^4} + \left(x + \frac{b}{a^2}\right)^2},$$

findet man als Wert des Integrals leicht:

$$\frac{1}{a}\ln\left[x+\frac{b}{a^2}+\sqrt{x^2+\frac{2b}{a^2}x+\frac{c}{a^2}}\right],$$

für

$$\int\frac{dx}{\sqrt{c+2bx-a^2x^2}},$$

d. h. für negative Werte von a^2 dagegen:

$$\frac{1}{a}\arcsin\frac{a^2x-b}{\sqrt{a^2c+b^2}}.$$

In vielen Fällen kann die zu integrierende irrationale Funktion leicht durch trigonometrische Substitution rational gemacht werden, wenn man z. B. in $\sqrt{k^2+(x+c)^2}$ an Stelle von $x+c$ einfach $k\operatorname{tg}\alpha$ substituiert, wodurch man

$$\sqrt{k^2+k^2\operatorname{tg}^2\alpha}=\frac{k}{\cos\alpha}$$

erhält, ebenso wird $\sqrt{k^2-(x+c)^2}$ durch die Substitution

$$x+c=k\sin\alpha \quad \text{zu} \quad k\sqrt{1-\sin^2\alpha}=k\cos\alpha.$$

Man bestimme hiernach z. B. die Integrale:

117. a) $\int\frac{x^2\,dx}{\sqrt{1-x^2}}=?$ b) $\int\frac{x^2\,dx}{\sqrt{1+x^2}}=?$

c) $\int\sqrt{a+bx^2}\,dx=?$ d) $\int\sqrt{a-bx^2}\,dx=?$

Ein Integral von der Form:

$$\int\frac{dx}{F(x)+\sqrt{f(x)}}$$

läßt sich auch schreiben:

$$\int\frac{F(x)-\sqrt{f(x)}}{[F(x)]^2-f(x)}\,dx=\int\frac{F(x)}{[F(x)]^2-f(x)}\,dx-\int\frac{\sqrt{f(x)}\,dx}{[F(x)]^2-f(x)}.$$

Hiernach wird z. B.

$$\int\frac{dx}{Ax+B\sqrt{a+bx^2}}=A\int\frac{x\,dx}{A^2x^2-B^2(a+bx^2)}$$

$$-B\int\frac{\sqrt{a+bx^2}\,dx}{A^2x^2-B^2(a+bx^2)}.$$

Das erste Integral läßt sich auch in der Form schreiben:

$$\frac{A}{2(A^2-B^2 b)}\int\frac{2\,x\,d\,x}{x^2-\frac{a\,B^2}{A^2-B^2 b}}=\frac{A}{2(A^2-B^2 b)}\ln\left(x^2-\frac{a\,B^2}{A^2-B^2 b}\right).$$

Das zweite Integral wird durch die Substitution

$$\frac{x}{\sqrt{a+b\,x^2}}=u$$

ebenfalls rational: man erhält nämlich aus

$$x=\sqrt{a}\,\frac{u}{\sqrt{1-b\,u^2}}\qquad d\,x=\sqrt{a}\,\frac{d\,u}{(1-b\,u^2)^{3/2}}$$

und da

$$\sqrt{a+b\,x^2}=\frac{x}{u}=\frac{\sqrt{a}}{\sqrt{1-b\,u^2}}$$

ist, so wird das zweite Integral zu:

$$-B\,a\int\frac{d\,u}{(1-b\,u^2)\left[(A^2-B^2 b)\frac{a\,u^2}{1-b\,u^2}-a\,B^2\right]}$$
$$=-B\int\frac{d\,u}{(A^2u^2-B^2)},$$

also durch Zerlegung in Partialbrüche integrierbar.

118. a) $\int\frac{d\,x}{1+\sqrt{1+x^2}}=?$ b) $\int\frac{x\,d\,x}{1+\sqrt{1+x^2}}=?$

c) $\int\frac{x\,d\,x}{1+\sqrt{1+x}}=?$ d) $\int\frac{d\,x}{1+\sqrt{1-x^2}}=?$

e) $\int\sqrt{\frac{1-x}{1+x}}\,d\,x=?$

Ein Integral von der Form

$$\int\frac{d\,x}{(x+k)^n\sqrt{a+2\,b\,x+x^2}}$$

kann durch die Substitution $x+k=\frac{1}{v}$ nach den möglichen Vereinfachungen auf die Form gebracht werden:

$$-\int\frac{v^{n-1}\,d\,v}{\sqrt{(a+k^2-2\,b\,k)\,v^2+2\,(b-k)\,v+1}}.$$

Man integriere hiernach:

119. a) $\int \frac{dx}{x^2\sqrt{x^2+a}}$ b) $\int \frac{dx}{(x+1)^2\sqrt{2+2x+x^2}}$.

Durch trigonometrische Substitution zu lösen:

120. a) $\int \frac{dx}{(1-x^2)\sqrt{1+x^2}} = ?$ b) $\int \frac{dx}{(1+x^2)\sqrt{1-x^2}} = ?$

c) $\int \frac{dx}{(1+x^2)\sqrt{x^2-1}} = ?$ $(x = \operatorname{tg}\alpha)$

d) $\int \frac{dx}{(1-x)^2\sqrt{x^2-1}} = ?$ Substitution $x^2 - 1 = \frac{1}{u}$.

121. a) $\int \frac{\sqrt{x}\,dx}{1-x} = ?$ (Substitution $\sqrt{x} = u$),

b) $\int \sqrt{\frac{x-1}{x}}\,dx = ?$ $\left(\text{Substitution } \frac{1}{x} = \sin^2\alpha\right)$,

c) $\int \sqrt{\frac{x+1}{x}}\,dx = ?$ $\left(\text{Substitution } \frac{1}{x} = \operatorname{tg}^2\alpha\right)$,

d) $\int \frac{\sqrt{1+x^2}\,dx}{x^2(\sqrt{1+x^2}-1)} = ?$

122. a) $\int \frac{\sqrt{x}}{1-x}\,dx = ?$ b) $\int \frac{\sqrt{x(1-x)}}{1-2x}\,dx = ?$

c) $\int \frac{x^2\,dx}{\sqrt{1+x^2}-1}$

Ein Integral von der Form:

$$\int \frac{x^n + g x^{n-1} + \ldots + k}{(x^2 + ax + b)^m} \cdot \frac{dx}{\sqrt{x^2 + cx + d}}$$

setze man

$$= \frac{A x^{n-1} + B x^{n-2} + \ldots + F}{(x^2 + ax + b)^{m-1}} \sqrt{x^2 + cx + d}$$

$$+ \int \frac{Gx + H}{x^2 + ax + b} \cdot \frac{dx}{\sqrt{x^2 + cx + d}}.$$

Durch Differenzieren wird diese Gleichung rational, worauf sich die Koeffizienten A, B usw. bestimmen lassen. Man integriere nach dieser Reduktionsformel:

123. a) $\int \frac{x^2 + x + 1}{(1 - x^2)^2 \sqrt{1 - x^2}} dx = ?$

b) $\int \frac{(1 + x^3)\, dx}{(1 + x^2)^2 \sqrt{1 - x^2}} = ?$

124. $\int \frac{x^2\, dx}{(1 - x^2)^2 \sqrt{1 + x^2}} = ?$ (Auch lösbar durch die Substitution $x = \frac{\operatorname{tg} \alpha}{\sqrt{2 + \operatorname{tg}^2 \alpha}}$.)

5. Anwendung der Integralrechnung auf Geometrie.

a) Bestimmung der Gleichung einer Kurve aus gegebenen Eigenschaften derselben.

Anleitung: Unter den gegebenen Eigenschaften sollen hier die Werte für den Tangentenwinkel, Krümmungsradius, Subtangente, Normale, Subnormale usw. verstanden werden. Zur Auffindung der Kurvengleichungen dienen die unter Abschn. III, 5 b, c gegebenen Gleichungen. Unter α soll auch hier stets der Tangentenwinkel, unter φ der Polarwinkel einer Kurve verstanden sein.

Aufgaben über den Tangentenwinkel.

125. Für welche Kurve besteht die Beziehung:

$$\sin(\alpha - \varphi) = \frac{\sin \varphi \cos \varphi}{\sqrt{1 + 3\cos^2 \varphi}} ?$$

126. Für welche Kurve besteht die Beziehung:

$\alpha = \varphi + k?$ (speziell auch für $k = \frac{\pi}{2}$)

127. Für welche Kurve besteht die Beziehung:

a) $\alpha = 2\varphi$, b) $\alpha = \varphi$, c) $\alpha = \frac{1}{2}\varphi$?

128. Für welche Kurve besteht die Beziehung:

a) $\alpha = \frac{3}{2}\varphi$, b) $\alpha = 3\varphi - \frac{\pi}{2}$?

129. Die Gleichung derjenigen Kurve zu bestimmen, welche die Eigenschaft hat, daß ihre Tangente überall gleich der Abszisse ist.

130. Für welche Kurve hat die Tangente T (d. h. der Abschnitt derselben zwischen dem Berührungspunkt der Kurve und der X-Achse) die konstante Länge k?

Aufgaben über den Krümmungsradius.

131. Für welche Kurve ist der Krümmungsradius $\varrho = r \sin(\alpha - \varphi)$?

132. Für welche Kurve besteht die Beziehung $\varrho = k\sqrt{r}$?

133. Für welche Kurve ist der Krümmungsradius dem Radiusvektor direkt proportional, d. h. $\varrho = kr$?

134. Für welche Kurve ist der Krümmungsradius dem Radiusvektor umgekehrt proportional, d. h. $\varrho = \frac{k}{r}$?

135. Für welche Kurve ist der Krümmungsradius

a) $\varrho = -k\sqrt{y}$? b) $\varrho = c y^2$?

b) Bestimmung von Kurvenlängen (Rektifikationen), Kurvenflächen (Quadratur) und der Oberfläche (Komplanation) und des Rauminhaltes (Kubatur) von Rotationskörpern.

Hierzu dienen die bekannten Formeln:

$$\text{Kurvenlänge } s = \int \sqrt{1 + \left(\frac{dy}{dx}\right)^2}\, dx$$

$$\left(\text{oder auch} = \int \sqrt{\left(\frac{dr}{d\varphi}\right)^2 + r^2}\, d\varphi\right),$$

$$\text{Kurvenfläche } F = \int y\, dx,$$

$$\text{Oberfläche eines Rotationskörpers } O = 2\pi \int x\, ds$$

$$\text{bzw. } 2\pi \int y\, ds \quad \text{und}$$

$$\text{Rauminhalt } V = \pi \int x^2 dy \quad \text{bzw.} \quad \pi \int y^2 dx.$$

Bei Benutzung von Polarkoordinaten pflegt man das Flächendifferential in Form des von r und $d\varphi$ gebildeten Flächen-**Sektors** auszudrücken. Einer Zunahme von x und y um dx bzw. dy entspricht hier eine Abnahme des Sektors

$$S = XOP.$$

Nach der Fig. 13 ist nun aber

$$OPP' + \Delta OBP' = dF + \Delta OAP,$$

d. i.

$$OPP' + \frac{(x+dx)(y+dy)}{2} = y\,dx + \frac{xy}{2},$$

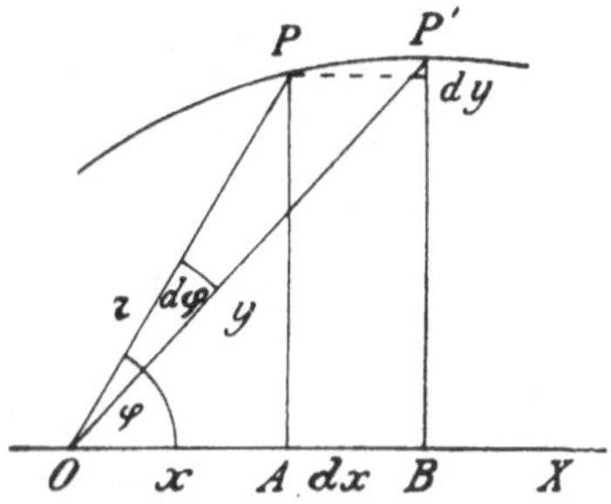

Fig. 13.

was sich beim Ausmultiplizieren reduziert auf

$$OPP', \quad \text{d. i.} \quad -dS = \frac{1}{2}(y\,dx - x\,dy),$$

da der Summand $\frac{dx \cdot dy}{2}$ für die Integration nicht in Betracht kommt. Es ist also:

$$dS = \frac{1}{2}(x\,dy - y\,dx),$$

und wenn nun $x = r\cos\varphi$ und $y = r\sin\varphi$ gesetzt wird:

$$dS = \frac{1}{2}(r\cos\varphi \cdot r\cos\varphi\,d\varphi + r\sin\varphi \cdot r\sin\varphi\,d\varphi)$$

$$= \frac{r^2}{2}(\cos^2\varphi + \sin^2\varphi) \cdot d\varphi,$$

oder kurz

$$\underline{\underline{dS = \frac{r^2}{2}\,d\varphi.}}$$

---

136. Man bestimme mittels der Formel $dS = \frac{r^2}{2}\,d\varphi$ den Inhalt der a) von der **Kardioide**, b) von der **Lemniskate** eingeschlossenen Fläche. (Vgl. Aufg. 76 und 82.)

137. Die Längen der Kardioide und der Kreisevolvente zu bestimmen.

138. Die Länge der Zissoide, sowie die von ihr und der X-Achse eingeschlossene Fläche, speziell auch die zwischen der Kurve und ihrer Asymptote eingeschlossene Fläche aus der Gleichung der Kurve

$$r = \frac{2a \sin^2 \varphi}{\cos \varphi}$$

zu berechnen.

139. Die Oberfläche und den Rauminhalt des durch Rotation der Kettenlinie um die X-Achse entstehenden Körpers zu berechnen.

140. Das gleiche für die Zykloide zu berechnen.

141. Das gleiche für die um ihre Asymptote rotierende Zissoide zu berechnen.

Rotiert eine in sich geschlossene Kurve (z. B. ein Kreis, eine Ellipse, aber z. B. auch eine durch eine Sehne abgeschlossene Parabel) um eine außerhalb dieser Kurvenfläche gelegene Achse, so entsteht ein Ring. Die Berechnung der Oberfläche und des Volumens eines solchen läßt sich mittels der gleichen bisher verwendeten Formeln durch Integration finden. Wie aus nebenstehender Figur 14 leicht ersichtlich, ist hierbei nur z. B. statt

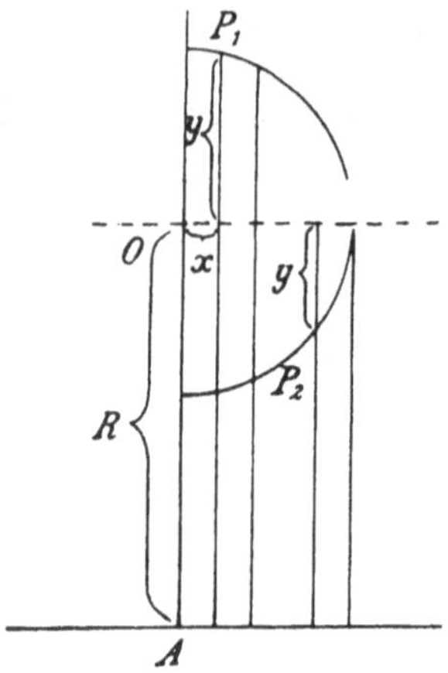

Fig. 14.

$$O = 2\pi \int y \, ds$$

$$O_1 = 2\pi \int (R + y) \, ds$$

für die obere,

$$O_2 = 2\pi \int (R - y) \, ds$$

für die untere Begrenzung der Ringfläche zu setzen, dann ergibt nach ausgeführter Integration die Summe $O_1 + O_2$ die Oberfläche des Ringes. In analoger Weise ergibt sich auch das Volumen des Ringes.

142. Den Oberflächen- und Rauminhalt eines kreisförmigen, durch Umdrehung einer Kreisfläche vom Radius r um eine, vom Mittelpunkt dieses Kreises um R entfernte Achse zu berechnen.

---

6. Das Integral als Summe einer unendlichen Reihe.

Ein Integral kann stets auch als der Wert der Summe einer unendlichen Reihe aufgefaßt werden, deren allgemeines Glied etwa die Form hat: $\frac{1}{n} f\left(\frac{m}{n}\right)$, wenn für m nacheinander die Werte der ganzen Zahlen $1 - n$ gesetzt werden können, so daß also die (als konvergent vorausgesetzte) Reihe die Form hat:

$$\frac{1}{n} f\left(\frac{1}{n}\right) + \frac{1}{n} f\left(\frac{2}{n}\right) + \frac{1}{n} f\left(\frac{3}{n}\right) + \frac{1}{n} f\left(\frac{4}{n}\right) + \ldots + \frac{1}{n} f\left(\frac{n}{n}\right),$$

oder wenn $\frac{1}{n} = \delta$ gesetzt wird, so daß also mit wachsendem n die Größe δ unbeschränkt klein wird und sich dem Werte 0 nähert, und also der Summenwert der Reihe

$$S = \delta\,[f(\delta) + f(2\,\delta) + f(3\,\delta) + \ldots + f(n\,\delta)]$$

wird.

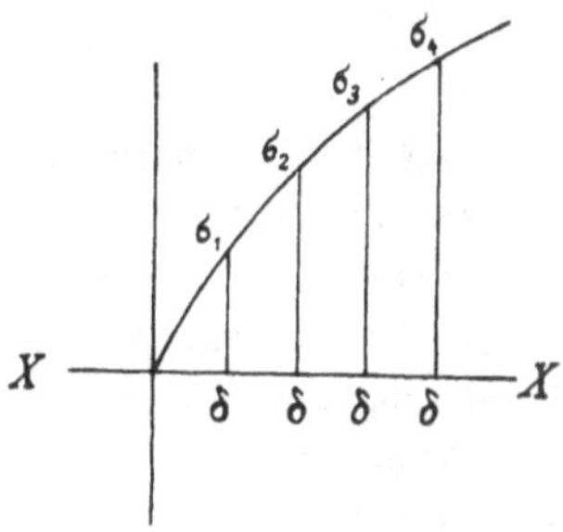

Fig. 15.

Man kann nun jedes einzelne Glied der Reihe, d. h. allgemein die Größe $\delta \cdot f(m\,\delta)$ als das Bogenelement einer ebenen Kurve auffassen und die Größe δ als Projektion desselben auf die X-Achse. Dann ist allgemein in bezug auf diese Kurve

$$\frac{\delta}{\sigma} = \cos\alpha, \qquad (1)$$

wo α den Tangentenwinkel bedeutet, und man hat nun einerseits

$$\text{Reihensumme } S = \sigma_1 + \sigma_2 + \sigma_3 + \ldots + \sigma_n,$$

anderseits ist das m^{te} oder allgemeine Reihenglied σ dargestellt durch

$$\sigma = \delta \cdot f(m\,\delta),$$

oder wenn $m\delta$ mit x bezeichnet wird,

$$\sigma = \delta f(x),$$

hieraus folgt

$$\frac{\delta}{\sigma} = \frac{1}{f(x)}. \tag{2}$$

Durch Gleichsetzung der Werte von $\frac{\delta}{\sigma}$ aus (1) und (2) folgt nun:

$$\frac{1}{f(x)} = \cos\alpha = \frac{dx}{ds} \quad \text{oder} \quad ds = f(x)\,dx,$$

woraus durch Integration

$$s = \int f(x)\,dx$$

folgt. Da aber s als Länge der Kurve mit der Summe

$$\sigma_1 + \sigma_2 + \sigma_3 + \ldots + \sigma_n$$

identisch ist, so wird also auch diese, oben mit S bezeichnete Reihensumme:

$$S = \int f(x)\,dx + C.$$

$f(x)$ stellt hier natürlich nicht die Ordinate der gedachten Kurve vor, welche wir gewöhnlich ebenfalls mit $y = f(x)$ bezeichneten, da ja sonst $ds = y\,dx$ nicht das Differential der Bogenlänge, sondern das der Bogenfläche F wäre. Die Gleichung der Kurve selbst zu kennen, ist aber auch gar nicht der Zweck unserer Aufgabe. (Sie ergäbe sich leicht aus der Beziehung

$$ds = \sqrt{1 + \left(\frac{dy}{dx}\right)^2}\,dx = f(x)\,dx,$$

woraus

$$\frac{dy}{dx} = \sqrt{[f(x)]^2 - 1},$$

also durch Integration

$$y = \int \sqrt{[f(x)]^2 - 1}\,dx$$

folgen würde.) Zu bemerken ist dagegen noch, daß zufolge der eingangs gemachten Annahme:

$$\frac{1}{n} = \delta, \qquad n\delta = 1$$

zu setzen ist. Da $m\delta$ allgemein den Wert x vorstellt, so wäre $n\delta$ der Wert von x im letzten Glied der Reihe, der also nach erfolgter Integration = 1 zu setzen ist und dem Werte $s = \sigma_1 + \sigma_2 + \ldots + \sigma_n$ entspricht, während für $s = 0$ auch $x = 0$ zu setzen ist, wodurch sich auch der Wert der Konstanten C ergibt.

Es sei also beispielsweise der Summenwert einer unendlichen Reihe von der Form der in den Aufgaben 16 und 17 behandelten Reihen durch Integration zu finden; dann würde für Aufgabe 16 zunächst δ an Stelle von $\frac{1}{n}$ und allgemein $\frac{m}{n} = x$, also $f(x) = (1 - x)^2$ zu setzen sein. Danach würde

$$S = \int (1 - x)^2 dx = \int (1 - 2x + x^2) dx = x - x^2 + \frac{x^3}{3} + C;$$

$$x = 0, \quad C = 0, \quad x = 1, \quad S = \frac{1}{3},$$

und für Aufgabe 17 ergäbe sich als Summenwert das Integral

$$S = \int (1 - x)^3 dx = \int (1 - 3x + 3x^2 - x^3) dx$$

$$= x - \frac{3}{2}x^2 + x^3 - \frac{x^4}{4} + C; \quad x = 0, \quad C = 0, \quad x = 1,$$

$$S = 1 - \frac{3}{2} + 1 - \frac{1}{4} = \frac{1}{4},$$

also die gleichen Werte, die dort auf anderem Wege gefunden wurden.

143. Den Wert der Reihen in den Aufgaben 21—24 durch Integration zu bestimmen.

V. Differentialgleichungen.

Jede Gleichung von der Form:

$$f\left(x, y \ldots, \frac{dy}{dx}, \frac{d^2y}{dx^2}, \ldots\right) = 0$$

heißt eine Differentialgleichung. Sie ist von der ersten, zweiten, dritten Ordnung usw., je nachdem sie nur den Differentialquotienten $\frac{dy}{dx}$ oder aber auch außerdem $\frac{d^2 y}{dx^2}$ bzw. $\frac{d^3 y}{dx^3}$ usw. enthält. In bezug auf den Differentialquotienten unterscheidet man auch lineare Differentialgleichungen und Differentialgleichungen höheren Grades, je nachdem ein Differentialquotient nur in der ersten oder aber auch in höherer Potenz vorkommt. Endlich unterscheidet man auch homogene und nichthomogene Differentialgleichungen. Homogen ist z. B. eine Differentialgleichung erster Ordnung, wenn sie sich auf die Form $\frac{dy}{dx} = f\left(\frac{y}{x}\right)$ bringen läßt. Hier ergibt nämlich die Substitution des Quotienten $\frac{y}{x}$ durch eine neue Variable eine Differentialgleichung, in welcher sich die Variablen voneinander trennen lassen, was für die Lösbarkeit oft wesentlich ist. Zum Schlusse seien hier auch noch die simultanen Differentialgleichungen erwähnt und behandelt, deren Definition an ihrer Stelle gegeben werden soll.

1. Lineare Differentialgleichungen erster Ordnung.

a) Homogene Differentialgleichungen erster Ordnung.

Da die homogenen Differentialgleichungen durch die bloße Substitution

$$\frac{y}{x} = t, \qquad \text{d. h.} \qquad y = tx$$

eine Trennung der Variablen und dadurch stets die Integration gestattet, so mögen diese hier zuerst betrachtet werden. Wird nämlich in der auf die Form

$$\frac{dy}{dx} = f\left(\frac{y}{x}\right)$$

gebrachten Differentialgleichung $y = tx$ substituiert, o erhält man aus dieser Substitutionsgleichung durch Differenzieren:

$$\frac{dy}{dx} = t + x\frac{dt}{dx},$$

demnach wird also die gegebene Differentialgleichung zu

$$t + x\frac{dt}{dx} = f\left(\frac{y}{x}\right) = f(t)$$

und hieraus

$$\frac{dx}{x} = \frac{dt}{f(t) - t},$$

was integriert

$$\ln x + \ln C, \quad \text{d. i.} \quad = \ln Cx = \int \frac{dt}{f(t) - t}$$

ergibt.

Die obige Substitution, $y = tx$, ist z. B. auch noch für eine nichthomogene Differentialgleichung von der Form:

$$\frac{dy}{dx} = \frac{y}{x} + F(x) \cdot f\left(\frac{y}{x}\right)$$

anwendbar, indem dadurch eine Differentialgleichung von der Form entsteht:

$$t + x\frac{dt}{dx} = t + F(x) \cdot f(t),$$

was sich reduziert auf die integrierbare Differentialgleichung:

$$\frac{F(x)\,dx}{x} = \frac{dt}{f(t)}.$$

Anmerkung: Den Differentialquotienten $\frac{dy}{dx}$ bezeichnet man gewöhnlich, der kürzeren Schreibweise wegen, mit dem Buchstaben p.

Aufgaben.

144. a) $x^2 + y^2 - pxy = 0$;

b) $y^4 - x^4 + p^2x^2y^2 + 2pxy^3 = 0$.

145. a) $y(3x^2 + y^2) - 2px^3 = 0$;

b) $x(x^2 - 3y^2) + py(3x^2 - y^2) = 0$.

146. a) $px - 2y - \sqrt{x^2 + y^2} = 0$; b) $px - 2y - \sqrt{xy} = 0$;

c) $px - x - y - \sqrt{x^2 + y^2} = 0$.

147. a) $p = \frac{ax + y}{x - ay}$; b) $p(y^2 + xy + x^2) - y(y + 2x) = 0$;

c) $p(x^3 + y^3) - xy(x + y) = 0$.

d) $px(x^2 - xy + y^2) + y(x^2 + xy + y^2) = 0$.

b) Nichthomogene Differentialgleichungen erster Ordnung.

Hier seien zunächst Differentialgleichungen betrachtet, welche nach der unter a) gemachten Bemerkung ebenfalls durch die Substitution $\frac{y}{x} = t$ gelöst werden können, wenn sie sich nämlich auf die Form bringen lassen:

$$\frac{dy}{dx} = \frac{y}{x} + F(x) \cdot f\left(\frac{y}{x}\right).$$

Eine solche Differentialgleichung ist z. B.:

$$p x^2 - x y - y = 0,$$

da sie sich schreiben läßt:

$$\frac{dy}{dx} = \frac{y}{x} + \frac{y}{x^2} = \frac{y}{x} + \frac{1}{x} \cdot \frac{y}{x}.$$

Hier gibt also die Substitution $\frac{y}{x} = t$:

$$t + x \frac{dt}{dx} = t + \frac{t}{x}, \quad \text{also} \quad \frac{dx}{x^2} = \frac{dt}{t},$$

was integriert

$$C - \frac{1}{x} = \ln \frac{y}{x}$$

ergibt, woraus

$$y = x \cdot e^{C - \frac{1}{x}}$$

folgt. Weitere Beispiele dieser Art sind:

148. a) $p x^2 - (x + 1)(x^2 + y^2) - x y = 0$;

b) $p x^2 + x^2 y - 2 x y = 0$.

Bisweilen gelingt die Integration nichthomogener Differentialgleichung ebenfalls durch die Substitution $y = t x$, wenn außerdem ein integrierender Faktor zu Hilfe genommen wird. So wird z. B. dadurch die Differentialgleichung:

$$p x [x^2 y - (x - y)^2] + y (x - y)^2 - x y^3 = 0$$

zu

$$\left(t + x \frac{dt}{dx}\right)[t x - (1 - t)^2] + t[(1 - t)^2 - x t^2] = 0,$$

was sich weiter vereinfachen läßt zu

$$t^2(1-t)\,dx + [xt - (1-t)^2]\,dt = 0\,.$$

Ist nun β ein „integrierender Faktor", so läßt sich setzen:

$$\beta t^2(1-t)\,dx + \beta[xt - (1-t)^2]\,dt = 0\,.$$

Statt $\beta t^2(1-t)\,dx$ läßt sich aber auch schreiben:

$$d[x\beta t^2(1-t)] - x\,d[\beta t^2(1-t)]$$

und dadurch wird die Differentialgleichung zu

$$d[x\beta t^2(1-t)] - x\,d[\beta t^2(1-t)] + \beta x t\,dt = \beta(1-t)^2\,dt\,.$$

Werden jetzt das 2. und 3. Glied der Gleichung für sich $= 0$ gesetzt, so hat man, da x sich wegheben läßt, die zur Bestimmung von β geeignete Differentialgleichung:

$$d[\beta t^2(1-t)] = \beta t\,dt$$

oder

$$\frac{d[\beta t^2(1-t)]}{\beta t^2(1-t)} = \frac{dt}{t(1-t)} = \left(\frac{1}{t} + \frac{1}{1-t}\right)dt\,,$$

was integriert

$$\ln \beta t^2(1-t) = \ln t - \ln(1-t) = \ln\frac{t}{1-t}$$

oder kurz

$$\beta = \frac{1}{t(1-t)^2}$$

ergibt. Der Rest der ursprünglichen Differentialgleichung wird nun also durch Einsetzung dieses Wertes von β zu

$$d\left(\frac{xt}{1-t}\right) = \frac{dt}{t}\,,$$

was integriert

$$\frac{xt}{1-t} = \ln Ct$$

ergibt, d. h.

$$\frac{y}{1-\frac{y}{x}} = \ln\frac{y}{x} + C$$

oder auch

$$\frac{xy}{x-y} + \ln\frac{x}{y} = C\,.$$

Als weitere Beispiele der Anwendungsmöglichkeit eines integrierenden Faktors seien hier gegeben:

149. a) $(1 - x^2)\frac{dy}{dx} + xy = f(x)$; b) $\frac{dy}{dx} = x + y$.

Eine Differentialgleichung von der Form:

$$y^n + p\,y^{n-1} f(x) + F(x) = 0$$

ist stets durch einen integrierenden Faktor integrierbar, denn eine solche Differentialgleichung läßt sich auf die Form bringen:

$$\beta y^n\,dx + \frac{1}{n}\,d[\beta y^n f(x)] - \frac{1}{n}\,y^n\,d[\beta f(x)] + \beta F(x)\,dx = 0 .$$

Wird nun die Summe des 1. und 3. Gliedes für sich $= 0$ gesetzt, so erhält man aus der Differentialgleichung:

$$\beta\,dx = \frac{1}{n}\,d[\beta f(x)] \qquad \text{sofort} \qquad \frac{d[\beta f(x)]}{\beta f(x)} = \frac{n\,dx}{f(x)},$$

somit

$$\ln[\beta f(x)] = n\int\frac{dx}{f(x)},$$

woraus sich also β bestimmen läßt. So würde z. B. für $n = 2$, $f(x) = 2\sin x$ und $F(x) = \cos x$, d. h. für die Differentialgleichung:

$$y^2 + 2py\sin x + \cos x = 0,$$

$$\ln 2\beta\sin x = \int\frac{dx}{\sin x} = \ln\frac{1 - \cos x}{\sin x},$$

d. h. es ist

$$\beta = \frac{1 - \cos x}{2\sin^2 x};$$

die gegebene Differentialgleichung wird also jetzt zu

$$\frac{1}{2}\,d\left[y^2\,\frac{1 - \cos x}{\sin x}\right] + \frac{(1 - \cos x)\cos x}{2\sin^2 x}\,dx = 0,$$

was integriert

$$\frac{y^2(1 - \cos x)}{\sin x} + \int\frac{\cos x - 1 + \sin^2 x}{\sin^2 x}\,dx = C$$

oder

$$\frac{y^2(1 - \cos x)}{\sin x} - \frac{1}{\sin x} + \frac{1}{\operatorname{tg} x} + x = C$$

ergibt, woraus

$$y^2 = 1 + \frac{(C - x)\sin x}{1 - \cos x}$$

folgt.

In den beiden Differentialgleichungen

$$\text{a)}\quad y - px + px^2 f(y) = F(x)$$

und

$$\text{b)}\quad y + px + pf(y) = F(x)$$

wird die Integrationsmöglichkeit schon erkennbar, wenn die Gleichung mit dx multipliziert wird. Man erhält dadurch für

$$\text{a)}\quad y\,dx - x\,dy + x^2 f(y)\,dy = F(x)\,dx$$

oder, durch $-x^2$ dividiert,

$$\frac{x\,dy - y\,dx}{x^2},$$

d. i.

$$d\left(\frac{y}{x}\right) = f(y)\,dy - \frac{F(x)\,dx}{x^2},$$

also eine ohne weiteres integrierbare Gleichung, die z. B. für

$$f(y) = \frac{1}{y} \qquad \text{und} \qquad F(x) = x,$$

$$\frac{Cy}{x} = e^{\frac{y}{x}}$$

ergibt.

Die Gleichung b) dagegen wird, mit dx multipliziert, zu

$$y\,dx + x\,dy + f(y)\,dy = F(x)\,dx,$$

d. h.

$$d(xy) + f(y)\,dy = F(x)\,dx,$$

welche Gleichung ebenfalls ohne weiteres integrierbar ist und z. B. für

$$f(y) = \frac{1}{y} \qquad \text{und} \qquad F(x) = \frac{1}{x},$$

$$\frac{Cx}{y} = e^{xy}$$

ergibt.

Eine häufig anwendbare Integrationsweise besteht darin, die gegebene Differentialgleichung nach x oder y aufzulösen und nochmals zu differenzieren, wodurch man eine Differentialgleichung zwischen p und y, bzw. p und x erhält. Durch Integration ergibt sich dann die Beziehung zwischen p und y bzw. p und x und wenn man den hieraus für p resultierenden

Wert in die gegebene Differentialgleichung einsetzt, eine Gleichung zwischen x und y.

Beispiel: Die Differentialgleichung

$$p = ax + by + c$$

wird durch Differenzieren ohne weiteres zu einer Differentialgleichung zwischen p und x, nämlich zu

$$\frac{dp}{dx} = a + bp,$$

woraus durch Integration

$$x + C = \int \frac{dp}{a + bp} = \frac{1}{b} \ln (a + bp)$$

folgt. Es ist hieraus

$$p = \frac{e^{b(x+C)} - a}{b}$$

und durch Einsetzung dieses Wertes in die ursprüngliche Differentialgleichung wird diese zu

$$y = \frac{e^{b(x+C)} - a}{b^2} - \frac{ax + c}{b}.$$

Man löse mittels der angegebenen Methode, sowie auch mittels eines integrierenden Faktors folgende Aufgabe:

150. $pxy - y^2 = k$.

Auch in Differentialgleichungen wird die Integration oft durch trigonometrische Substitutionen erleichtert, so z. B. für die Differentialgleichung:

151. $y(a^2 - y^2) + a^2 px = p(a^2 - y^2)\sqrt{a^2 - y^2}$.

Hier ist es vorteilhaft, $y = a \sin \beta$ zu setzen und dann die Differentialgleichung mittels eines integrierenden Faktors zu integrieren.

Noch eine andere Methode der Integration besteht darin, in der gegebenen Differentialgleichung ein Glied wegzulassen, wenn dadurch die betreffende Differentialgleichung ohne weiteres integrierbar wird. Wird dann in der erhaltenen Integrationsgleichung die Integrationskonstante durch eine neue Variable u ersetzt, so hat man nun in u eine Substitutionsvariable, durch deren Benutzung man eine neue Differentialgleichung von sehr vereinfachter Form erhält, die nun zu integrieren ist. Wegen dieses Vertauschens der Integrationskonstanten mit einer Variablen wird diese Methode die Methode der „Variation der Konstanten" genannt.

Beispiel. Es sei zu integrieren:

$$3x^2 y + y^3 - 2p\,x^3 = 0\,.$$

Indem man zunächst das Glied y^3 wegläßt, erhält man die „vereinfachte" Differentialgleichung:

$$3y = 2p\,x = 2x\,\frac{dy}{dx}\,,$$

aus welcher Gleichung sofort

$$3\ln x = \ln C + 2\ln y$$

oder

$$\ln x^3 = \ln C y^2$$

oder

$$x^3 = C y^2$$

folgt. Wird also jetzt die Integrationskonstante C durch eine Substitutionsvariable u ersetzt, so hat man aus $x^3 = u\,y^2$ durch Differenzieren

$$3x^2 = y^2\,\frac{du}{dx} + 2u\,p\,y$$

oder auch

$$3x^2 y = y^3\,\frac{du}{dx} + 2u\,p\,y^2. \tag{1}$$

Da $x^3 = u\,y^2$ ist, so läßt sich die ursprüngliche Differentialgleichung auch schreiben:

$$3x^2 y = 2p\,x^3 - y^3 = 2p\,u\,y^2 - y^3\,. \tag{2}$$

Aus (1) und (2) folgt also die sehr einfache Differentialgleichung

$$y^3\,\frac{du}{dx} = -\,y^3, \quad \text{d. h.} \quad u = C - x\,,$$

also der Bedeutung von $u = \frac{x^3}{y^2}$ entsprechend:

$$\frac{x^3}{y^2} = C - x$$

oder

$$\frac{x(x^2+y^2)}{y^2} = C \text{ (Gleichung der Zissoide).}$$

152. Man löse nach obiger Methode die Aufgaben 150 und 151.

2. Differentialgleichungen erster Ordnung vom zweiten und von höherem Grade.

Eine Differentialgleichung, die in bezug auf p vom zweiten Grade ist, wird sich stets auf die Form bringen lassen:

$$p^2 + 2p\,f(x, y) + F(x, y) = 0,$$

welche Gleichung nach p aufgelöst:

$$p = \sqrt{[f(x, y)]^2 - F(x, y)} - f(x, y) \tag{1}$$

ergibt. Ist diese Gleichung nun so beschaffen, daß man durch Nullsetzung des Wurzelwertes und Differenzieren der Gleichung

$$[f(x, y)]^2 - F(x, y) = 0$$

für p einen mit $-f(x, y)$ identischen Wert erhält, so war man also berechtigt, den Wurzelausdruck $= 0$ zu setzen und die ohne Integration erhaltene Gleichung

$$[f(x, y)]^2 - F(x, y) = 0,$$

die also auch keine Integrationskonstante besitzt, stellt eine Lösung der gegebenen Differentialgleichung vor, welche man die singuläre Lösung nennt. Eine solche Gleichung ist z. B.:

$$p = \frac{a + \sqrt{y^2 - 2ax}}{y},$$

weil man durch Nullsetzen der Wurzel aus $y^2 - 2ax = 0$ durch Differenzieren

$$py = a \qquad \text{oder} \qquad p = \frac{a}{y}$$

erhält, also denselben Wert, den auch die gegebene Differentialgleichung für p ergibt, wenn der Wurzelausdruck $= 0$ gesetzt wird.

Die singuläre Lösung der gegebenen Differentialgleichung ist also $y^2 = 2ax$, d. h. die Gleichung der Parabel. Um eine allgemeine, also eine Integrationskonstante enthaltende Lösung zu finden, ist es auch hier am einfachsten, die Differentialgleichung nach derjenigen Veränderlichen aufzulösen, die vom niedrigsten Grade ist, hier also nach x und dann zu differenzieren, so daß sich dann eine Differentialgleichung ergibt, die nur noch zwei Veränderliche, nämlich y und p und ihre Differentiale aufweist. In unserem Falle erhalten wir nun

$$2ax = y^2 - (py - a)^2,$$

was differenziert und durch dx dividiert:

$$a = py - (py - a)\left(p^2 + y\frac{dp}{dx}\right)$$

ergibt, was sich auch schreiben läßt:

$$(py - a)\left(p^2 + y\frac{dp}{dx} - 1\right) = 0.$$

Es ist also entweder

$$py - a = 0, \qquad \text{d. h.} \qquad p = \frac{a}{y}$$

und durch Einsetzen dieses Wertes von p in die gegebene Differentialgleichung erhalten wir eben wieder die singuläre Lösung:

$$y^2 - 2ax = 0,$$

oder es ist:

$$p^2 + y\frac{dp}{dx} - 1 = 0$$

oder da aus

$$\frac{dy}{dx} = p, \qquad dx = \frac{dy}{p}$$

folgt:

$$p^2 + py\frac{dp}{dy} = 1,$$

aus welcher Gleichung

$$\frac{dy}{y} = \frac{p\,dp}{1 - p^2},$$

was integriert

$$\ln y = \ln C - \ln\sqrt{1 - p^2} \qquad \text{oder} \qquad y = \frac{C}{\sqrt{1 - p^2}}$$

ergibt. Setzt man den aus dieser Gleichung für p folgenden Wert, d. i.

$$p = \frac{\sqrt{y^2 - C^2}}{y}$$

in die gegebene Differentialgleichung ein, so erhält man die gesuchte allgemeine Lösung der gegebenen Differentialgleichung in der Form:

$$\sqrt{y^2 - C^2} = a + \sqrt{y^2 - 2ax}.$$

Man löse auf die gleiche Weise die nachfolgenden Differentialgleichungen und bestimme sowohl ihre singulären als auch allgemeinen Integrale.

153. a) $p^2 + \frac{2px}{y} + \frac{a^2}{y^2} - 1 = 0$;

b) $y^2(1 + p^2) - 2(x + py) = 0$.

Eine Gleichung von der Form

$$y = px + f(p) \quad \text{(Clairaultsche Gleichung)}$$

hat die Eigentümlichkeit, durch Differenzieren

$$p = p + x\frac{dp}{dx} + f'(p)\frac{dp}{dx}, \quad \text{d. h.} \quad [x + f'(p)]\frac{dp}{dx} = 0$$

zu ergeben, so daß hier entweder

$$\frac{dp}{dx} = 0, \quad \text{d. h.} \quad p = C$$

zu setzen ist, wodurch sich durch Einsetzen dieses Wertes in die gegebene Differentialgleichung als allgemeine Lösung derselben

$$y = Cx + f(C) \tag{1}$$

ergibt, wobei $f(C)$ bedeuten soll, daß an Stelle von p überall C zu setzen ist. Oder es ist

$$x + f'(p) = 0 \tag{2}$$

und aus dieser Gleichung und der gegebenen Differentialgleichung läßt sich unter Elimination von p eine Gleichung zwischen x und y herstellen, welche keine willkürliche Konstante enthält und somit die singuläre Lösung darstellt.

Beispiel.

$$y = p x + \frac{1}{1+p}$$

ergibt nach obigem für $p = C$ das allgemeine Integral der Gleichung:

$$y = C x + \frac{1}{1+C} \text{ (Gleichung der Geraden).}$$

Für die singuläre Lösung ergibt Gl. (2), da hier

$$f'(p) = -\frac{1}{(1+p)^2}$$

ist,

$$x - \frac{1}{(1+p)^2} = 0$$

und hieraus ist

$$1 + p = \frac{1}{\sqrt{x}} \qquad \text{und} \qquad p = \frac{1}{\sqrt{x}} - 1,$$

und durch Einsetzung dieser Werte in die gegebene Differentialgleichung wird diese zu

$$y = \frac{1-\sqrt{x}}{\sqrt{x}} \cdot x + \sqrt{x} = (2 - \sqrt{x})\sqrt{x}.$$

Weitere Beispiele dieser Art sind:

154. a) $y = p x + \sqrt{1-p^2}$, b) $y = p x + 1 + p^2$,

c) $(y - p x)(1 + p^2) = 1$.

Ist p von höherem Grade als dem zweiten, so empfiehlt es sich meist, die Differentialgleichung nach derjenigen der Veränderlichen x oder y aufzulösen, die vom niedersten Grade ist und durch Differenzieren eine neue Differentialgleichung zwischen p und x bzw. y zu bilden, diese zu integrieren und aus dieser Gleichung und der gegebenen Differentialgleichung unter Elimination von p eine Gleichung zwischen x und y herzustellen.

Beispiel. Es sei:

$$p^3 + p x + y = 0. \tag{1}$$

Diese, in bezug auf y schon als aufgelöst zu betrachtende

Gleichung ergibt differenziert eine Differentialgleichung zwischen p und x, nämlich:

$$3p^2\frac{dp}{dx}+p+x\frac{dp}{dx}+p=0 \quad \text{oder} \quad 3p^2dp+2p\,dx+x\,dp.$$

Ist β ein integrierender Faktor, so erhält man aus

$$3\beta p^2dp+2d(\beta px)-2x\,d(\beta p)+x\beta\,dp=0,$$

$$2d(\beta p)=\beta\,dp \quad \text{oder} \quad \frac{2d(\beta p)}{\beta p}=\frac{dp}{p},$$

was integriert

$$\ln(\beta p)^2=\ln p \quad \text{oder} \quad \beta^2p^2=p.$$

also

$$\beta=\frac{1}{\sqrt{p}}$$

ergibt. Aus

$$3p\sqrt{p}\,dp+2d(x\sqrt{p})=0$$

folgt nun durch Integrieren:

$$3\int p^{3/2}dp+2x\sqrt{p}=C, \quad \text{d. h.} \quad \frac{6}{5}p^{5/2}+2x\sqrt{p}=C$$

oder

$$\frac{6}{5}p^3+2px=C\sqrt{p}$$

oder

$$p^3+\frac{5}{3}px=A\sqrt{p}. \tag{2}$$

Zieht man hiervon Gl. (1) ab, so erhält man

$$\frac{2}{3}px-y=A\sqrt{p}$$

und durch Quadrieren dieser Gleichung eine in bezug auf p quadratische Gleichung, aus welcher nun p bestimmt und in Gl. (1) (oder auch (2)) einzusetzen ist.

Weitere Beispiele dieser Art sind:

155. a) $p^3-3p+3(x+y)=0$, b) $x+py=\frac{p}{\sqrt{1+p^2}}$.

3. Differentialgleichungen zweiter Ordnung.

a) Homogene Differentialgleichungen zweiter Ordnung.

Eine Differentialgleichung zweiter Ordnung bezeichnet man als homogen, wenn sie auf die Form gebracht werden kann:

$$x \frac{d^2 y}{d x^2} = f\left(\frac{d y}{d x}, \frac{y}{x}\right). \tag{1}$$

Methode I. Wird auch hier zur Vereinfachung wieder $\frac{d y}{d x}$ mit p und analog $\frac{d^2 y}{d x^2}$ mit q bezeichnet und $\frac{y}{x} = t$ gesetzt, so folgt aus letzterer Substitutionsgleichung $y = t x$, also wird $\frac{d y}{d x}$, d. i.

$$p = t + x \frac{d t}{d x}. \tag{2}$$

Da nun q als $\frac{d \frac{d y}{d x}}{d x}$ auch in der Form $\frac{d p}{d x}$ geschrieben werden kann, so wird $q = \frac{d p}{d x}$, so daß sich Gl. (1) auch schreiben läßt:

$$x \frac{d p}{d x} = f(p, t)$$

oder es ist

$$\frac{d x}{x} = \frac{d p}{f(p, t)},$$

während aus Gl. (2)

$$\frac{d x}{x} = \frac{d t}{p - t}$$

sich ergibt. Setzt man also diese beiden Werte von $\frac{d x}{x}$ einander gleich, so erhält man die Gleichung:

$$\frac{d p}{f(p, t)} = \frac{d t}{p - t}, \tag{3}$$

also eine Differentialgleichung, die in bezug auf die Veränderlichen p und t eine Differentialgleichung erster Ordnung ist.

Methode II. Eine andere Methode der Lösung besteht darin, daß man wieder $y = t x$ und außerdem $x = e^u$ setzt.

Aus der Substitution für x folgt also $dx = e^u du$ und aus der Substitution für y:

$$p = t + x\frac{dt}{dx} = t + e^u\frac{dt}{e^u du} = t + \frac{dt}{du},$$

also wird:

$$q = \frac{dp}{dx} = \frac{dt + d\frac{dt}{du}}{dx} = \frac{dt + d\frac{dt}{du}}{e^u du},$$

also

$$qx = \frac{dt + d\frac{dt}{du}}{e^u du}e^u = \frac{dt}{du} + \frac{d\frac{dt}{du}}{du}.$$

Hiernach läßt sich also die homogene Differentialgleichung (1) schreiben:

$$\frac{dt}{du} + \frac{d\frac{dt}{du}}{du} = f\left(t + \frac{dt}{du}, t\right)$$

oder wenn $\frac{dt}{du} = v$ gesetzt wird, woraus $du = \frac{dt}{v}$ folgt und allgemein $p = t + v$ ist,

$$v + \frac{v\,dv}{dt} = f(t + v, t) = f(t, v), \tag{4}$$

d. i. eine Differentialgleichung **erster** Ordnung zwischen v und t.

Beispiel.

$$qxy^2 + p(y^2 - p^2x^2) = 0.$$

Da sich diese Gleichung auf die Form bringen läßt:

$$qx = p\left(\frac{p^2}{t^2} - 1\right),$$

wenn wieder $y = tx$ gesetzt wird, so ist hier also:

$$f(p, t) = p\left(\frac{p^2}{t^2} - 1\right),$$

somit nach Methode I, Gl. (3):

$$\frac{dp}{p\left(\frac{p^2}{t^2} - 1\right)} = \frac{dt}{p - t} \quad \text{oder} \quad \frac{t^2\,dp}{p(p^2 - t^2)} = \frac{dt}{p - t},$$

was sich auch schreiben läßt:

$$(p - t)\left[\frac{p(p+t)}{t^2 dp} - \frac{1}{dt}\right] = 0.$$

Es ist also entweder

$$p = t, \qquad \text{d. h.} \qquad \frac{dy}{dx} = \frac{y}{x}$$

zu setzen, woraus

$$\frac{dy}{y} = \frac{dx}{x}, \ \ln y = \ln C x$$

oder

$$y = Cx \text{ folgt (Gleichung einer Geraden),}$$

oder es ist

$$\frac{p(p+t)}{t^2 dp} = \frac{1}{dt},$$

was sich schreiben läßt:

$$p^2 dt = t^2 dp - pt\, dt$$

oder

$$\frac{dt}{t} = \frac{t\,dp - p\,dt}{p^2} = -\frac{p\,dt - t\,dp}{p^2} = -d\left(\frac{t}{p}\right),$$

was integriert

$$\ln t = A - \frac{t}{p} \quad (A = \text{Integrationskonstante})$$

ergibt. Hieraus folgt nun:

$$p = \frac{t}{A - \ln t},$$

anderseits ist aus $y = tx$:

$$p = t + x\frac{dt}{dx},$$

somit

$$\frac{t}{A - \ln t} = t + x\frac{dt}{dx}$$

und hieraus

$$\frac{dx}{x} = \frac{(A - \ln t)\,dt}{t[1 - (A - \ln t)]}.$$

Wird nun noch $A - \ln t = w$ substituiert und dadurch also $t = e^{A-w}$ gesetzt, so wird vorstehende Gleichung zu

$$\frac{dx}{x} = -\frac{w e^{A-w} dw}{e^{A-w}(1-w)} = -\frac{w\,dw}{1-w} = \frac{1-w-1}{1-w}dw = dw - \frac{dw}{1-w},$$

was integriert:

$$\ln Bx = w + \ln(1 - w)$$

ergibt. Es ist also w, d. h.:

$$A - \ln t = \ln \frac{B x}{1 - w} = \ln \frac{B x}{1 - A + \ln t}$$

oder wenn noch $A = \ln C$ gesetzt wird:

$$\frac{C}{t} = \frac{B x}{1 + \ln \frac{t}{C}} \cdot$$

d. h. da $t = \frac{y}{x}$ ist

$$\frac{C x}{y} = \frac{B x}{1 + \ln \frac{y}{C x}}$$

oder kurz

$$y = \frac{C}{B}\left(1 + \ln \frac{y}{x} - \ln C\right) = \frac{C}{B} \ln \frac{y}{x} + \frac{C}{B}(1 - \ln C)$$

oder wenn zur Abkürzung $\frac{C}{B} = C_1$, der konstante Summand $= C_2$ gesetzt wird:

$$y = C_1 \ln \frac{y}{x} + C_2 .$$

Nach der Methode (II) wird, da hier

$$f(p, t) = p\left(\frac{p^2}{t^2} - 1\right)$$

und allgemein

$$p = t + \frac{d t}{d u} = t + v$$

ist, nach Gl. (4)

$$v + \frac{v\, d v}{d t} = (t + v)\left[\frac{(t + v)^2}{t^2} - 1\right],$$

was sich reduziert auf

$$v\left(1 + \frac{d v}{d t}\right) = \frac{t + v}{t^2}(2 t + v) v ,$$

wo wiederum der Fall $v = 0$ näher zu betrachten ist. Da v seiner Bedeutung nach $= \frac{d t}{d u}$ ist, so würde also $d v = 0$ zugleich $d t = 0$ bedeuten, d. h. t, d. i. $\frac{y}{x} = C$, was wiederum die Gleichung einer Geraden darstellt. Dagegen folgt aus

$$1 + \frac{d v}{d t} = \frac{t + v}{t^2}(2 t + v)$$

die Gleichung

$$t^2 \frac{d v}{d t} = t^2 + 3 v t + v^2$$

und diese in bezug auf v und t homogene Differentialgleichung erster Ordnung ergibt durch die Substitution $v = t w$ die neue Differentialgleichung

$$w + t \frac{d w}{d t} = 1 + 3 w + w^2$$

oder

$$t \frac{d w}{d t} = 1 + 2 w + w^2 = (1 + w)^2.$$

Also ist

$$\frac{d t}{t} = \frac{d w}{(1 + w)^2},$$

was integriert

$$\ln C t = - \frac{1}{1 + w} = - \frac{1}{1 + \frac{v}{t}} = - \frac{t}{v + t}$$

oder

$$- \ln C t, \quad \text{d. i.} \quad \ln \frac{1}{C t} = \frac{t}{v + t}$$

oder wenn $\ln \frac{1}{C} = A$ gesetzt wird

$$A + \ln \frac{1}{t}, \quad \text{d. i.} \quad A - \ln t = \frac{t}{v + t};$$

hieraus folgt:

$$v = \frac{t(1 - A + \ln t)}{A - \ln t}.$$

Da nun v seiner Bedeutung nach

$$= \frac{d t}{d u} = \frac{d t}{d \ln x} = \frac{x\, d t}{d x}$$

ist, so wird

$$\frac{d x}{x} = \frac{(A - \ln t)\, d t}{t(1 - A + \ln t)}$$

und von hier ab die weitere Lösung identisch mit der nach Methode I angegebenen.

Aufgaben.

Nach einer der beiden Methoden folgende Aufgaben zu lösen:

156. a) $q x^3 + y^2 - p x y = 0$; b) $q x^3 - (p x - y)^2 = 0$.

157. a) $qxy + p^2 x - py = 0$; b) $qx^4 + (px - y)^3 = 0$.

158. a) $x^2 \frac{d^2 y}{dx^2} + 2y - 2x \frac{dy}{dx} = 0$;

b) $x^2 \frac{d^2 y}{dx^2} + y - x \frac{dy}{dx} = 0$.

159. a) $qxy - 3p^2 x - py = 0$; b) $qy^2 - p^2(y - px) = 0$.

Noch einfacher als durch die allgemeine Methode hätte sich übrigens die Lösung der Aufgaben 159a und b durch die einfache Substitution:

$$y = e^w$$

ergeben. Durch diese Substitution wird nämlich:

$$p = e^w \frac{dw}{dx} \qquad \text{und} \qquad q = e^w \left[\left(\frac{dw}{dx} \right)^2 + \frac{d^2 w}{dx^2} \right]$$

und dadurch die Differentialgleichung 159a) zu

$$e^{2w} x \left[\left(\frac{dw}{dx} \right)^2 + \frac{d^2 w}{dx^2} \right] - 3e^{2w} x \left(\frac{dw}{dx} \right)^2 - e^{2w} \frac{dw}{dx} = 0,$$

was sich reduziert auf

$$x \frac{d^2 w}{dx^2} - 2x \left(\frac{dw}{dx} \right)^2 - \frac{dw}{dx} = 0$$

oder wenn jetzt $\frac{dw}{dx} = z$ gesetzt wird:

$$x \frac{dz}{dx} - 2xz^2 - z = 0,$$

d. h.

$$\frac{x\,dz - z\,dx}{z^2} = 2x\,dx,$$

was integriert

$$C - \frac{x}{z} = x^2$$

ergibt. Hieraus folgt nun z, d. i.

$$\frac{dw}{dx} = \frac{x}{C - x^2},$$

und durch Integration w, d. i.

$$\ln y = \int \frac{x\,dx}{C - x^2} = \ln A - \ln \sqrt{C - x^2},$$

also

$$y = \frac{A}{\sqrt{C - x^2}},$$

identisch mit der auf anderem Wege gefundenen Lösung, wenn dort C statt B^2 geschrieben wird.

Die Differentialgleichung der Aufgabe 159b wird durch die gleiche Substitution zu

$$e^{3w}\left[\left(\frac{dw}{dx}\right)^2 + \frac{d^2w}{dx^2}\right] + e^{3w}\left(1 - x\frac{dw}{dx}\right)\left(\frac{dw}{dx}\right)^2 = 0\,,$$

d. h.

$$\frac{d^2w}{dx^2} + x\left(\frac{dw}{dx}\right)^3 \qquad \text{oder} \qquad \frac{dz}{dx} + x z^3 = 0$$

und hieraus

$$2x\,dx = -\frac{2\,dz}{z^3}\,,$$

was integriert

$$x^2 + A = \frac{1}{z^2} \qquad \text{oder} \quad z\,,$$

d. i.

$$\frac{dw}{dx} = \frac{1}{\sqrt{A + x^2}} \qquad \text{und hieraus} \quad w\,,$$

d. i.

$$\ln y = \int \frac{dx}{\sqrt{A + x^2}} = \ln(x + \sqrt{A + x^2}) + \ln D \quad \text{(F.-I. 13)},$$

also ist

$$y = D\left(x + \sqrt{A + x^2}\right)$$

oder

$$y^2 - 2Dxy + D^2x^2 = AD^2 + D^2x^2$$

oder

$$xy = \frac{y^2}{2D} - \frac{AD}{2}\,,$$

also bei entsprechender Änderung in der Bezeichnungsweise der Konstanten identisch mit der früheren Lösung.

Mitunter genügt es, die gegebenen Differentialgleichungen nochmals zu differenzieren, um integrierbare Gleichungen zu erhalten, so z. B. die der Aufgaben 158a und b. Im ersteren Falle erhält man dadurch:

158. a) $x^2\frac{dq}{dx} + 2xq + 2p - 2p - 2xq = 0$. Die Differentialgleichung reduziert sich hier also auf $\frac{dq}{dx} = 0$, d. h. es ist $q = \text{Const.}$, d. h.

$$\frac{d^2y}{dx^2} \quad \text{oder} \quad \frac{dp}{dx} = 2A,$$

$$p \quad \text{oder} \quad \frac{dy}{dx} = 2Ax + B.$$

Durch Einsetzen der Werte von $\frac{d^2y}{dx^2}$ und $\frac{dy}{dx}$ in die gegebene Differentialgleichung wird also diese zu

$$Ax^2 + y - x(2Ax + B) = 0,$$

d. h. es ist

$$y = Ax^2 + Bx,$$

während 158b durch nochmaliges Differenzieren

$$x^2\frac{dq}{dx} + 2xq + p - p - xq = 0$$

ergibt, d. h. es ist

$$x\frac{dq}{dx} = -q$$

und hieraus

$$\frac{dq}{q} = -\frac{dx}{x},$$

woraus

$$\ln q = \ln\frac{C}{x} \quad \text{oder} \quad q.$$

d. i.

$$\frac{dp}{dx} = \frac{C}{x}$$

und hieraus

$$p = C\int\frac{dx}{x} = C\ln x + D.$$

Durch Einsetzung dieser Werte von q und p in die gegebene Differentialgleichung wird diese zu

$$Cx + y - x(C\ln x + D) = 0,$$

also

$$y = x[C\ln x + D - C],$$

oder wenn B statt C geschrieben und $D - C = A$ gesetzt wird:

$$y = x[A + B\ln x],$$

wie auch auf anderem Wege gefunden.

b) Nichthomogene Differentialgleichungen zweiter Ordnung.

Die einfachsten Fälle sind hier die, wenn die nichthomogene Differentialgleichung zweiter Ordnung neben q entweder nur die Veränderliche x oder nur die Veränderliche y enthält. Kann in ersterem Falle die Gleichung auf die Form gebracht werden:

$$q, \quad \text{d. i.} \quad \frac{dp}{dx} = f(x),$$

so hat man durch Integration

$$p = \int f(x)\,dx + C. \tag{1}$$

Enthält die Differentialgleichung nur q und y, so läßt sich schreiben:

$$q = \frac{dp}{dx} = \frac{p\,dp}{p\,dx} = \frac{p\,dp}{dy} = f(y),$$

und hieraus folgt

$$p^2 = 2\int f(y)\,dy + C. \tag{2}$$

Von diesen beiden Gleichungen läßt sich (1) im allgemeinen sofort noch einmal integrieren, man erhält, wenn $\frac{dy}{dx}$ für p geschrieben wird

$$y = \int [\int f(x)\,dx + C]\,dx = \int [\int f(x)\,dx]\,dx + Cx + C',$$

während aus Gl. (2)

$$p = \sqrt{2\int f(y)\,dy + C},$$

also

$$dy = \sqrt{2\int f(y)\,dy + C}\,dx$$

folgt. Diese Gleichung nach dx aufgelöst ergibt

$$dx = \frac{dy}{\sqrt{2\int f(y)\,dy + C}}$$

und hieraus findet sich durch Integration

$$x + B = \int \frac{dy}{\sqrt{2\int f(y)\,dy + C}}.$$

Ist endlich q eine Funktion von p und x oder von p und y, so hat man im ersten Falle eine Differentialgleichung erster Ordnung zwischen p und x, im zweiten zwischen p und y, d. h. Gleichungen von den Formen

$$dp = f(p, x)\,dx$$

und

$$dp = f(p, y)\,dx = f(p, y)\cdot\frac{dy}{p} \tag{3}$$

so zu behandeln, als wenn es Gleichungen zwischen x und y wären, denn schreibt man y an Stelle von p und x an Stelle von y, so werden vorstehende Gleichungen zu

$$dy = f(y, x)\,dx \quad \text{und} \quad dy = f(y, x)\cdot\frac{dx}{y}.$$

Differentialgleichungen von der Form (3) werden sich wieder in solche unterscheiden lassen, die wenigstens in bezug auf p und x, bzw. p und y homogen, und solche, die nicht homogen sind. Differentialgleichungen, in welchen sich die Trennung der Variabeln ohne weiteres von selbst ergibt, d. h. von der Form der Gl. (1) und (2), sollen hier nicht weiter betrachtet werden. Homogen in bezug auf p und x sind z. B. die Differentialgleichungen

160. a) $q\,x^2 - p\,x + p\sqrt{x^2 + p^2} = 0,$

b) $(q\,x + p)(1 + x^2) - x^2 = 0.$

Eine in bezug auf p und x nichthomogene Differentialgleichung von der Form

$$q\,x + a\,p^2 + p\,f(x) = 0$$

kann durch die Substitution einer reziproken Variabeln, d. h. dadurch, daß man $p = \frac{1}{u}$ setzt, integrierbar gemacht werden. Man erhält hierdurch nämlich

$$dp = -\frac{du}{u^2},$$

also wird

$$q = -\frac{1}{u^2}\cdot\frac{du}{dx}$$

und vorstehende Differentialgleichung zu

$$-\frac{x}{u^2}\frac{du}{dx}+\frac{a}{u^2}+\frac{1}{u}f(x)=0$$

oder

$$a-x\frac{du}{dx}+uf(x)=0.$$

Diese Differentialgleichung ist stets mittels eines integrierenden Faktors integrierbar. Man erhält dann nämlich die Differentialgleichung

$$a\beta\,dx-d(\beta xu)+u\,d(\beta x)+\beta uf(x)\,dx=0,$$

hat also zur Bestimmung des integrierenden Faktors die Differentialgleichung

$$\frac{d(\beta x)}{\beta x}=-\frac{f(x)}{x}\,dx,$$

aus welcher

$$\ln\beta x=-\int\frac{f(x)}{x}\,dx,$$

also

$$\beta=\frac{1}{x}\cdot e^{-\int\frac{f(x)}{x}dx}$$

folgt. Man erhält also als Integral obiger Differentialgleichung

$$a\int\frac{e^{-\int\frac{f(x)}{x}dx}}{x}\,dx-ue^{-\int\frac{f(x)}{x}dx}=C,$$

oder wenn zur Abkürzung

$$e^{-\int\frac{f(x)}{x}dx}=F(x)$$

gesetzt wird

$$a\int\frac{F(x)}{x}\,dx-\frac{1}{p}F(x)=C,$$

woraus

$$p,\quad\text{d. i.}\quad\frac{dy}{dx}=\frac{F(x)}{a\int\frac{F(x)}{x}\,dx+A},$$

also

$$y=B+\int\frac{F(x)\,dx}{a\int\frac{F(x)}{x}\,dx+A} \tag{1}$$

folgt.

Die noch allgemeinere Differentialgleichung

$$q + p^2 F(x) + p f(x) = 0 \tag{2}$$

läßt sich ebenfalls durch die Substitution $p = \frac{1}{u}$ lösen.

Aufgaben.

161. a) $q - 2p^2 x + 4\frac{p}{x} = 0$,

b) $q + p^2 \cos^2 x - p \operatorname{tg} x = 0$.

Von den Differentialgleichungen zweiter Ordnung von der Form $q = f(p, y)$ soll ebenfalls zuerst der Fall betrachtet werden, in welchem die Differentialgleichung in bezug auf p und y homogen ist, d. h. in welchem sich durch die Substitution

$$p = t y$$

eine Trennung der Veränderlichen bewerkstelligen läßt. Durch diese Substitution wird dann allgemein:

$$q = \frac{dp}{dx} = t\frac{dy}{dx} + y\frac{dt}{dx} = pt + py\frac{dt}{p\,dx} = p\left(t + y\frac{dt}{dy}\right),$$

also

$$q = ty\left(t + y\frac{dt}{dy}\right).$$

Hierdurch würde z. B. die Differentialgleichung

$$q + 2p + y = 0$$

zu:

$$ty\left(t + y\frac{dt}{dy}\right) + 2ty + y = 0,$$

was sich vereinfacht zu

$$(t+1)^2 + ty\frac{dt}{dy} = 0,$$

d. h. zu

$$-\frac{dy}{y} = \frac{t\,dt}{(t+1)^2} = \frac{t+1-1}{(t+1)^2}\,dt,$$

was integriert

$$\ln\frac{C}{y} = \ln(t+1) + \frac{1}{t+1}$$

ergibt.

Man kommt bei dieser Methode häufig in die Lage, wie in vorstehendem Falle eine Gleichung zu erhalten, die sich nach t nicht auflösen läßt.

In diesem Falle macht man am besten von der Substitutionsgleichung Gebrauch

$$p = t y,$$

indem man $\frac{dy}{dx}$ für p schreibt, so daß man aus

$$\frac{dy}{dx} = t y, \qquad dx = \frac{1}{t} \cdot \frac{dy}{y}$$

erhält. Setzt man in dieser Gleichung für $\frac{dy}{y}$ den bereits gefundenen Wert $f(t)\,dt$, so hat man nun eine Differentialgleichung zwischen x und t, die man integriert, dann nach t auflöst und den sich ergebenden Wert in die Gleichung $y = F(t)$ einsetzt. In unserem Falle wäre also z. B.

$$\frac{dy}{y} = -\frac{t\,dt}{(t+1)^2},$$

also wird

$$dx = -\frac{1}{t} \cdot \frac{t\,dt}{(t+1)^2} = -\frac{dt}{(t+1)^2}$$

und hieraus folgt durch Integration

$$B + x = \frac{1}{t+1}.$$

Setzt man diesen Wert in die bereits gefundene Gleichung für y ein, so ergibt sich:

$$\ln \frac{C}{y} = \ln \frac{1}{B+x} + B + x = -\ln(B+x) + B + x,$$

d. h.

$$\ln \frac{C(B+x)}{y} = B + x,$$

was nach y aufgelöst

$$y = C(B+x)\,e^{-(B+x)}$$

ergibt.

Hier hätte sich die gegebene Differentialgleichung noch einfacher durch die Substitution

$$y = e^u$$

lösen lassen, aus welcher Gleichung sich für p und q die Werte ergeben:

$$p = e^u \frac{du}{dx} \quad \text{und} \quad q = \frac{dp}{dx} = e^u \left[\left(\frac{du}{dx}\right)^2 + \frac{d^2u}{dx^2}\right]$$

oder, wenn noch $\frac{du}{dx} = v$ gesetzt wird:

$$p = e^u \cdot v \qquad \text{und} \qquad q = e^u\left(v^2 + \frac{dv}{dx}\right).$$

Die gegebene Differentialgleichung wird durch diese Substitution zu

$$v^2 + \frac{dv}{dx} + 2v + 1 = 0,$$

da der allen Gliedern gemeinsame Faktor e^u sich wegheben läßt. Man erhält hieraus

$$dx = -\frac{dv}{(v+1)^2},$$

was integriert

$$B + x = \frac{1}{v+1}$$

ergibt und hieraus folgt v, d. i.

$$\frac{du}{dx} = \frac{1}{B+x} - 1,$$

also wird u, d. i. seiner Bedeutung nach

$$\ln y = \int \frac{dx}{B+x} - x + \ln A = \ln(B+x) + \ln A - x,$$

oder

$$\ln \frac{y}{A(B+x)} = -x,$$

somit

$$y = A(B+x)e^{-x}$$

oder wenn noch Ce^{-B} statt A geschrieben wird,

$$y = C(B+x)e^{-(B+x)},$$

wie oben.

Aufgaben.

Durch die Substitution $p = ty$ oder auch durch $y = e^u$ zu lösen:

162. a) $qy - p^2 + p\sqrt{y^2 + p^2} = 0$, b) $q + 2(p + y) = 0$,
c) $qy(1 + y^2) + p^2(1 - y^2) = 0$.

163. a) $qy - 2p\sqrt{py} + 3p^2 = 0$, b) $qy + p^2 - py = 0$,
c) $q(y + \sqrt{p^2 + y^2}) - p^2 = 0$.

164. a) $qy - 2p^2 - y^2 = 0$, b) $qy - 2p^2 + y^2 = 0$.
c) $2qy - p^2 + y^2 = 0$.

Auch hier wird manchmal eine Differentialgleichung durch nochmaliges Differenzieren ohne weiteres integrierbar, wie z. B. die Differentialgleichung 164c, die dadurch zu

$$2qp + 2y\frac{dq}{dx} - 2pq + 2yp = 0$$

wird, d. h. wenn statt $\frac{dq}{dx}$ noch $\frac{p\,dq}{dy}$ geschrieben wird, so reduziert sich die Differentialgleichung auf $\frac{dq}{dy} + 1 = 0$, woraus

$$q = A - y, \quad \text{d. h.} \quad \frac{p\,dp}{dy} = A - y$$

oder

$$2p\,dp = 2A\,dy - 2y\,dy$$

folgt, was integriert $p^2 = 2Ay - y^2$ ergibt, so daß also

$$p = \sqrt{2Ay - y^2}$$

wird, wie auch bei der Lösung auf anderem Wege gefunden wurde.

Eine in bezug auf q quadratische Gleichung löse man nach q auf, wobei sich auch eine singuläre Lösung ergeben kann. So ergäbe z. B. die Differentialgleichung

$$q^2 + 2y(y - q) - p^2 = 0$$

nach q aufgelöst

$$q = y + \sqrt{p^2 - y^2}.$$

Hier ergibt sich z. B. schon die singuläre Lösung der Gleichung, indem man versuchsweise $\sqrt{p^2 - y^2} = 0$ oder $p = y$ setzt. Aus dieser Gleichung folgt aber durch Differenzieren $q = p$, und wenn p hier auch $= y$ gesetzt wird, $q = y$. Für $\sqrt{p^2 - y^2} = 0$ wird aber auch die gegebene Differentialgleichung zu $q = y$, mithin ist man berechtigt, die Wurzel $= 0$ zu setzen.

Aus $p = y$ oder $\frac{dy}{dx} = y$ folgt nun durch Integrieren als singuläre Lösung: $\ln y = x + C$.

Um die allgemeine Lösung der gegebenen Differentialgleichung zu finden, setzen wir, da dieselbe in bezug auf p und y homogen ist, $p = ty$ und erhalten dadurch

$$t\left(t + y\frac{dt}{dy}\right) = 1 + \sqrt{t^2 - 1},$$

und hieraus folgt

$$\frac{dy}{y} = \frac{t\,dt}{1 + \sqrt{t^2 - 1} - t^2} = \frac{t\,dt}{\sqrt{t^2 - 1} - (t^2 - 1)}$$

oder wenn $\sqrt{t^2 - 1} = w$ substituiert wird, so erhält man durch Integration

$$\ln y = \int \frac{w\,dw}{w - w^2} = \int \frac{dw}{1 - w} = \ln \frac{A}{1 - w}$$

und hieraus ist

$$w, \quad \text{d. h.} \quad \sqrt{t^2 - 1} = \frac{y - A}{y},$$

also

$$t^2 y^2 - y^2, \qquad \text{d. h.} \quad p^2 - y^2 = (y - A)^2,$$

also

$$p, \quad \text{d. h.} \quad \frac{dy}{dx} = \sqrt{y^2 + (y - A)^2}$$

und hieraus

$$x + B = \int \frac{dy}{\sqrt{y^2 + (y - A)^2}} = \frac{1}{\sqrt{2}} \int \frac{dy}{\sqrt{\left(y - \frac{A}{2}\right)^2 + \frac{A^2}{4}}}$$

$$= \frac{1}{\sqrt{2}} \ln\left(y - \frac{A}{2} + \sqrt{y^2 - Ay + \frac{A^2}{2}}\right).$$

Man löse auf dieselbe Weise die Gleichung

165. $q^2 y - 2p^2 q + 4p^2 y = 0$.

Von den Differentialgleichungen zweiter Ordnung, die nichthomogen sind, wollen wir zunächst eine solche untersuchen, in welcher die Veränderliche y explizite überhaupt nicht vorkommt, etwa die Gleichung

$$q + p\sqrt{p^2 - 1} = 0.$$

Dieselbe wird dadurch, daß wir

$$q = \frac{dp}{dx} \qquad \text{oder} \qquad q = \frac{p\,dp}{dy}$$

schreiben, zu einer Differentialgleichung erster Ordnung zwischen p und x bzw. zwischen p und y. Aus den beiden Gleichungen

$$\frac{dp}{dx} + p\sqrt{p^2 - 1} = 0$$

und aus

$$\frac{dp}{dy} + \sqrt{p^2 - 1} = 0$$

würde dann folgen

$$x + A = -\int \frac{dp}{p\sqrt{p^2 - 1}} = -\int \frac{\frac{dp}{p^2}}{\sqrt{1 - \frac{1}{p^2}}}$$

$$= \int \frac{d\left(\frac{1}{p}\right)}{\sqrt{1 - \left(\frac{1}{p}\right)^2}} = \arcsin \frac{1}{p}$$

oder es ist

$$\frac{1}{p} = \sin(x + A) \qquad \text{oder} \qquad p = \frac{1}{\sin(x + A)},$$

also

$$dy = \frac{dx}{\sin(x + A)},$$

somit

$$y + B = \ln \frac{\sin(x + A)}{1 + \cos(x + A)}.$$

Wir hätten auch noch die zweite Differentialgleichung, d. i.

$$\frac{dp}{dy} + \sqrt{p^2 - 1} = 0$$

integrieren und den bereits gefundenen Wert von p in die Gleichung einsetzen können. Dies hätte ebenfalls ergeben:

$$y + B = -\int \frac{dp}{\sqrt{p^2 - 1}} = -\ln\left(p + \sqrt{p^2 - 1}\right)$$

$$= \ln \frac{1}{p + \sqrt{p^2 - 1}} = \ln \frac{\frac{1}{p}}{1 + \sqrt{1 - \frac{1}{p^2}}} = \ln \frac{\sin(x + A)}{1 + \cos(x + A)}.$$

Eine Differentialgleichung, die q, p und y enthält, und in bezug auf p und y nicht homogen ist, suche man, wenn sich die Trennung der Veränderlichen nicht von selbst ergibt, mit Zuhilfenahme eines integrierenden Faktors zu integrieren. Dieser ergibt sich z. B. für die Differentialgleichung

$$q y - p^2 - p = 0,$$

oder (wenn die Gleichung mit dx multipliziert und überall dy für $p\,dx$ geschrieben wird)

$$y\,dp - p\,dy - dy = 0, \quad \text{zu} \quad \frac{1}{y^2},$$

denn dadurch erhält man

$$d\left(\frac{p}{y}\right) = \frac{dy}{y^2},$$

was integriert

$$\frac{p}{y} = C - \frac{1}{y}$$

ergibt. Hieraus folgt weiter

$$p, \quad \text{d. i.} \quad \frac{dy}{dx} = Cy - 1,$$

also

$$x + B = \int \frac{dy}{Cy - 1} = \frac{1}{C} \ln(Cy - 1)$$

und hieraus

$$y = \frac{1}{C}[e^{C(x+B)} + 1] = A\left(e^{\frac{x+B}{A}} + 1\right).$$

Aufgaben.

166. a) $qy + 2py^2 - 4p^2 = 0$, b) $qy - py^2 - p^2 = 0$.

Enthält eine Differentialgleichung zweiter Ordnung sämtliche Veränderliche, d. h. q, p, y und x, so versuche man die Integration zunächst, indem man $\frac{dp}{dx}$ oder auch $\frac{p\,dp}{dy}$ statt q schreibt. So wird z. B. die Differentialgleichung

$$(qy + p^2)(1 + x^2) - pxy = 0$$

durch die Schreibweise $q = \frac{dp}{dx}$ zu

$$(y\,dp + p\,dy)(1 + x^2) = pxy\,dx,$$

d. h. zu

$$\frac{d(py)}{py} = \frac{x\,dx}{1 + x^2},$$

was integriert

$$\ln py = \ln\sqrt{1 + x^2} + \ln A, \quad \text{oder} \quad py = A\sqrt{1 + x^2}$$

ergibt. Somit wird

$$y\,dy = A\sqrt{1 + x^2}\,dx$$

oder

$$y^2 + B = 2A\int\sqrt{1 + x^2}\,dx = A\left[x\sqrt{1 + x^2} + \ln\left(x + \sqrt{1+x^2}\right)\right]$$

(nach Fundamentalintegral 16).

Aufgaben.

167. a) $(q\,y + p^2)(1 - x^2) - p\,x\,y = 0$,
b) $(q\,y + p^2)(1 - x^2) + p\,x\,y = 0$.

Im allgemeinen läßt sich eine integrierbare Gleichung erhalten durch die Substitution zweier neuen Variabeln, etwa indem man

$$y = u\,p + v$$

substituiert. So erhält man durch diese Substitution z. B. für die Differentialgleichung

$$q + y = f(x),$$

da aus der Substitution $y = u\,p + v$ durch Differenzieren sich

$$p = u\,q + p\,\frac{d\,u}{d\,x} + \frac{d\,v}{d\,x}$$

ergibt, durch Gleichsetzen der Werte

$$u\,q = u\,f(x) - u\,y$$

und

$$u\,q = p - p\,\frac{d\,u}{d\,x} - \frac{d\,v}{d\,x}$$

die neue Differentialgleichung

$$p - p\,\frac{d\,u}{d\,x} - \frac{d\,v}{d\,x} = u\,f(x) - u\,y = u\,f(x) - u\,(u\,p + v).$$

Setzt man nun die Summe der Glieder mit dem Faktor p für sich $= 0$, so zerfällt die Differentialgleichung in die beiden Gleichungen

$$1 - \frac{d\,u}{d\,x} = -\,u^2 \qquad \text{oder} \qquad \frac{d\,u}{d\,x} = 1 + u^2 \tag{1}$$

und

$$\frac{d\,v}{d\,x} = u\,\left(v - f(x)\right). \tag{2}$$

Gl. (1) ergibt integriert:

$$\operatorname{arc\,tg} u = x + A \quad \text{oder} \quad u = \operatorname{tg}(x + A) \tag{3}$$

und dadurch wird Gl. (2) zu

$$\frac{dv}{dx} = \big(v - f(x)\big) \operatorname{tg}(x + A). \tag{4}$$

Wird nun noch die Substitutionsgleichung $y = up + v$ mit einem integrierenden Faktor β multipliziert, so erhält man aus

$$\beta y\, dx - d(\beta u y) + y\, d(\beta u) - \beta v\, dx = 0 \tag{5}$$

$$\beta\, dx = -\, d(\beta u) \quad \text{oder} \quad \frac{dx}{u},$$

d. i.

$$\frac{dx}{\operatorname{tg}(x + A)} = -\frac{d(\beta u)}{\beta u},$$

was integriert

$$\ln \sin(x + A) = \ln \frac{1}{\beta u} \quad \text{oder} \quad \beta u = \frac{1}{\sin(x + A)}$$

ergibt. Die Differentialgleichung (5) wird hierdurch zu

$$\frac{y}{\sin(x + A)} + \int \frac{v\, dx}{u \sin(x + A)} = B,$$

oder, da $u = \operatorname{tg}(x + A)$ ist,

$$\frac{y}{\sin(x + A)} + \int \frac{v \cos(x + A)\, dx}{\sin^2(x + A)} = B. \tag{6}$$

Setzt man nun noch $v - f(x) = w$, so wird hieraus durch Differenzieren

$$\frac{dv}{dx} - f'(x) = \frac{dw}{dx}$$

und dadurch Gl. (4) zu

$$f'(x) + \frac{dw}{dx} = w \operatorname{tg}(x + A)$$

oder, wenn γ einen integrierenden Faktor bedeutet:

$$\gamma f'(x)\, dx + d(\gamma w) - w\, d\gamma - w \operatorname{tg}(x + A)\, dx = 0$$

und hieraus, wenn

$$w\, d\gamma = -\, w \operatorname{tg}(x + A)\, dx$$

gesetzt wird,

$$\frac{d\gamma}{\gamma} = -\operatorname{tg}(x + A)\, dx, \qquad = -\frac{\sin(x + A)\, dx}{\cos(x + A)},$$

was integriert $\gamma = \cos(x + A)$ ergibt. Die integrierte Differentialgleichung heißt also

$$\int f'(x) \cos(x + A) dx + (v - f(x)) \cos(x + A) = 0.$$

Setzt man den aus dieser Gleichung für v folgenden Wert in Gl. (6) ein, so erhält man also

$$y = \left(B - \int \frac{f(x)\cos(x + A) - \int f'(x)\cos(x + A)\,dx}{\sin^2(x + A)} dx\right) \sin(x + A),$$

was sich noch kürzer ausdrücken läßt durch

$$y = \left(B + \int \frac{\int f(x)\sin(x + A)\,dx}{\sin^2(x + A)} dx\right) \sin(x + A).$$

Speziell für $f(x) = x$ würde z. B.

$$y = B\sin(x + A) + \sin(x + A)\int \frac{\int x\sin(x + A)\,dx}{\sin^2(x + A)} dx.$$

Nun ist

$$\int x\sin(x + A)\,dx = -x\cos(x + A) + \int \cos(x + A)\,dx$$
$$= -x\cos(x + A) + \sin(x + A),$$

also wird

$$y = B\sin(x + A) + \sin(x + A)\int \frac{\sin(x + A) - x\cos(x + A)}{\sin^2(x + A)} dx$$
$$= B\sin(x + A) + \sin(x + A) \cdot \frac{x}{\sin(x + A)}$$

(da der zu integrierende Ausdruck das Differential von $\frac{x}{\sin(x + A)}$ ist), oder kurz

$$y = x + B\sin(x + A).$$

Denselben Ausdruck hätte man auch erhalten durch Differenzieren der gegebenen Differentialgleichung

$$q + y = x,$$

was

$$\frac{dq}{dx} + p = 1 \quad \text{oder} \quad \frac{dq}{dx} = 1 - p,$$

oder wenn die Gleichung mit dp multipliziert wird

$$dp \cdot \frac{dq}{dx}, \quad \text{d. i.} \quad q\,dq = (1 - p)\,dp$$

ergibt, d. h. eine integrierbare Differentialgleichung zwischen p und q. Aus

$$2\,q\,d\,q = 2\,d\,p - 2\,p\,d\,p$$

erhält man jetzt durch Integrieren

$$q^2 = 2\,p - p^2 + A = C^2 - (1-p)^2,$$

somit

$$q = \sqrt{C^2 - (1-p)^2}.$$

Durch Einsetzen dieses Wertes in die gegebene Differentialgleichung wird diese zu

$$\sqrt{C^2 - (1-p)^2} = x - y.$$

Substituiert man nun noch $x - y = w$, so wird hieraus durch Differenzieren

$$1 - p = \frac{d\,w}{d\,x}$$

und die Differentialgleichung zu

$$\sqrt{C^2 - \left(\frac{d\,w}{d\,x}\right)^2} = w \qquad \text{oder} \qquad \frac{d\,w}{d\,x} = \sqrt{C^2 - w^2},$$

woraus durch Integrieren

$$x + A = \arcsin \frac{w}{C}$$

oder

$$\frac{w}{C}, \quad \text{d. i.} \quad \frac{x-y}{C} = \sin(x + A)$$

und hieraus, wenn statt $-C$ noch B geschrieben wird, wie oben auf anderem Wege gefunden,

$$y = x + B \sin(x + A)$$

folgt.

Mittels der angegebenen Substitution

$$y = u\,p + v$$

lassen sich auch noch kompliziertere Differentialgleichungen der zweiten Ordnung, etwa eine solche von der Form:

$$q + p\,f(x) + y\,F(x) = \Phi(x) \tag{1}$$

integrieren. Aus der Substitutionsgleichung folgt nämlich durch Differenzieren

$$p = u\,q + p\,\frac{d\,u}{d\,x} + \frac{d\,v}{d\,x}. \tag{2}$$

Setzt man die Werte für uq aus Gl. (1) und (2) einander gleich, so erhält man:

$$p\left(1 - \frac{du}{dx}\right) - \frac{dv}{dx} = u\left(\Phi(x) - yF(x)\right) - upf(x)$$
$$= u\,\Phi(x) - u(up + v)F(x) - upf(x).$$

Werden nun die Glieder mit dem Faktor p für sich zusammen $= 0$ gesetzt, so zerfällt die Differentialgleichung in die beiden Gleichungen

$$\frac{du}{dx} - 1 = u^2 F(x) + uf(x) \qquad (3)$$

und

$$\frac{dv}{dx} = u\left(vF(x) - \Phi(x)\right) \qquad (4)$$

Aus (3) läßt sich also u als Funktion von $x = \varphi(x)$ erhalten, und wenn dieser Wert in Gl. (4) eingesetzt wird, so ergibt sich durch Integration auch v als Funktion von x. Durch Einsetzen der gefundenen Werte von u und v in die Substitutionsgleichung $y = up + v$, d. i.

$$y\,dx = u\,dy + v\,dx,$$

die sich in der Form

$$y\,dx - \varphi(x)\,dy - v\,dx = 0$$

mittels eines integrierenden Faktors integrieren läßt, ergibt sich also auch y als Funktion von x.

168. Nach obiger Methode ist die Differentialgleichung zu integrieren:

$$q + \frac{p}{x} - \frac{y}{x^2} = \frac{1}{x^2}.$$

Ist die Differentialgleichung zweiter Ordnung von der einfacheren Form

$$q + pf(x) + yF(x) = 0$$

(d. h. wenn in obiger Gl. (1) $\Phi(x) = 0$ ist), so genügt die einfachere Substitution:

$$y = ve^u,$$

aus welcher Gleichung

$$p = e^u \left(\frac{dv}{dx} + v\frac{du}{dx}\right)$$

und

$$q = e^u \left(2\frac{du}{dx} \cdot \frac{dv}{dx} + \frac{d^2 v}{dx^2} + v\left(\frac{du}{dx}\right)^2 + v\frac{d^2 u}{dx^2}\right)$$

folgt.

Hierdurch wird also die zu integrierende Differentialgleichung zu

$$2\frac{du}{dx} \cdot \frac{dv}{dx} + \frac{d^2 v}{dx^2} + v\left(\frac{du}{dx}\right)^2 + v\frac{d^2 u}{dx^2}$$
$$+ f(x)\frac{dv}{dx} + v f(x)\frac{du}{dx} + v F(x) = 0 .$$

Werden in dieser Gleichung die beiden Glieder mit dem Faktor $\frac{dv}{dx} = 0$ gesetzt, so erhält man die integrierbare Differentialgleichung

$$2\frac{du}{dx} + f(x) = 0 ,$$

aus welcher

$$u = -\frac{1}{2}\int f(x)\, dx$$

folgt und hiernach wird

$$y = v e^u = v e^{-\frac{1}{2}\int f(x)\, dx} . \tag{1}$$

Der Rest der gegebenen Differentialgleichung heißt also:

$$\frac{d^2 v}{dx^2} + v\left(\frac{du}{dx}\right)^2 + v\frac{d^2 u}{dx^2} + v f(x)\frac{du}{dx} + v F(x) = 0 ,$$

oder, da nach Obigem

$$\frac{du}{dx} = -\frac{1}{2} f(x), \quad \text{also} \quad \frac{d^2 u}{dx^2} = -\frac{1}{2} f'(x)$$

ist:

$$\frac{d^2 v}{dx^2} + v\left[\frac{1}{4}[f(x)]^2 - \frac{1}{2} f'(x) - \frac{1}{2}[f(x)]^2 + F(x)\right] = 0$$

oder

$$\frac{d^2 v}{dx^2} = v\left[\left(\frac{f(x)}{2}\right)^2 + \frac{1}{2} f'(x) - F(x)\right] , \tag{2}$$

oder wenn der Faktor von v der Kürze halber mit $\varphi(x)$ bezeichnet wird

$$\frac{d^2 v}{dx^2} = v\,\varphi(x) .$$

Der aus dieser Gleichung durch Integration sich ergebende Wert für v ist nun also in die Gl. (1), d. i.

$$y = v e^{-\frac{1}{2}\int f(x)\,dx}$$

einzusetzen, wobei sich y als Funktion von x ergibt.

Nach dieser Methode ist zu integrieren

169. a) $q - \frac{2}{x} p + \frac{2 + x^2}{x^2} y = 0$, b) $q - 2p \operatorname{tg} x - y = 0$

c) $q + 2p \sin x + y \cos x (1 - \cos x) = 0$.

Für eine Differentialgleichung zweiter Ordnung von der Form

$$q y + p^2 F(x) + p y f(x) = 0$$

genügt zur Integration die einfache Substitution

$$y = e^u,$$

durch welche

$$p = e^u \frac{du}{dx} \quad \text{und} \quad q = e^u \left[\left(\frac{du}{dx}\right)^2 + \frac{d^2 u}{dx^2}\right]$$

oder wenn zur Vereinfachung $\frac{du}{dx} = v$ gesetzt wird,

$$p = e^u v \quad \text{und} \quad q = e^u \left(v^2 + \frac{dv}{dx}\right)$$

wird.

Durch Einsetzen dieser Werte in die gegebene Differentialgleichung wird diese nach Weghebung des allen Gliedern gemeinsamen Faktors e^{2u} zu

$$(F(x) + 1)\, v^2 + \frac{dv}{dx} + v f(x) = 0$$

und wenn nun noch $\frac{1}{v} = w$ gesetzt und zur Abkürzung

$$F(x) + 1 = \varphi(x)$$

geschrieben wird:

$$\frac{\varphi(x)}{w^2} - \frac{dw}{w^2\, dx} + \frac{1}{w} f(x) = 0$$

oder

$$\varphi(x) - \frac{dw}{dx} + w f(x) = 0 .$$

Ist nun β ein integrierender Faktor, so läßt sich schreiben:

$$\beta \varphi(x) d x - d(\beta w) + w d\beta + \beta w f(x) d x = 0,$$

und wenn die Summe der beiden letzten Glieder für sich $= 0$ gesetzt wird, so folgt aus

$$\frac{d\beta}{\beta} = -f(x) d x, \qquad \ln \beta = -\int f(x) d x,$$

also

$$\beta = e^{-\int f(x) dx}$$

und die Differentialgleichung wird, integriert, zu

$$\int \varphi(x) e^{-\int f(x) dx} d x + A = w e^{-\int f(x) dx}.$$

Aus dieser Gleichung folgt w, d. i. $\frac{1}{v}$ oder

$$\frac{d x}{d u} = e^{\int f(x) dx} \left(\int \varphi(x) e^{-\int f(x) dx} d x + A \right)$$

und hieraus u, d. h. $\ln y + \ln B$ oder

$$\ln B y = \int \frac{d x}{e^{\int f(x) dx} \left(\int \varphi(x) e^{-\int f(x) dx} d x + A \right)}.$$

Man integriere hiernach die Differentialgleichung

170. a) $q y + p^2 (x - 1) + \frac{p y}{x} = 0,$

b) $q y + p^2 + \frac{p y}{x} = 0.$

Eine Differentialgleichung von der Form

$$q = a x - b^2 y + c$$

kann durch die Substitution:

$$a x - b^2 y + c = u$$

integriert werden. Durch Differenzieren der Substitutionsgleichung erhält man nämlich:

$$a - b^2 p = \frac{d u}{d x}$$

und durch nochmaliges Differenzieren:

$$-b^2 q = \frac{d^2 u}{d x^2} \qquad \text{oder} \qquad q = -\frac{1}{b^2} \frac{d^2 u}{d x^2}.$$

Es ist also nun einerseits

$$q = a\,x - b^2 y + c = u\,,$$

anderseits

$$= -\frac{1}{b^2}\,\frac{d^2 u}{d\,x^2}\,;$$

somit

$$u = -\frac{1}{b^2}\,\frac{d^2 u}{d\,x^2}$$

oder

$$2\,u\,d\,u + \frac{2}{b^2}\,\frac{d\,u}{d\,x}\cdot d\,\frac{d\,u}{d\,x} = 0\,.$$

was integriert

$$u^2 + \frac{1}{b^2}\left(\frac{d\,u}{d\,x}\right)^2 = A^2$$

ergibt. Hieraus folgt nun:

$$\frac{d\,u}{d\,x} = b\sqrt{A^2 - u^2}\,,$$

somit wird

$$b\,(x + B) = \int \frac{d\,u}{\sqrt{A^2 - u^2}} = \text{arc}\,\sin\frac{u}{A}$$

oder es ist $\frac{u}{A}$, d. i.

$$\frac{a\,x - b^2 y + c}{A} = \sin b\,(x + B)$$

und hieraus

$$y = \frac{1}{b^2}\left(a\,x + c - A\sin b\,(x + B)\right).$$

Sehr einfach gestaltet sich die Integrierung einer Differentialgleichung von der Form:

$$q - p = f(x)\,,$$

d. h.

$$d\,p - d\,y = f(x)\,d\,x\,,$$

was integriert:

$$p - y = \int f(x)\,d\,x + A = \varphi\,(x) + A$$

ergibt, was sich auch schreiben läßt (mit $d\,x$ multipliziert):

$$d\,y - y\,d\,x = \varphi\,(x)\,d\,x + A\,d\,x\,.$$

Als integrierender Faktor dieser Differentialgleichung findet man leicht $\beta = e^{-x}$; durch denselben wird nämlich:

$$e^{-x}\,dy - y\,e^{-x}\,dx,$$

d. i.

$$d(y\,e^{-x}) = \varphi(x)\,e^{-x}\,dx + A\,e^{-x}\,dx,$$

was integriert

$$y\,e^{-x} = \int \varphi(x)\,e^{-x}\,dx - A\,e^{-x} + B$$

ergibt. Somit wird

$$y = e^{x}\left[\int \varphi(x)\,e^{-x}\,dx + B\right] - A.$$

Die Differentialgleichung

$$q - y = f(x)$$

läßt sich schreiben:

$$q + p - (y + p) = f(x),$$

d. h.

$$dp + p\,dx - (y\,dx + dy) = f(x)\,dx,$$

ergibt mit e^{x} multipliziert:

$$e^{x}\,dp + p\,e^{x}\,dx - (y\,e^{x}\,dx + e^{x}\,dy) = e^{x}\,f(x)\,dx,$$

was identisch ist mit

$$d(p\,e^{x}) - d(y\,e^{x}) = e^{x}\,f(x)\,dx.$$

Man erhält also durch Integration:

$$p\,e^{x} - y\,e^{x} = \int e^{x}\,f(x)\,dx + A = \varphi(x) + A.$$

Wird diese Gleichung nach p aufgelöst, so erhält man p, d. i.:

$$\frac{dy}{dx} = y + e^{-x}\,\varphi(x) + A\,e^{-x}$$

oder

$$dy - y\,dx = e^{-x}\,\varphi(x)\,dx + A\,e^{-x}\,dx.$$

Ein integrierender Faktor dieser Differentialgleichung ist e^{-x}, man erhält dadurch:

$$e^{-x}\,dy - y\,e^{-x}\,dx,$$

d. i.

$$d(y\,e^{-x}) = e^{-2x}\,\varphi(x)\,dx + A\,e^{-2x}\,dx,$$

was integriert

$$y e^{-x} = \int e^{-2x} \varphi(x) dx - \frac{A}{2} e^{-2x} + B$$

ergibt und woraus

$$y = e^{x} \int e^{-2x} \varphi(x) dx - \frac{A}{2} e^{-x} + B e^{x}$$

folgt, was sich auch schreiben läßt:

$$y = e^{x} \int e^{-2x} \varphi(x) dx + B e^{x} + C e^{-x}.$$

4. Differentialgleichungen höherer Ordnung.

Auch hier lassen sich wieder homogene und nichthomogene Differentialgleichungen unterscheiden und zwar bezeichnet man als **homogen** allgemein eine Differentialgleichung von der Form:

$$\left.\begin{aligned} \frac{d^m y}{dx^m} + f_1(x) \frac{d^{m-1} y}{dx^{m-1}} + f_2(x) \frac{d^{m-2} y}{dx^{m-2}} + \ldots \\ + f_{m-1}(x) \frac{dy}{dx} + f_m(x) \cdot y = 0. \end{aligned}\right\} \quad (1)$$

Eine homogene Differentialgleichung n^{ter} Ordnung kann integriert werden durch die Substitution

$y = e^{kx}$ (wo k eine noch zu bestimmende Konstante bedeutet).

Aus dieser Substitution folgt nämlich:

$$\frac{dy}{dx} = k e^{kx}, \quad \frac{d^2 y}{dx^2} = k^2 e^{kx}, \quad \frac{d^3 y}{dx^3} = k^3 e^{kx} \text{ usw.}$$

Setzt man diese Werte der Differentialquotienten in die gegebene Differentialgleichung ein, so erhält man, da sich in jedem Gliede der Faktor e^{kx} wegheben läßt, eine Gleichung von der Form:

$$k^m + f_1(x) \cdot k^{m-1} + f_2(x) k^{m-2} + \ldots + f_{m-1}(x) k + f_m(x) = 0. \quad (2)$$

Diese Gleichung, die auch den Namen „charakteristische Gleichung" führt, ist in bezug auf k also vom m^{ten} Grade und ergibt, nach k aufgelöst, m Wurzeln, die wir zunächst als voneinander verschieden annehmen wollen. Nun läßt sich zeigen, daß, wenn die m verschiedenen Wurzeln von k mit $k_1, k_2, k_3, \ldots k_m$ und die ihnen nach der Gleichung

$$y = e^{kx}$$

entsprechenden Werte von y mit $y_1, y_2, y_3, \ldots y_m$ bezeichnet werden, welche Werte man auch partikuläre Integrale nennt, die Summe

$$y = A y_1 + B y_2 + C y_3 + \ldots + M y_m, \tag{3}$$

das allgemeine Integral vorstellt, wobei die Konstanten A, B, C usw. die m Integrationskonstanten sind. Um dies zu zeigen, d. h. zu beweisen, braucht man nur in Gl. (3) $y_1 = e^{k_1 x}$, $y_2 = e^{k_2 x}$ usw. zu setzen und die Gleichung m mal zu differenzieren. Man erhält dann aus

$$y = A e^{k_1 x} + B e^{k_2 x} + C e^{k_3 x} + \ldots$$

$$\frac{dy}{dx} = A k_1 e^{k_1 x} + B k_2 e^{k_2 x} + C k_3 e^{k_3 x} + \ldots$$

$$\frac{d^2 y}{dx^2} = A k_1^2 e^{k_1 x} + B k_2^2 e^{k_2 x} + C k_3^2 e^{k_3 x} + \ldots$$

$$\frac{d^3 y}{dx^3} = A k_1^3 e^{k_1 x} + B k_2^3 e^{k_2 x} + C k_3^3 e^{k_3 x} + \ldots$$

usw.

Wird nun noch die erste dieser Gleichung mit $f_m(x)$, die zweite mit $f_{m-1}(x)$ usw. multipliziert und dann sämtliche Gleichungen addiert, so erhält man die Gleichung:

$$\left.\begin{aligned} & f_m(x) y + f_{m-1}(x) \frac{dy}{dx} + \ldots + f_1(x) \frac{d^{m-1} y}{dx^{m-1}} + \frac{d^m y}{dx^m} \\ & = A e^{k_1 x} \left(f_m(x) + k_1 f_{m-1}(x) + k_1^2 f_{m-2}(x) + \ldots + k_1^m\right) \\ & + B e^{k_2 x} \left(f_m(x) + k_2 f_{m-1}(x) + k_2^2 f_{m-2}(x) + \ldots + k_2^m\right) \\ & + C e^{k_3 x} \left(f_m(x) + k_3 f_{m-1}(x) + k_3^2 f_{m-2}(x) + \ldots + k_3^m\right) + \ldots \end{aligned}\right\} \tag{4}$$

Die linke Seite dieser Gleichung ist identisch mit der linken Seite der Gl. (1) (wenn die Glieder von vorn nach hinten geschrieben werden) und da die Summe dieser Glieder nach Gl. (1) gleich Null ist, so muß auch die rechte Seite der Gl. (4) gleich Null sein; da weder die Konstanten A, B, C usw. im allgemeinen gleich Null zu sein brauchen, noch die Größen

$e^{k_1 x}$, $e^{k_2 x}$ usw., so müssen die Summenwerte in den Klammern einzeln gleich Null sein, damit dieser Bedingung entsprochen wird, d. h. es muß

$$f_m(x) + k_1 f_{m-1}(x) + k_1^2 f_{m-2}(x) + \ldots + k_1^m = 0$$

sein, ebenso

$$f_m(x) + k_2 f_{m-1}(x) + k_2^2 f_{m-2}(x) + \ldots + k_2^m = 0 \qquad (5)$$

usw.

Diese Gleichungen stellen aber jede nichts anderes vor als die (von vorn nach hinten geschriebene) Gl. (2), wenn daselbst überall statt der allgemeinen Bezeichnung k die speziellen Wurzelwerte k_1, k_2 usw. geschrieben werden. Durch die Übereinstimmung der Gleichungen (5) mit der Gl. (2) ist also auch der Beweis erbracht, daß Gl. (3) tatsächlich den richtigen Integralwert der gegebenen homogenen Differentialgleichung vorstellt. — Eine solche ist beispielsweise dargestellt durch die Gleichung

$$\frac{d^2 y}{d x^2} + \frac{d y}{d x} + y = 0,$$

wo also die Substitution $y = e^{kx}$ die „charakteristische" Gleichung

$$k^2 + k + 1 = 0$$

ergibt, deren Wurzeln sich zu

$$k_1 = -\frac{1}{2} + \frac{i}{2}\sqrt{3} \quad \text{und} \quad k_2 = -\frac{1}{2} - \frac{i}{2}\sqrt{3}$$

ergeben. Die partikulären Integrale der Gleichung sind somit

$$y_1 = e^{k_1 x} = e^{\left(-\frac{1}{2} + \frac{i}{2}\sqrt{3}\right)x} \quad \text{und} \quad y_2 = e^{k_2 x} = e^{\left(-\frac{1}{2} - \frac{i}{2}\sqrt{3}\right)x},$$

somit heißt hier das durch Gl. (3) dargestellte allgemeine Integral dieser Differentialgleichung:

$$y = A e^{\left(-\frac{1}{2} + \frac{i}{2}\sqrt{3}\right)x} + B e^{\left(-\frac{1}{2} - \frac{i}{2}\sqrt{3}\right)x}$$

$$= e^{-\frac{x}{2}}\left(A e^{\frac{i}{x}\sqrt{3}x} + B e^{-\frac{i}{2}\sqrt{3}x}\right).$$

Wendet man auf die Glieder in der Klammer die Eulersche Formel an, so erhält man:

$$y = e^{-\frac{x}{2}} \left[(A + B) \cos \frac{\sqrt{3}}{2} x + i (A - B) \sin \frac{\sqrt{3}}{2} x\right],$$

oder, wenn der Kürze halber

$$A + B = C, \quad i(A - B) = D$$

gesetzt wird

$$y = e^{-\frac{x}{2}} \left(C \cos \frac{\sqrt{3}}{2} x + D \sin \frac{\sqrt{3}}{2} x\right).$$

Daß wir hier an Stelle eines imaginären konstanten Faktors einen reellen gesetzt haben, ist wegen der gänzlichen Unbestimmtheit von A und B völlig belanglos. Auch ist leicht ersichtlich, daß an Stelle der Faktoren $f_1(x)$, $f_2(x)$ der allgemeinen Gleichung auch, wie z. B. hier, konstante Faktoren (hier sämtlich $= 1$) stehen können. Hätten wir zur Integration der gegebenen Differentialgleichung, die eine solche der zweiten Ordnung ist, die für solche Differentialgleichung anwendbare, früher angegebene Methode benutzt, so würde z. B. durch die Substitution $y = e^u$ die weit umständlichere Integration der Differentialgleichung

$$\left(\frac{du}{dx}\right)^2 + \frac{d^2 u}{dx^2} + \frac{du}{dx} + 1 = 0$$

erforderlich geworden sein. Durch die weitere Substitution $\frac{du}{dx} = v$ wird dieselbe zu

$$v^2 + \frac{dv}{dx} + v + 1 = 0.$$

Aus dieser Gleichung folgt:

$$A - x = \int \frac{dv}{v^2 + v + 1} = \int \frac{dv}{\frac{3}{4} + \left(v + \frac{1}{2}\right)^2} = \frac{2}{\sqrt{3}} \operatorname{arc\,tg} \frac{2v + 1}{\sqrt{3}}$$

oder

$$\operatorname{tg} \frac{\sqrt{3}}{2} (A - x) = \frac{2v + 1}{\sqrt{3}},$$

somit wird v, d. i.

$$\frac{du}{dx} = \frac{1}{2}\left[\sqrt{3}\,\mathrm{tg}\,\frac{\sqrt{3}}{2}(A - x) - 1\right],$$

und hieraus u, d. i.

$$\ln y = \frac{1}{2}\sqrt{3}\int \mathrm{tg}\,\frac{\sqrt{3}}{2}(A - x)\,dx - \frac{x}{2}$$

$$= \ln\cos\frac{\sqrt{3}}{2}(A - x) - \frac{x}{2} + \ln B,$$

oder

$$\frac{x}{2} = \ln\frac{B\cos\frac{\sqrt{3}}{2}(A - x)}{y}$$

und hieraus

$$y = B e^{-\frac{x}{2}}\cos\frac{\sqrt{3}}{2}(A - x)$$

$$= e^{-\frac{x}{2}}\left(B\cos\frac{\sqrt{3}}{2}A\cos\frac{\sqrt{3}}{2}x + B\sin\frac{\sqrt{3}}{2}A\sin\frac{\sqrt{3}}{2}x\right).$$

Der gefundene Wert von y wird also identisch mit dem oben auf ganz anderem Wege gefundenen, wenn der konstante Faktor von $\cos\frac{\sqrt{3}}{2}x$ mit C, der von $\sin\frac{\sqrt{3}}{2}x$ mit D bezeichnet wird.

Aufgaben.

171. a) $\frac{d^3y}{dx^3} + \frac{d^2y}{dx^2} + \frac{dy}{dx} + y = 0$; b) $\frac{d^2y}{dx^2} - a^2y = 0$.

172. a) $\frac{d^3y}{dx^3} + \frac{d^2y}{dx^2} + \frac{dy}{dx} = 0$; b) $\frac{d^4y}{dx^4} + 4y = 0$.

173. a) $\frac{d^4y}{dx^4} - 2y = 0$; b) $\frac{d^2y}{dx^2} - \frac{dy}{dx} + y = 0$.

Ergäbe die charakteristische Gleichung für k zwei oder mehrere Wurzelwerte, die einander gleich sind, so daß also z. B. $k_2 = k_1$ würde, so wäre das allgemeine Integral dargestellt durch

$$y = Ae^{k_1x} + Be^{k_1x} + Ce^{k_3x} + \dots$$

$$= (A + B)e^{k_1x} + Ce^{k_3x} + \dots$$

Da aber $A + B$ selbst wieder nur eine Konstante darstellt, so hätte das Integral eine Integrationskonstante zu wenig, das Integral kann also in dieser Form nicht richtig sein. Setzt man dagegen (d. h. also im Falle, daß $k_2 = k_1$ ist):

$$y = (A + B x) e^{k_1 x} + C e^{k_3 x} + \dots, \tag{1}$$

so läßt sich leicht zeigen, daß dies die richtige Form des allgemeinen Integrals ist.

Die Gl. (1) besagt also, daß wir als partikuläres Integral

$$y_1 = (A + B x) e^{k_1 x} \tag{2}$$

gesetzt haben.

Wird nun Gl. (2) in der Form

$$y_1 e^{-k_1 x} = A + B x$$

zweimal differenziert, so erhalten wir

$$\left.\begin{aligned} & e^{-k_1 x}\left(\frac{d y_1}{d x} - k_1 y_1\right) = B, \\ & e^{-k_1 x}\left[\frac{d^2 y_1}{d x^2} - k_1 \frac{d y_1}{d x} - k_1\left(\frac{d y_1}{d x} - k_1 y_1\right)\right] = 0 \\ \text{oder} \quad & e^{-k_1 x}\left[\frac{d^2 y_1}{d x^2} - 2 k_1 \frac{d y_1}{d x} + k_1^2 y_1\right] = 0 \dots \end{aligned}\right\} \tag{3}$$

Anderseits ist aber, da

$$y_1 = e^{k_1 x}$$

ist,

$$\frac{d y_1}{d x} = k_1 e^{k_1 x}$$

und

$$\frac{d^2 y_1}{d x^2} = k_1^2 e^{k_1 x}.$$

Setzt man diese Werte in Gl. (3) ein, so erhält man die identische Gleichung

$$k_1^2 - 2 k_1^2 + k_1^2 = 0,$$

womit also der Beweis für die Richtigkeit des partikulären Integrals

$$y_1 = (A + B x) e^{k_1 x}$$

erbracht ist.

Man würde für dasselbe, wenn die gegebene Differentialgleichung in ihrer charakteristischen Gleichung drei gleiche Wurzeln für k ergäbe, in ganz analoger Weise erhalten:

$$y_1 = (A + Bx + Cx^2)\, e^{k_1 x} \text{ usw.}$$

Man löse hiernach folgende Aufgaben:

174. a) $\frac{d^2 y}{d x^2} - 4 \frac{d y}{d x} + 4 y = 0;$

b) $\frac{d^4 y}{d x^4} - 4 \frac{d^3 y}{d x^3} + 5 \frac{d^2 y}{d x^2} - 4 \frac{d y}{d x} + 4 y = 0;$

c) $\frac{d^2 y}{d x^2} + y = \sin x.$

Anleitung. Die gegebene Differentialgleichung ist an und für sich keine homogene Differentialgleichung höherer Ordnung, in welchem Falle sie ja von der Form

$$\frac{d^2 y}{d x^2} + y = 0$$

sein müßte. Wird aber die gegebene Differentialgleichung zweimal differenziert, so erhält man:

$$\frac{d^3 y}{d x^3} + \frac{d y}{d x} = \cos x \quad \text{und} \quad \frac{d^4 y}{d x^4} + \frac{d^2 y}{d x^2} = - \sin x.$$

Wird nun aber die zuletzt gefundene Differentialgleichung zu der gegebenen addiert, so erhält man die homogene Differentialgleichung:

$$\frac{d^4 y}{d x^4} + 2 \frac{d^2 y}{d x^2} + y = 0.$$

Enthält die gegebene homogene Differentialgleichung das Glied y überhaupt nicht, ist sie z. B. von der Form:

$$\frac{d^3 y}{d x^3} + 2 \frac{d^2 y}{d x^2} - 3 \frac{d y}{d x} = 0,$$

so kann man auch, statt

$$y = e^{k x}, \quad \frac{d y}{d x} = e^{k x}$$

setzen. Die vorstehende Differentialgleichung würde durch diese Substitution zu

$$k^2 + 2k - 3 = 0$$

und die Wurzeln dieser charakteristischen Gleichung sind also:

$$k_1 = 1, \quad k_2 = -3,$$

somit wird jetzt:

$$\frac{dy}{dx} \text{ (statt } y!) = A e^x + B e^{-3x},$$

welche Gleichung also sich leicht noch einmal integrieren läßt, was

$$y = A e^x - \frac{B}{3} e^{-3x} + C$$

ergibt, wofür man in veränderter Schreibweise der Konstanten

$$y = A e^x + B e^{-3x} + C$$

setzen kann.

Nichthomogene Differentialgleichungen höherer Ordnung.

Wir wollen hier zunächst eine solche von der Form

$$\frac{d^m y}{dx^m} + a \frac{d^{m-1} y}{dx^{m-1}} + \ldots + g y = \Phi(x) \tag{1}$$

betrachten und zeigen, wie sich eine solche auf die homogene Differentialgleichung

$$\frac{d^m y}{dx^m} + a \frac{d^{m-1} y}{dx^{m-1}} + \ldots + g y = 0 \tag{2}$$

zurückführen läßt. Die Gl. (2), die in bezug auf Gl. (1) wohl auch als „reduzierte" Gleichung bezeichnet wird, läßt sich, wie gezeigt wurde, durch die Substitution $y = e^{kx}$ integrieren, wobei das Integral die Form hat:

$$y = A e^{k_1 x} + B e^{k_2 x} + \ldots$$

Für die fragliche Integration einer nichthomogenen Differentialgleichung von der gedachten Form eignet sich nun besonders die „Methode der Variation der Konstanten", von welcher wir bereits bei den Differentialgleichungen erster Ordnung Gebrauch gemacht haben. Auch hier wird, wie dort, zuerst die „reduzierte" Differentialgleichung integriert und alsdann die Integrationskonstanten durch variable Größen als Substitutionswerte ersetzt. So würde also z. B. für die unter 174 c) gelöste Aufgabe

$$\frac{d^2 y}{d x^2} + y = \sin x \tag{1}$$

die „reduzierte" Differentialgleichung

$$\frac{d^2 y}{d x^2} + y = 0$$

heißen und als Integral dieser homogenen Differentialgleichung ergibt sich aus der charakteristischen Gleichung

$$k^2 + 1 = 0$$

ohne weiteres

$$k_1 = i, \quad k_2 = -i \quad \text{und} \quad y = A \cos x + B \sin x.$$

Werden hier also die Integrationskonstanten A und B durch zwei Variable u und v ersetzt, so folgt aus der Substitutionsgleichung:

$$y = u \cos x + v \sin x.$$

Durch Differenzieren

$$\frac{dy}{dx} = \cos x \frac{du}{dx} - u \sin x + \sin x \frac{dv}{dx} + v \cos x. \tag{2}$$

Um nun auch den Wert von $\frac{d^2 y}{d x^2}$ aus dieser Gleichung zu erhalten, würde diese Gleichung nochmals zu differenzieren sein, wobei sich aber eine Differentialgleichung zweiter Ordnung ergeben würde. Um dies zu vermeiden, können wir aber noch zuvor die Annahme machen, es sei die Summe der Glieder der Gleichung

$$\cos x \frac{du}{dx} \quad \text{und} \quad \sin x \frac{dv}{dx}$$

gleich Null, was mit Rücksicht auf die bisherige völlige Unbestimmtheit der Variabeln u und v statthaft sein muß. Wir erhalten dadurch also als Beziehung zwischen u und v die Gleichung

$$\cos x \frac{du}{dx} + \sin x \frac{dv}{dx} = 0 \ldots \tag{3}$$

und Gl. (2) reduziert sich dadurch auf die Gleichung:

$$\frac{dy}{dx} = -u \sin x + v \cos x,$$

was nochmals differenziert:

$$\frac{d^2 y}{d x^2} = - \sin x \frac{d u}{d x} - u \cos x + \cos x \frac{d v}{d x} - v \sin x$$

ergibt. Durch Einsetzen dieses Wertes, sowie des Substitutionswertes

$$y = u \cos x + v \sin x$$

wird nun die gegebene Differentialgleichung (1) zu

$$- \sin x \frac{d u}{d x} + \cos x \frac{d v}{d x} = \sin x \ldots \qquad (4)$$

Aus den Gl. (3) und (4), d. h. aus zwei Differentialgleichungen erster Ordnung läßt sich nun leicht sowohl u als auch v durch Integration finden und damit auch y, da

$$y = u \cos x + v \sin x$$

ist. Wird z. B. aus Gl. (3) der Wert von

$$\frac{d v}{d x} = - \frac{\cos x}{\sin x} \frac{d u}{d x}$$

in Gl. (4) eingesetzt, so wird diese Gleichung zu

$$- \left(\sin x + \frac{\cos^2 x}{\sin x}\right) \frac{d u}{d x} = \sin x,$$

d. h.

$$- \frac{1}{\sin x} \frac{d u}{d x} = \sin x$$

und hieraus folgt

$$u = - \int \sin^2 x \, d x,$$

d. h.

$$u = B + \frac{1}{2} \left(\sin x \cos x - x\right) \quad \text{(Fundamentalintegral 20).}$$

Setzt man dagegen den Wert

$$\frac{d u}{d x} = - \sin^2 x$$

in die Gleichung

$$\frac{d v}{d x} = - \frac{\cos x}{\sin x} \frac{d u}{d x},$$

so erhält man:

$$\frac{d v}{d x} = \cos x \sin x$$

und hieraus

$$v = C + \frac{1}{4}\int \sin 2x \cdot 2dx = C - \frac{1}{4}\cos 2x$$

$$= C - \frac{1}{4}(\cos^2 x - \sin^2 x).$$

Es wird also

$$y = \left[B + \frac{1}{2}(\sin x \cos x - x)\right]\cos x$$

$$+ \left[C - \frac{1}{4}(\cos^2 x - \sin^2 x)\right]\sin x$$

$$= \left(B - \frac{x}{2}\right)\cos x + \frac{1}{4}(2\cos^2 x + 4C - \cos^2 x + \sin^2 x)\sin x$$

$$= \left(B - \frac{x}{2}\right)\cos x + \frac{1}{4}(1 + 4C)\sin x$$

oder in veränderter Schreibweise der zweiten Konstanten, wie oben auf ganz anderem Wege gefunden wurde:

$$y = \left(B - \frac{x}{2}\right)\cos x + D\sin x.$$

Aufgaben.

175. a) $\frac{d^2 y}{dx^2} + y = e^x$; b) $\frac{d^2 y}{dx^2} - \frac{dy}{dx} - 2y = \frac{3}{2}e^x$.

176. a) $\frac{d^3 y}{dx^3} + y = \sin x$;

b) $\frac{d^3 y}{dx^3} - \frac{d^2 y}{dx^2} + \frac{dy}{dx} - y = \sin x$.

Manchmal wird eine nichthomogene Differentialgleichung m^{ter} Ordnung durch Differenzieren zu einer homogenen Differentialgleichung, die also dann nach ihrer Ordnung um eine Einheit höher, also von der $m + 1^{\text{ten}}$ Ordnung ist. Man integriere hiernach die Differentialgleichungen

177. a) $2y\frac{d^2 y}{dx^2} - \left(\frac{dy}{dx}\right)^2 + y^2 = 0$,

b) $x\frac{d^3 y}{dx^3} - (2x + 1)\frac{d^2 y}{dx^2} - (x - 2)\frac{dy}{dx} + y = 0$.

Man kann auch versuchen, eine Differentialgleichung höherer Ordnung durch vorhergehende partielle Integration auf die Form einer homogenen Differentialgleichung zu bringen. So läßt sich beispielsweise die Differentialgleichung

$$x\frac{d^3y}{dx^3}+(2x-1)\frac{d^2y}{dx^2}+(2x-1)\frac{dy}{dx}-2y=0$$

ohne weiteres in der Form schreiben

$$\frac{x\,d\frac{d^2y}{dx^2}-d\frac{dy}{dx}}{x^2}+2\,\frac{x\,d\frac{dy}{dx}-dy}{x^2}+2\,\frac{x\,dy-y\,dx}{x^2}=0,$$

wo also jedes der Glieder ein vollständiges Differential vorstellt. Hiernach wird:

$$\frac{\frac{d^2y}{dx^2}}{x}+2\,\frac{\frac{dy}{dx}}{x}+2\,\frac{y}{x}=A,$$

oder es ist

$$\frac{d^2y}{dx^2}+2\frac{dy}{dx}+2y=Ax. \tag{1}$$

Nach der Methode der Variation der Konstanten ist also für die reduzierte Differentialgleichung

$$\frac{d^2y}{dx^2}+2\frac{dy}{dx}+2y=0,$$

die charakteristische Gleichung

$$k^2+2k+2=0$$

und hieraus

$$k_1=-1+i,\qquad k_2=-1-i,$$

$$y=A\,e^{(-1+i)x}+B^{(-1-i)x}=(A\cos x+B\sin x)\,e^{-x}.$$

Somit heißt die Substitutionsgleichung

$$y=(u\cos x+v\sin x)\,e^{-x},$$

$$\frac{dy}{dx}=e^{-x}\Big(\cos x\,\frac{du}{dx}-u\sin x+\sin x\,\frac{dv}{dx}$$
$$+v\cos x-u\cos x-v\sin x\Big),$$

in welcher Gleichung wir

$$\cos x\,\frac{du}{dx}+\sin x\,\frac{dv}{dx}=0 \tag{2}$$

setzen können, so daß aus dem Rest der Gleichung durch Differenzieren

$$\frac{d^2 y}{d x^2} = \left(\cos x \frac{d v}{d x} - \sin x \frac{d u}{d x} - 2 v \cos x + 2 u \sin x\right) e^{-x}$$

wird, wobei die beiden Glieder, deren Summe nach Gl. (2) Null ergeben, weggelassen wurden. Durch Einsetzung der gefundenen Werte für die Differentialquotienten wird Gl. (1) zu

$$\left(\cos x \frac{d v}{d x} - \sin x \frac{d u}{d x}\right) e^{-x} = A x. \tag{3}$$

Aus (2)

$$\frac{d u}{d x} = -\frac{\sin x}{\cos x} \cdot \frac{d v}{d x}$$

in (3) eingesetzt, ergibt

$$e^{-x}\left(\cos x + \frac{\sin^2 x}{\cos x}\right) \frac{d v}{d x} = A x,$$

somit wird

$$v = A \int x \cos x \, e^x \, d x = \frac{A}{2} e^x [x (\sin x + \cos x) - \sin x] + B,$$

und aus

$$d u = -\frac{\sin x}{\cos x} d v = -A x \sin x \, e^x \, d x$$

folgt

$$u = \frac{A}{2} e^x [x (\cos x - \sin x) - \cos x] + C,$$

somit wird

$$y = A (x - 1) + (B \sin x + C \cos x) e^{-x},$$

da hier jetzt A statt $\frac{A}{2}$ geschrieben werden kann.

Auf dieselbe Weise zu lösen:

178. a) $x \frac{d^2 y}{d x^2} + \frac{d y}{d x} = 0$, b) $x \frac{d^3 y}{d x^3} + 2 \frac{d^2 y}{d x^2} = 0$,

c) $e^x \frac{d^2 y}{d x^2} - y e^x - 2 \sin x = 0$.

Haben die Differentialquotienten Funktionen von x zu Faktoren, so vereinfacht sich manchmal die Differentialgleichung durch die Substitution $x = e^u$. So wird dadurch z. B. die Differentialgleichung

$$x^2 \frac{d^2 y}{d x^2} + x \frac{d y}{d x} + y = 0,$$

da aus $u = \ln x$ durch Differenzieren

$$du = \frac{dx}{x}, \qquad \text{also} \qquad dx = x\,du$$

wird

$$x^2 \frac{d\frac{dy}{x\,du}}{x\,du} + x\frac{dy}{x\,du} + y = 0$$

oder

$$x\frac{d\left(\frac{1}{x}\cdot\frac{dy}{du}\right)}{du} + \frac{dy}{du} + y = 0$$

oder

$$x\left(\frac{1}{x}\frac{d^2y}{du^2} - \frac{\frac{dy}{du}\cdot dx}{x^2\,du}\right) + \frac{dy}{du} + y = 0$$

oder, da $\frac{dx}{du} = x$ ist,

$$\frac{d^2y}{du^2} - \frac{dy}{du} + \frac{dy}{du} + y = 0\,.$$

Aus der in bezug auf y und u homogenen Differentialgleichung folgt also sofort, wenn $y = e^{ku}$ gesetzt wird:

$$k^2 + 1 = 0\,, \qquad k_1 = i\,, \qquad k_2 = -i\,,$$

$$y = A\cos u + B\sin u\,,$$

oder nach der Bedeutung von u als $\ln x$:

$$y = A\cos\ln x + B\sin\ln x\,.$$

Für die Differentialgleichung

$$x^2\frac{d^3y}{dx^3} + x(x-2)\frac{d^2y}{dx^2} - (x-2)\frac{dy}{dx} = 0$$

ergibt z. B. die Substitution

$$\frac{dy}{dx} = u\,x$$

eine homogene Differentialgleichung. Man erhält dadurch nämlich, da jetzt

$$\frac{d^2y}{dx^2} = u + x\frac{du}{dx}$$

und

$$\frac{d^3y}{dx^3} = 2\frac{du}{dx} + x\frac{d^2u}{dx^2}$$

zu setzen ist, eine Differentialgleichung, die sich vereinfacht zu

$$\frac{d^2 u}{d x^2} + \frac{d u}{d x} = 0,$$

$$u = e^{kx}, \qquad k^2 + k = 0, \qquad k_1 = 0, \qquad k_2 = -1,$$

$$u = A e^0 + B e^{-x} = A + B e^{-x}.$$

Der Substitutionsgleichung zufolge ist also jetzt:

$$\frac{d y}{d x} = A x + B x e^{-x}$$

und hieraus durch Integration

$$y = \frac{A}{2} x^2 + B \int x e^{-x} d x = A x^2 + B(x + 1) e^{-x} + C$$

(mit erlaubter Veränderung der Konstanten, auch in bezug auf das Vorzeichen).

Es ist leicht einzusehen, daß die Substitution von e^u nicht nur für x, sondern auch für eine Funktion von x, etwa $a x + b$, d. h. eine Differentialgleichung von der Form

$$(a x + b)^m \frac{d^m y}{d x^m} + g (a x + b)^{m-1} \frac{d^{m-1} y}{d x^{m-1}} + \ldots + k y = 0$$

sich auf die Form einer homogenen Differentialgleichung zwischen u und x bringen lassen muß. So würde z. B. für die Differentialgleichung

$$(x + 2)^3 \frac{d^3 y}{d x^3} + 2 (x + 2)^2 \frac{d^2 y}{d x^2} + 3 (x + 2) \frac{d y}{d x} - 3 y = 0$$

aus der Substitution $x + 2 = e^u$ folgen:

$$u = \ln (x + 2); \qquad \frac{d u}{d x} = \frac{1}{x + 2}$$

oder

$$d x = (x + 2) d u, \quad \text{also} \quad \frac{d y}{d x} = \frac{1}{x + 2} \frac{d y}{d u},$$

hieraus

$$\frac{d^2 y}{d x^2} = \frac{1}{x + 2} \cdot \frac{d \frac{d y}{d u}}{d x} - \frac{1}{(x + 2)^2} \frac{d y}{d u}$$

$$= \frac{1}{x + 2} \cdot \frac{1}{x + 2} \frac{d^2 y}{d u^2} - \frac{1}{(x + 2)^2} \frac{d y}{d u} = \frac{1}{(x + 2)^2} \left(\frac{d^2 y}{d u^2} - \frac{d y}{d u} \right)$$

und für $\frac{d^3 y}{d x^3}$ auf dieselbe Weise nach den möglichen Vereinfachungen

$$\frac{d^3 y}{d x^3} = \frac{1}{(x+2)^3}\left(\frac{d^3 y}{d u^3} - \frac{3\, d^2 y}{d u^2} + 2\frac{d y}{d u}\right).$$

Durch Einsetzung dieser Werte in die gegebene Differentialgleichung erhält man eine Gleichung, die sich zusammenziehen läßt zu

$$\frac{d^3 y}{d u^3} - \frac{d^2 y}{d u^2} + 3\frac{d y}{d u} - 3 y = 0\,.$$

Setzt man in dieser homogenen Gleichung also $y = e^{k u}$, so heißt die charakteristische Gleichung derselben:

$$k^3 - k^2 + 3 k - 3 = 0\,,$$

also wird

$$k_1 = 1\,, \quad k_2 = i\sqrt{3}\,, \quad k_3 = -\,i\sqrt{3}\,.$$

somit das Integral derselben:

$$y = A e^u + B\cos u\sqrt{3} + C\sin u\sqrt{3}\,,$$

und wenn also für u der Substitutionswert $\ln(x+2)$ geschrieben wird:

$$y = A(x+2) + B\cos\left[\sqrt{3}\ln(x+2)\right] + C\sin\left[\sqrt{3}\ln(x+2)\right].$$

Aufgabe.

179. $x^3\frac{d^3 y}{d x^3} + 4 x^2\frac{d^2 y}{d x^2} + x\frac{d y}{d x} - y = 0\,.$

Die Substitution $x = e^u$ bzw. $a x + b = e^u$ wäre auch noch anwendbar, wenn die rechte Seite der Gleichung

$$(a x + b)^m \frac{d^m y}{d x^m} + \ldots = 0\,,$$

statt Null z. B. ebenfalls $= a x + b$ wäre, also z. B. für die Gleichung

$$(x+1)^2\frac{d^2 y}{y x^2} + (x+1)\frac{d y}{d x} + y = x + 1\,.$$

Hier ergäbe die Substitution $x + 1 = e^u$ nach den möglichen Zusammenziehungen die einfache Differentialgleichung

$$\frac{d^2 y}{d u^2} + y = e^u \tag{1}$$

aus der sich durch nochmaliges Differenzieren und Gleichsetzen der beiden Werte für e^u die homogene Differentialgleichung

$$\frac{d^3 y}{d u^3} - \frac{d^2 y}{d u^2} + \frac{d y}{d u} - y = 0$$

bilden ließe. Die charakteristische Gleichung hierfür heißt somit

$$k^3 - k^2 + k - 1 = 0, \qquad k_1 = 1, \qquad k_2 = i, \qquad k_3 = -i,$$

also wird

$$y = A e^u + B \cos u + C \sin u. \tag{2}$$

Setzt man zur Bestimmung der überzähligen Konstanten diesen Wert und den daraus für $\frac{d^2 y}{d u^2}$ sich ergebenden in Gl. (1) ein, so erhält man aus

$$2 A e^u = e^u,$$

$A = \frac{1}{2}$, somit wird Gl. (2), wenn daselbst wieder $x + 1$ an Stelle von e^u, also $\ln(x+1)$ an Stelle von u geschrieben wird, zu

$$y = \frac{x+1}{2} + B \cos \ln(x+1) + C \sin \ln(x+1).$$

Gl. (1) hätte sich leicht auch nach der Methode der Variation der Konstanten behandeln lassen. Aus der reduzierten Gleichung

$$\frac{d^2 y}{d u^2} + y = 0$$

hätte sich ergeben

$$k^2 + 1 = 0, \quad k_1 = i, \quad k_2 = -i, \quad y = A \sin u + B \cos u,$$

wenn also jetzt A durch v und B durch w ersetzt wird, so folgt aus

$$y = v \sin u + w \cos u.$$

$$\frac{d y}{d u} = \sin u \frac{d v}{d u} + v \cos u + \cos u \frac{d w}{d u} - w \sin u,$$

woraus wir abscheiden:

$$\sin u \frac{d v}{d u} + \cos u \frac{d w}{d u} = 0. \tag{3}$$

Der Rest der vorhergehenden Gleichung, nochmals differenziert, liefert

$$\frac{d^2 y}{d u^2} = \cos u \frac{d v}{d u} - v \sin u - \sin u \frac{d w}{d u} - w \cos u .$$

Hiernach wird Gl. (1) zu

$$\cos u \frac{d v}{d u} - \sin u \frac{d w}{d u} = e^u . \tag{4}$$

Durch den aus (3) folgenden Wert

$$\frac{d w}{d u} = - \frac{\sin u}{\cos u} \frac{d v}{d u}$$

wird (4) zu

$$\left(\cos u + \frac{\sin^2 u}{\cos u}\right) \frac{d v}{d u} = e^u ,$$

also

$$d v = e^u \cos u \, d u , \tag{5}$$

somit

$$v = A + \frac{1}{2} e^u (\sin u + \cos u) .$$

Endlich ergibt sich aus (4) und (5)

$$\frac{d w}{d u} = - e^u \sin u \, d u , \quad w = B + \frac{1}{2} (\cos u - \sin u) e^u ,$$

also wird

$$y = v \sin u + w \cos u = A \sin u + B \cos u + \frac{1}{2} e^u$$
$$= A \sin \ln (x + 1) + B \cos \ln (x + 1) + \frac{1}{2} (x + 1),$$

was mit dem auf anderem Wege gefundenen Werte übereinstimmt, wenn noch C statt A geschrieben wird.

---

5. Die simultanen Differentialgleichungen.

Enthält eine Differentialgleichung mehr als zwei Veränderliche, so ist zu ihrer Integration diese eine Gleichung nicht hinreichend. Würde diese Gleichung z. B. die drei Veränderlichen t, x und y enthalten, so müßte auch y als Funktion von t oder x gegeben sein, um eine integrierbare Differentialgleichung zwischen t und x bilden zu können. Solche Differentialgleichungen, die man simultane, d. h. gleichzeitig oder nebeneinander bestehende Differentialgleichungen nennt, haben also ihr Analogon in der niederen Mathematik in den Gleichungen mit mehreren Unbekannten. Die nach obigem erforderliche zweite Gleichung wird im allgemeinen aber nicht nur in der Form $y = f(x)$ oder $y = \varphi(t)$, sondern ebenfalls in Form einer Differentialgleichung gegeben sein können. Solche simultane Differentialgleichungen hatten wir bereits bei der Methode der Variation der Konstanten zu lösen, wo die Veränderlichen mit u, v und w bezeichnet wurden, und wo wir als einfachste Lösungsmethode diejenige der Elimination in Anwendung brachten, was auch hier geschehen soll. Wegen der großen Wichtigkeit und dem häufigen Vorkommen simultaner Differentialgleichungen besonders in den Problemen der Mechanik, wo zu den die Bewegungs-Bahnkurven bestimmenden Koordinaten x und y noch die Zeit t als dritte Veränderliche tritt, mögen auch hier die einfacheren Fälle solcher Differentialgleichungen betrachtet werden. Es sei beispielsweise gegeben:

$$\frac{dy}{dt} = x \tag{1}$$

und

$$\frac{dx}{dt} = t + x. \tag{2}$$

Von diesen beiden Differentialgleichungen enthält die zweite nur t und x, ist also unmittelbar integrierbar. Als integrierenden Faktor findet man leicht e^{-t} und dadurch wird aus

$$e^{-t}\,dx - x\,e^{-t}\,dt = e^{-t}\,t\,dt,$$

$$d(x\,e^{-t}) = e^{-t}\,t\,dt,$$

somit

$$x\,e^{-t} = \int e^{-t}\,t\,dt = A - (t+1)\,e^{-t},$$

also ist

$$x = A\,e^{t} - (t+1)$$

und dadurch wird Gl. (1) zu

$$dy = A\,e^{t}\,dt - (t+1)\,dt,$$

was integriert

$$y = A\,e^{t} - \frac{t^2}{2} - t + B$$

ergibt.

Wir haben jetzt sowohl x als auch y als Funktion von t gefunden und könnten, wenn dies verlangt würde, unter Elimination von t auch direkt y als Funktion von x angeben. Zieht man nämlich die Gleichung für y von der für x ab, so erhält man

$$x - y = \frac{t^2}{2} - 1 - B,$$

also ist

$$t = \sqrt{2(x - y + B + 1)}$$

und durch Einsetzung dieses Wertes beispielsweise in die Gleichung für x erhielte man als Beziehung zwischen x und y:

$$x = A e^{\sqrt{2(x-y+B+1)}} - \sqrt{2(x - y + B + 1)} - 1 .$$

Man löse auf diese Weise die

Aufgaben.

180. $\frac{dx}{dt} = x + y$ (1); $\frac{dy}{dt} = x - y$ (2).

181. $\frac{d^2 y}{dt^2} = x - y$ (1); $\frac{d^2 x}{dt^2} = x + y$ (2).

182. $\frac{d^2 y}{dt^2} - a^2 x = 0$ (1); $\frac{d^2 x}{dt^2} + a^2 x = 0$ (2).

183. $\frac{d^2 y}{dt^2} = x + y$ (1); $\frac{d^2 y}{dt^2} = \frac{d^2 x}{dt^2} \dots$ (2).

184. $\frac{d^2 x}{dt^2} = \frac{dx}{dt} + \frac{dy}{dt}$ (1); $\frac{d^2 y}{dt^2} = \frac{dx}{dt} - \frac{dy}{dt} \dots$ (2).

185. $\frac{dy}{dt} + y + x = e^t$ (1); $\frac{dx}{dt} + y - x = e^{-t}$ (2).

186. $\sin t \frac{dy}{dt} + \cos t \frac{dx}{dt} = 0$ (1);

$\cos t \frac{dy}{dt} - \sin t \frac{dx}{dt} = \sin t$ (2).

187. $x \frac{d^2 y}{dt^2} - y \frac{d^2 x}{dt^2} = 0$ (1); $\frac{d^2 x}{dt^2} - x \frac{dy}{dt} = 0$ (2).

188. $x \frac{d^2 y}{dt^2} - y \frac{d^2 x}{dt^2} = 0$ (1); $\frac{d^2 y}{dt^2} + \frac{ky}{(x^2 + y^2)^{3/2}} = 0.$ (2).

189. $x \frac{d^2 y}{dt^2} - y \frac{d^2 x}{dt^2} = 0$ (1); $y \frac{dx}{dt} + x \frac{dy}{dt} = \frac{xy}{t} \dots$ (2).

190. $\frac{d^2 y}{d t^2} + x - y = \sin t$ (1); $\frac{d^2 x}{d t^2} + x - y = \cos t$ (2).

191. $\frac{d^2 y}{d t^2} - \frac{d x}{d t} = 0$ (1); $\frac{d^2 x}{d t^2} - \frac{d y}{d t} = 0$ (2).

192. $\frac{d^2 y}{d t^2} + \frac{d x}{d t} = 0$ (1); $\frac{d^2 x}{d t^2} - \frac{d y}{d t} = 0$ (2).

193. $\frac{d^3 y}{d t^3} - \frac{d^2 x}{d t^2} = 0$ (1); $\frac{d^3 x}{d t^3} = \frac{d^2 y}{d t^2} \ldots$ (2).

194. $\frac{d x}{d t} = y$ (1); $\frac{d y}{d t} = z$ (2); $\frac{d z}{d t} = x$ (3).

195. $\frac{d x}{d t} = y + z$ (1); $\frac{d y}{d t} = x + z$ (2); $\frac{d z}{d t} = x + y$ (3).

196. $\frac{d x}{d t} = z \sin t$ (1); $\frac{d y}{d t} = z \cos t$ (2);

$\frac{d z}{d t} = \frac{z}{\operatorname{tg} t}$ (3).

197. $\frac{d^2 x}{d t^2} = \frac{d z}{d t}$ (1); $\frac{d^2 y}{d t^2} = \frac{d y}{d t}$ (2); $\frac{d^2 z}{d t^2} = \frac{d x}{d t}$ (3).

198. $\frac{d^2 x}{d t^2} = \frac{d y}{d t} + \frac{d z}{d t}$ (1); $\frac{d^2 y}{d t^2} = \frac{d x}{d t} + \frac{d z}{d t}$ (2);

$\frac{d^2 z}{d t^2} = \frac{d y}{d t} + \frac{d x}{d t}$ (3).

199. $\frac{d^2 x}{d t^2} + \frac{d^2 y}{d t^2} + \frac{d z}{d t} = 0$ (1);

$\frac{d^2 z}{d t^2} - \frac{d^2 y}{d t^2} - \frac{d x}{d t} - 2 \frac{d z}{d t} = 0$ (2);

$\frac{d z}{d t} - \frac{d^2 z}{d t^2} - 2x = 0$ (3).

200. $\frac{d^2 y}{d t^2} + \frac{d^2 x}{d t^2} + \frac{d^2 z}{d t^2} = 0$ (1);

$\frac{d^2 x}{d t^2} - 2 \frac{d y}{d t} - 2 \frac{d^2 z}{d t^2} = 0$ (2).

$\frac{d^2 z}{d t^2} - 2 \frac{d^2 x}{d t^2} - 3y = 0$ (3).

Zweiter Teil.

Resultate und Anleitungen zur Lösung der Übungsbeispiele.

1–2 1. Wird $(1 + 2kn)^2$ ausquadriert, so erhält man:

$$r = 1 + \frac{1}{a^2 n^2}(1 + 4kn + 4k^2 n^2)$$

$$= 1 + \frac{1}{a^2 n^2} + \frac{4k}{a^2 n} + \frac{4k^2}{a^2}.$$

Setzt man hier $n = \infty$, so wird

$$r = 1 + \frac{4k^2}{a^2}.$$

Geometrische Interpretation: Wird k als Parabelordinate betrachtet, so ist:

$$r = 1 + \frac{4ab}{a^2} = 1 + \frac{4b}{a}.$$

Nach der vorigen Aufgabe ist aber:

$$\frac{1}{\cos^2 \alpha} = 1 + \frac{a}{4b}, \quad \text{also} \quad \frac{4b}{a} = \frac{\cos^2 \alpha}{\sin^2 \alpha},$$

somit

$$r = 1 + \frac{\cos^2 \alpha}{\sin^2 \alpha} = \frac{1}{\sin^2 \alpha}.$$

---

2. Statt das Binom unter dem Wurzelzeichen nach dem binomischen Satze zu entwickeln, kann man auch die rechte Seite der Gleichung mit

$$\frac{\sqrt{b + \frac{1}{n}} + \sqrt{b}}{\sqrt{b + \frac{1}{n}} + \sqrt{b}}$$

multiplizieren; dies ergibt:

$$v = \frac{n\sqrt{a} \cdot \frac{1}{n}}{\sqrt{b + \frac{1}{n}} + \sqrt{b}} = \frac{\sqrt{a}}{\sqrt{b + \frac{1}{n}} + \sqrt{b}},$$

was für $n = \infty$ zu

$$v = \frac{1}{2}\sqrt{\frac{a}{b}}$$

wird. (Geometrische Interpretation $v = \operatorname{tg} \alpha$.)

3—4 3. Schreibt man cos bzw. sin $\frac{n\varphi+1}{n}$ in der Form cos bzw. $\sin\left(\varphi+\frac{1}{n}\right)$ und entwickelt cos bzw. $\sin\frac{1}{n}$ in Reihenform, so wird für $n = 0$ schließlich:

$$v = \frac{\sin\varphi}{1-\cos\varphi}.$$

Dies ist derselbe Wert, den man aus den Gleichungen der Zykloide

$$y = r(1-\cos\varphi) \qquad \text{und} \qquad x = r(\varphi - \sin\varphi)$$

durch Differenzieren für $\frac{dy}{dx}$ erhiele; es wird nämlich:

$$\frac{dy}{dx}, \text{ d. i. } \operatorname{tg}\alpha = \frac{\sin\varphi\, d\varphi}{(1-\cos\varphi)\, d\varphi} = \frac{\sin\varphi}{1-\cos\varphi}.$$

somit ist $v = \operatorname{tg}\alpha$.

4. Der Quotient läßt sich in der Form schreiben:

$$q = \frac{1}{a\tau}\ln\left(1+\frac{\sqrt{a^2(k+\tau)^2-1}-\sqrt{a^2k^2-1}+a\tau}{ak+\sqrt{a^2k^2-1}}\right),$$

oder wenn statt der Differenz der beiden Wurzeln

$$\sqrt{a^2k^2-1}\left(\sqrt{1+\frac{a^2\tau(2k+\tau)}{a^2k^2-1}}-1\right)$$

geschrieben und die Wurzel in der Klammer nach dem binomischen Satze entwickelt wird:

$$q = \frac{1}{a\tau}\ln\left(1+\frac{\sqrt{a^2k^2-1}\left(\frac{a^2\tau(2k+\tau)}{2(a^2k^2-1)}+\ldots\right)+a\tau}{ak+\sqrt{a^2k^2-1}}\right).$$

Wird nun von der Reihe

$$\ln(1+b) = b - \frac{b^2}{2} + \frac{b^3}{3} - \ldots$$

Gebrauch gemacht, so läßt sich τ im Zähler und Nenner wegheben und wenn dann $\tau = 0$ gesetzt wird, bleibt

$$q = \frac{1}{\sqrt{a^2k^2-1}}.$$

5–9 5. Zufolge der angegebenen Substitution wird

$$y = \frac{1}{\delta}\left[(1+g)^\delta - (1+k)^\delta\right]$$

$$= \frac{1}{\delta}\left[1 + \delta g + \frac{\delta(\delta-1)}{2} g^2 + \ldots - 1 - \delta k - \frac{\delta(\delta-1)}{2} k^2 - \ldots\right]$$

$$= g - k + \frac{\delta - 1}{2}(g^2 - k^2) + \frac{(\delta-1)(\delta-2)}{3!}(g^3 - k^3) + \ldots$$

Da für $n = \infty$, $\delta = 0$ wird, bleibt nur:

$$y = g - k - \frac{g^2 - k^2}{2} + \frac{g^3 - k^3}{3} - \frac{g^4 - k^4}{4} + \ldots$$

$$= g - \frac{g^2}{2} + \frac{g^3}{3} - \ldots - \left(k - \frac{k^2}{2} + \frac{k^3}{3} - \ldots\right) = \ln\frac{1+g}{1+k} = \ln\frac{a}{b}.$$

6. Entwickelt man nach dem binomischen Satze, so erhält man:

$$y = a + \frac{a(a-1)}{2}\cdot\frac{1}{n} + \frac{a(a-1)(a-2)}{3!}\cdot\frac{1}{n^2} + \ldots,$$

also für $n = \infty$, $y = a$.

7. Der Quotient läßt sich in der Form schreiben:

$$q = \sqrt{\frac{a^2 n^2 + b n}{a^2 + 2ab n + b^2 n^2}} = \sqrt{\frac{a^2 + \frac{b}{n}}{\frac{a^2}{n^2} + \frac{2ab}{n} + b^2}},$$

was für $n = \infty$ zu $q = \frac{a}{b}$ wird.

8. $$\sqrt{n(a+n)} - n = \frac{\left(\sqrt{n(a+n)} - n\right)\left(\sqrt{n(a+n)} + n\right)}{\sqrt{n(a+n)} + n}$$

$$= \frac{na}{\sqrt{n(a+n)} + n} = \frac{a}{\sqrt{\frac{a+n}{n}} + 1} = \frac{a}{\sqrt{\frac{a}{n} + 1} + 1},$$

ergibt für $n = \infty$, $q = \frac{a}{\sqrt{1} + 1} = \frac{a}{2}$.

9. Wird durch dieselbe Behandlung wie die vorhergehende Aufgabe zu:

$$q = \frac{a+b}{2}.$$

10–12 10. $$y = -n\left(\frac{1}{n} + \frac{1}{2}\cdot\frac{1}{n^2} + \frac{1}{3}\cdot\frac{1}{n^3} + \ldots\right)$$

$$= -1 - \frac{1}{2n} - \ldots,\quad n = \infty,\quad y = -1.$$

11. Schreibt man für cos und sin die Reihen und ordnet nach Potenzen von $\frac{\alpha}{n}$, so erhält man für $n = \infty$:

$$y = 1 + k\alpha + \frac{k^2\alpha^2}{2} + \frac{k^3\alpha^3}{3!} + \ldots,\quad \text{d. h.}\quad y = e^{k\alpha}.$$

12. Aus $\ln y = \frac{1}{n}\ln\frac{1}{n}$ folgt, wenn $\frac{1}{n} = 1 - v$ substituiert wird:

$$\ln y = (1 - v)\ln(1 - v) = -(1 - v)\left(v + \frac{v^2}{2} + \frac{v^3}{3} + \ldots\right)$$

$$= (v - 1)\left(v + \frac{v^2}{2} + \frac{v^3}{3} + \frac{v^4}{4} + \ldots\right)$$

$$= v^2 + \frac{v^3}{2} + \frac{v^4}{3} + \ldots$$

$$- v - \frac{v^2}{2} - \frac{v^3}{3} - \frac{v^4}{4} - \ldots$$

also, da für $n = \infty$, $1 - v = 0$ oder $v = 1$ wird:

$$\ln y = 1 - 1 + \frac{1}{2} - \frac{1}{2} + \frac{1}{3} - \frac{1}{3} + \frac{1}{4} - \frac{1}{4} + \ldots = 0,$$

woraus $y = 1$ folgt.

(Schreibt man obige, den Wert von $\ln y$ darstellende Reihe in der Form:

$$1 - \left(1 - \frac{1}{2}\right) - \left(\frac{1}{2} - \frac{1}{3}\right) - \left(\frac{1}{3} - \frac{1}{4}\right) - \ldots = 0,$$

so folgt hieraus, da

$$1 - \frac{1}{2} = \frac{1}{1\cdot 2},\quad \frac{1}{2} - \frac{1}{3} = \frac{3-2}{2\cdot 3} = \frac{1}{2\cdot 3},$$

$$\frac{1}{3} - \frac{1}{4} = \frac{4-3}{3\cdot 4} = \frac{1}{3\cdot 4}\ \text{usw.}$$

ist, als Summenwert der nicht uninteressanten Reihe

$$\frac{1}{1\cdot 2} + \frac{1}{2\cdot 3} + \frac{1}{3\cdot 4} + \ldots = 1).$$

13–15 13. $\ln y = \frac{1}{\sin x} \ln(1+x) = \frac{x - \frac{x^2}{2} + \frac{x^3}{3} - \dots}{x - \frac{x^3}{3!} + \frac{x^5}{5!} - \dots}$

$$= \frac{1 - \frac{x}{2} + \dots}{1 - \frac{x^2}{3!} + \dots}, \text{ also für } x = 0, \quad \ln y = 1, \quad y = e.$$

14. $$\ln y = \frac{\sin x}{x} = \frac{x - \frac{x^3}{3!} + \dots}{x} = 1 - \frac{x^2}{3!} + \dots,$$

für $x = 0$, $\ln y = 1$, $y = e$.

15. Die Addition der untereinanderstehenden Reihenglieder ergibt die Reihe:

$$n - \frac{b}{n a}(1 + 2 + 3 + \dots) + \frac{b^2}{n^2 a^2}(1 + 2^2 + 3^2 + \dots)$$
$$- \frac{b^3}{n^3 a^3}(1 + 2^3 + 3^3 + \dots)$$

$$= n - \frac{b}{n a}\left(\frac{n^2}{2} + \dots\right) + \frac{b^2}{n^2 a^2}\left(\frac{n^3}{3} + \dots\right) - \frac{b^3}{n^3 a^3}\left(\frac{n^4}{4} + \dots\right);$$

es wird also

$$S = \frac{1}{n a}\left(n - \frac{b n}{2 a} + \dots + \frac{b^2 n}{3 a^2} + \dots - \frac{b^3 n}{4 a^3} + \dots\right)$$
$$= \frac{1}{a}\left(1 - \frac{b}{2 a} + \frac{b^2}{3 a^2} - \frac{b^3}{4 a^3} + \dots\right).$$

Die durch Punkte angedeuteten Reihenglieder würden für $n = \infty$ zu Null und da der gefundene Summenwert sich auch in der Form

$$S = \frac{1}{a} \cdot \frac{a}{b}\left(\frac{b}{a} - \frac{1}{2}\frac{b^2}{a^2} + \frac{1}{3}\frac{b^3}{a^3} - \dots\right)$$

schreiben läßt, so wird:

$$S = \frac{1}{b} \ln\left(1 + \frac{b}{a}\right) \quad \text{oder} \quad S = \frac{\ln(a+b) - \ln a}{b}.$$

16–21

16. Werden die einzelnen Glieder ausquadriert, so erhält man:

$$\left(1-\frac{1}{n}\right)^2 = 1 - \frac{2}{n} + \frac{1}{n^2}; \quad \left(1-\frac{2}{n}\right)^2 = 1 - \frac{2\cdot 2}{n} + \frac{2^2}{n^2};$$

$$\left(1-\frac{3}{n}\right)^2 = 1 - \frac{2\cdot 3}{n} + \frac{3^2}{n^2},$$

somit

$$S = \frac{1}{n}\left[n - \frac{2}{n}(1+2+3+\ldots) + \frac{1}{n^2}(1+2^2+3^2+\ldots)\right]$$

$$= 1 - \frac{2}{n^2}\cdot\frac{n^2+\ldots}{2} + \frac{1}{n^3}\cdot\frac{n^3+\ldots}{3} = 1 - 1 + \frac{1}{3} = \frac{1}{3}.$$

17. Aus
$$\left(1-\frac{1}{n}\right)^3 = 1 - \frac{3\cdot 1}{n} + \frac{3\cdot 1}{n^2} - \frac{1}{n^3};$$

$$\left(1-\frac{2}{n}\right)^3 = 1 - \frac{3\cdot 2}{n} + \frac{3\cdot 2^2}{n^2} - \frac{1\cdot 2^3}{n^3} \text{ usw.}$$

erhält man durch Addition:

$$S = \frac{1}{n}\left[n - \frac{3}{n}(1+2+3+\ldots) + \frac{3}{n^2}(1+2^2+3^2+\ldots)\right.$$

$$\left. - \frac{1}{n^3}(1+2^3+\ldots)\right] = 1 - \frac{3}{2} + 1 - \frac{1}{4} = \frac{1}{4}.$$

18. Auf dieselbe Weise findet man $S = \frac{1}{5}$, somit wird man als Lösung der Aufgabe

19. $S = \frac{1}{m+1}$ finden müssen.

20. $S = \frac{1}{n^3}\cdot\frac{n(n+1)(n+2)}{3} = \frac{1}{n^3}\left(\frac{n^3}{3}+\ldots\right) = \frac{1}{3}.$

21. Es ist

$$\left(1+\frac{1}{n}\right)^{1/2} = 1 + \frac{1}{2}\cdot\frac{1}{n} + \frac{\frac{1}{2}\left(\frac{1}{2}-1\right)}{2}\cdot\frac{1}{n^2} + \ldots,$$

$$\left(1+\frac{2}{n}\right)^{1/2} = 1 + \frac{1}{2}\cdot\frac{2}{n} + \quad " \quad \cdot\frac{2^2}{n^2} + \ldots,$$

$$\left(1+\frac{3}{n}\right)^{1/2} = 1 + \frac{1}{2}\cdot\frac{3}{n} + \quad " \quad \cdot\frac{3^2}{n^2} + \ldots,$$

21—22 somit

$$S = \frac{1}{n}\left[n + \frac{1}{2n}\left(\frac{n^2}{2} + \ldots\right) + \frac{\frac{1}{2}\left(\frac{1}{2} - 1\right)}{2n^2}\left(\frac{n^3}{3} + \ldots\right) + \ldots\right]$$

$$= 1 + \frac{1}{2 \cdot 2} + \frac{\frac{1}{2}\left(\frac{1}{2} - 1\right)}{2 \cdot 3} + \frac{\frac{1}{2}\left(\frac{1}{2} - 1\right)\left(\frac{1}{2} - 2\right)}{2 \cdot 3 \cdot 4} + \cdots$$

Wie sich der Zahlenwert dieser Reihe in geschlossener endlicher Form ausdrücken läßt, darüber vgl. Aufg. 143.

22. Man erhält auf dieselbe Weise, wie bei der vorhergehenden Aufgabe, eine Zahlenreihe von der Form:

$$S = 1 - \frac{1}{2} \cdot \frac{1}{3} + \frac{\frac{1}{2}\left(\frac{1}{2} - 1\right)}{2} \cdot \frac{1}{5} - \frac{\frac{1}{2}\left(\frac{1}{2} - 1\right)\left(\frac{1}{2} - 2\right)}{3!} \cdot \frac{1}{7} + \cdots$$

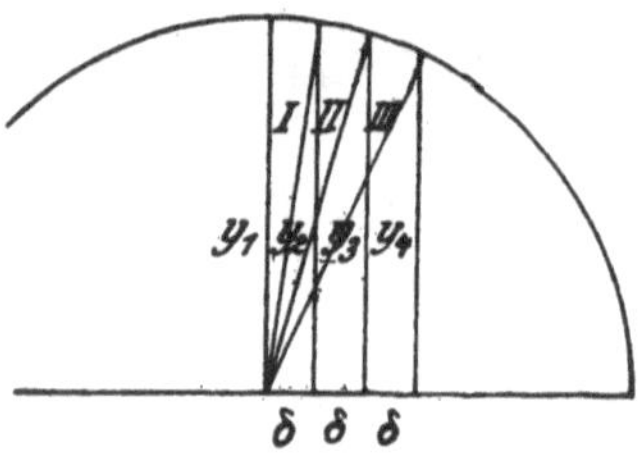

Fig. 16.

Eine geometrische Interpretation obiger Reihe gibt zugleich ein Mittel an die Hand, den Zahlenwert obiger Reihe in geschlossener Form darzustellen. Für eine mit dem Halbmesser 1 beschriebene, in parallele Streifen von unbeschränkter Zahl zerlegte Kreisfläche ist nach der Figur:

$$\text{Flächenelement I} = \delta \cdot y_1 = \delta \cdot 1 = \delta = \frac{1}{n}$$

$$\text{,, } \quad \text{II} = \delta \cdot y_2 = \delta\sqrt{1 - \delta^2} = \frac{1}{n}\sqrt{1 - \frac{1}{n^2}}$$

$$\text{,, } \quad \text{III} = \delta \cdot y_3 = \delta\sqrt{1 - (2\delta)^2} = \frac{1}{n}\sqrt{1 - \left(\frac{2}{n}\right)^2} \quad \text{usw.}$$

Die Summe dieser Flächenelemente ergibt also eine mit der gegebenen identischen Reihe. Da andererseits durch diese Reihe der Flächeninhalt eines Kreisquadranten $= \frac{\pi}{4} \cdot 1 = \frac{\pi}{4}$ dargestellt wird, so muß also auch der Wert der Zahlenreihe

$$1 - \frac{1}{2} \cdot \frac{1}{3} + \ldots = \frac{\pi}{4}$$

sein. (Vergleiche hierüber auch Aufg. 143.)

23–24 23. Da allgemein

$$\frac{1}{\sqrt{a(2n-a)}} = \frac{1}{\sqrt{n^2 - n^2 + 2an - a^2}}$$

$$= \frac{1}{\sqrt{n^2 - (n-a)^2}} = \frac{1}{n\sqrt{1 - \left(1 - \frac{a}{n}\right)^2}},$$

so wird

$$S = \frac{1}{n}\left(\frac{1}{\sqrt{1-\left(1-\frac{1}{n}\right)^2}} + \frac{1}{\sqrt{1-\left(1-\frac{2}{n}\right)^2}} + \frac{1}{\sqrt{1-\left(1-\frac{3}{n}\right)^2}} + \ldots\right).$$

Die einzelnen Glieder lassen sich jetzt also binomisch entwickeln zu:

$$\left[1-\left(1-\frac{1}{n}\right)^2\right]^{-1/2} = 1 + \frac{1}{2}\left(1-\frac{1}{n}\right)^2 + \frac{-\frac{1}{2}\left(-\frac{1}{2}-1\right)}{2}\left(1-\frac{1}{n}\right)^4 + \ldots$$

$$\left[1-\left(1-\frac{2}{n}\right)^2\right]^{-1/2} = 1 + \frac{1}{2}\left(1-\frac{2}{n}\right)^2 + \quad „ \quad \left(1-\frac{2}{n}\right)^4 + \ldots$$

Addiert man die Reihen in vertikaler Richtung, so erhält man $n \cdot 1$ plus die in Aufgabe 16, 18 usw. ermittelten Reihen, deren Wert also durch die Brüche $\frac{1}{3}$, $\frac{1}{5}$ usw. dargestellt wird. Man erhält somit:

$$S = \frac{1}{n}\cdot n + \frac{1}{2}\cdot\frac{1}{3} + \frac{1\cdot 3}{2\cdot 2^2}\cdot\frac{1}{5} + \frac{1\cdot 3\cdot 5}{2\cdot 3\cdot 2^3}\cdot\frac{1}{7} + \ldots$$

$$= 1 + \frac{1}{2\cdot 3} + \frac{3}{2\cdot 4}\cdot\frac{1}{5} + \frac{1\cdot 3\cdot 5}{2\cdot 4\cdot 6}\cdot\frac{1}{7} + \ldots = \arcsin 1 = \frac{\pi}{2}.$$

24. Durch binomische Entwicklung läßt sich die Reihe auf die Form bringen:

$$S = k\left[1 + \frac{k}{2^3 a} + \frac{1\cdot 3\,k^2}{2\cdot 3\cdot 2^4 a^2} + \frac{1\cdot 3\cdot 5\,k^3}{2\cdot 3\cdot 4\cdot 2^6 a^3} + \ldots\right]$$

oder, mit $\frac{4a}{2^2 a}$ multipliziert.

$$S = 4a\left[\frac{k}{2\cdot 2a} + \frac{k^2}{2^5 a^2} + \frac{1\cdot 3\,k^3}{2\cdot 3\cdot 2^6 a^2} + \frac{1\cdot 3\cdot 5\,k^4}{4!\,2^8 a^4} + \ldots\right]$$

24—26 Die Reihe in der Klammer ist aber identisch mit

$$1 - \sqrt{1 - \frac{k}{2a}} = 1 - \left(1 - \frac{k}{2a}\right)^{1/2} = \text{usw.},$$

somit

$$S = 4a\left(1 - \sqrt{1 - \frac{k}{2a}}\right).$$

---

25. $$\ln P = \ln\left(1 + \frac{a}{n}\right) + \ln\left(1 + \frac{a}{n+1}\right) + \ln\left(1 + \frac{a}{n+2}\right) + \ldots$$

$$= \frac{a}{n} - \frac{1}{2}\left(\frac{a}{n}\right)^2 + \frac{1}{3}\left(\frac{a}{n}\right)^3 + \ldots$$

$$+ \frac{a}{n+1} - \frac{1}{2}\left(\frac{a}{n+1}\right)^2 + \frac{1}{3}\left(\frac{a}{n+1}\right)^3 + \ldots$$

$$+ \frac{a}{n+2} - \frac{1}{2}\left(\frac{a}{n+2}\right)^2 + \frac{1}{3}\left(\frac{a}{n+2}\right)^3 + \ldots$$

$$+ \ldots$$

also wird

$$\ln P = a\left(\frac{1}{n} + \frac{1}{n+1} + \frac{1}{n+2} + \ldots\right)$$

$$- \frac{a^2}{2}\left(\frac{1}{n^2} + \frac{1}{(n+1)^2} + \ldots\right) + \ldots$$

Der Wert der Reihe in der ersten Klammer ist nach Aufgabe 15, wenn daselbst $a = 1$ und $b = 1$ gesetzt wird:

$$\ln(1 + 1) = \ln 2\,.$$

Der Wert der Reihe in der zweiten Klammer ist jedenfalls stets kleiner als der Wert der Reihe:

$$\frac{1}{n^2} + \frac{1}{n^2} + \frac{1}{n^2} + \ldots, \quad \text{d. h.} \quad < n \cdot \frac{1}{n^2}, \quad \text{also} \quad < \frac{1}{n},$$

wird also für $n = \infty$ zu Null, ebensowenig werden die weiteren Glieder in der Reihe für $\ln P$ in Betracht kommen. Es bleibt also nur:

$$\ln P = a \ln 2 = \ln 2^a, \quad \text{d. h. es ist} \quad P = 2^a.$$

26. a) $$\ln\cos 30^0 = -\frac{1}{6}\left(1 - \frac{1}{2\cdot 3} + \frac{1}{3\cdot 9} - \frac{1}{4\cdot 27} + \frac{1}{5\cdot 81}\right.$$

$$\left. - \frac{1}{6\cdot 243} + \frac{1}{7\cdot 729} - \ldots\right) = -\frac{1}{6}(1{,}03970 - 0{,}17659) = -0{,}14385,$$

26–33 also

$$\log\cos 30^0 = -0{,}4343\cdot 0{,}14385 = 9{,}93753\,(-10).$$

(Vgl. die Logarithmentafel.)

b) Aus

$$\operatorname{tg} 15^0 = \frac{1-\cos 30^0}{\sin 30^0} = \frac{1-\frac{1}{2}\sqrt{3}}{\frac{1}{2}} = 2-\sqrt{3}$$

folgt

$$\operatorname{tg}^2 15^0 = 4 - 4\sqrt{3} + 3 = 7 - 4\sqrt{3} = 0{,}0716\,,$$

und hiernach wird

$$\ln\cos 15^0 = -0{,}0358\cdot 0{,}9658 = -0{,}03457$$

und

$$\log\cos 15^0 = 9{,}9849\ldots(-10)\,.$$

27. $\operatorname{tg} 7\tfrac{1}{2}^0 = 2\sqrt{2+\sqrt{3}} - (2+\sqrt{3}) = 0{,}1315\,,$

$$\log\cos 7\tfrac{1}{2}^0 = 9{,}99627\,(-10)\,.$$

28. $\operatorname{tg} x = x\left(1+\frac{x^2}{3}\right) = 0{,}017453\left(1+\frac{1}{3}\,0{,}017453^2\right)$

$= 0{,}01746, \quad \ln\cos 1^0 = -\frac{1}{2}\,0{,}01746^2\left(1-\frac{1}{2}\,0{,}01746^2+\ldots\right)$

$$= -0{,}0001525, \quad \log\cos 1^0 = 9{,}99993\,(-10),$$

$$\log\cos 2^0 = 9{,}99974\,(-10), \quad \log\cos 4^0 = 9{,}99894\,(-10)\,.$$

29.

$$\log\cos 3^0 = 9{,}99940 - 10\,,$$

also

$$\log\cos 6^0 = 39{,}99760 - 40 = 9{,}99760 - 10\,,$$

$\log\cos 5^0 = 4\,(9{,}99959 - 10) = 39{,}99836 - 40 = 9{,}99836 - 10$

usw.

30. Vgl. d. gefundenen Werte m. denen d. Logarithmentafel.

31. „ „ „ „

32. „ „ „ „

33. $\cos 45^0 = \frac{1}{\sqrt{2}}, \quad \ln\cos\alpha = -\frac{1}{2}\ln 2\,, \quad \operatorname{tg} 45^0 = 1\,,$

$$\log\cos 45^0\,1' = 9{,}84936\,.$$

34–36 34. Siehe Logarithmentafel.
35. " "

36. Aus der Annahme:

$$\sin n\alpha = A + B\sin\alpha + C\sin^2\alpha + D\sin^3\alpha + E\sin^4\alpha$$

folgt zunächst für $\alpha = 0$, $A = 0$. Durch Differenzieren erhält man:

$$n \cdot \cos n\alpha = B\cos\alpha + 2C\sin\alpha\cos\alpha + \ldots,$$

woraus für

$$\alpha = 0, \quad B = n$$

folgt. Man erhält weiter: für $C = 0$, für D aus der Gleichung:

$$-n^3 = -n + 2\cdot 3D, \quad D = -\frac{n(n^2-1)}{3!}, \quad E = 0,$$

$$F = \frac{n^5 - n - 10n(n^2-1)}{5!} = \frac{n}{5!}(n^4 - 10n^2 + 9)$$

$$= \frac{n}{5!}[n^2(n^2-1) - 3^2(n^2-1)] = \frac{n}{5!}(n^2-1)(n^2-3^2).$$

Es wird also:

$$\sin n\alpha = \frac{n\sin\alpha}{1!} - \frac{n(n^2-1)}{3!}\sin^3\alpha + \frac{n(n^2-1)(n^2-3^2)}{5!}\sin^5\alpha - \ldots \quad (1)$$

Die verlangte Reihe für $\cos n\alpha$ ergibt sich hieraus ohne weiteres durch Differenzieren. Man erhält:

$$n\cos n\alpha = \frac{n\cos\alpha}{1!} - \frac{n(n^2-1)}{2!}\sin^2\alpha\cos\alpha$$

$$+ \frac{n(n^2-1)(n^2-3^2)}{4!}\sin^4\alpha\cos\alpha - \ldots$$

oder

$$\cos n\alpha = \cos\alpha\left[1 - \frac{n^2-1}{2!}\sin^2\alpha + \frac{(n^2-1)(n^2-3^2)}{4!}\sin^4\alpha - \ldots\right]$$

oder wenn

$$\cos\alpha = (1-\sin^2\alpha)^{1/2} = 1 - \frac{1}{2}\sin^2\alpha + \frac{\frac{1}{2}\left(\frac{1}{2}-1\right)}{2}\sin^4\alpha + \ldots$$

gesetzt und ausmultipliziert wird

$$\cos n\alpha = 1 - \frac{n^2-1}{2}\sin^2\alpha + \frac{(n^2-1)(n^2-3^2)}{4!}\sin^4\alpha - \ldots$$

$$- \frac{1}{2}\sin^2\alpha + \frac{n^2-1}{2\cdot 2}\sin^4\alpha - \ldots$$

$$+ \frac{\frac{1}{2}\left(\frac{1}{2}-1\right)}{2}\sin^4\alpha - \ldots$$

$$= 1 - \frac{n^2}{2}\sin^2\alpha + \left[\frac{(n^2-1)}{4!}(n^2 - 3^2 + 2\cdot 3) - \frac{1}{8}\right]\sin^4\alpha - \ldots$$

$$= 1 - \frac{n^2}{2}\sin^2\alpha + \frac{(n^2-1)(n^2-3)-3}{4!}\sin^4\alpha - \ldots$$

oder

$$\underline{\cos n\alpha = 1 - \frac{n^2}{2}\sin^2\alpha + \frac{n^2(n^2-2^2)}{4!}\sin^4\alpha - \ldots}$$

37. Aus $\operatorname{tg}\alpha = \frac{1}{5}$ ergibt sich:

$$\operatorname{tg} 2\alpha = \frac{\frac{2}{5}}{1-\frac{1}{25}} = \frac{5}{12}, \qquad \operatorname{tg} 4\alpha = \frac{\frac{5}{6}}{1-\frac{25}{144}} = \frac{120}{119},$$

$$\operatorname{tg}\left(4\alpha - \frac{\pi}{4}\right) = \frac{\frac{120}{119}-1}{\frac{120}{119}+1} = \frac{1}{239}.$$

Es ist also:

$$4\alpha - \frac{\pi}{4} = \operatorname{arc\,tg}\frac{1}{239}$$

oder

$$\frac{\pi}{4} = 4\alpha - \operatorname{arc\,tg}\frac{1}{239}$$

oder da α nach der Annahme $= \operatorname{arc\,tg}\frac{1}{5}$ ist:

$$\frac{\pi}{4} = 4\operatorname{arc\,tg}\frac{1}{5} - \operatorname{arc\,tg}\frac{1}{239}.$$

Wendet man nun also auf die Glieder der rechten Seite dieser Gleichung die Arkustangensreihe an, so erhält man die stark konvergierenden Reihen:

37–41 $\frac{\pi}{4} = 4\left(\frac{1}{5} - \frac{1}{3}\cdot\frac{1}{5^3} + \frac{1}{5}\cdot\frac{1}{5^5} - \ldots\right)$

$$- \left(\frac{1}{239} - \frac{1}{3}\cdot\frac{1}{239^3} + \frac{1}{5}\cdot\frac{1}{239^5} - \ldots\right).$$

---

38. $\frac{d^4 y}{d x^4} - 2\frac{d^3 y}{d x^3} + 2\frac{d^2 y}{d x^2} - 2\frac{d y}{d x} + 1 = 0.$

39. $\frac{d^2 y}{d x^2} - \frac{d y}{d x} + y - e^x = 0.$

40. $F(x) = x^n - a^n, \qquad F'(x) = n x^{n-1}.$

$$\Phi(x) = x - a, \qquad \Phi'(x) = 1,$$

somit

$$y = \frac{F'(x)}{\Phi'(x)} = n x^{n-1}.$$

Eine elementare Lösung ergibt sich durch die Substitution

$$x - a = u, \quad \text{woraus} \quad x = a + u,$$

dadurch wird

$$\frac{x^n - a^n}{x - a} = \frac{(a + u)^n - a^n}{u}$$

$$= \frac{a^n + n a^{n-1}\cdot u + \frac{n(n-1)}{2} a^{n-2}\cdot u^2 + \ldots - a^n}{u}$$

$$= n a^{n-1} + \frac{n(n-1)}{2} a^{n-2}\cdot u + \ldots$$

Nun wird aber für

$$x = a, \quad x - a, \quad \text{d. h.} \quad u = 0,$$

somit

$$y = n a^{n-1}.$$

41. $\frac{F'(x)}{\Phi'(x)} = \frac{2x - \frac{2(a^2 + x^2)x - a^2 x}{\sqrt{(a^2 + x^2)^2 - a^2 x^2}}}{2x}$

$$= 1 - \frac{a^2 + 2x^2}{2\sqrt{(a^2 + x^2)^2 - a^2 x^2}} = 1 - \frac{a^2}{2a^2} = \frac{1}{2}.$$

Dasselbe Resultat erhält man auf elementarem Wege, wenn man den gegebenen Bruch mit

$$a^2 + x^2 + \sqrt{(a^2 + x^2)^2 - a^2 x^2}$$

erweitert.

42–44

42. $$\frac{F'(x)}{\Phi'(x)} = \frac{\frac{1}{2\sqrt{x}}}{1} = \frac{1}{2\sqrt{a}};$$

auf elementarem Wege: wird der gegebene Bruch mit $\sqrt{x} + \sqrt{a}$ erweitert, so erhält man:

$$\frac{x-a}{(x-a)(\sqrt{x}+\sqrt{a})} = \frac{1}{\sqrt{a}+\sqrt{a}} = \frac{1}{2\sqrt{a}}.$$

43. $$2x^2 - ax - a^2 = u(x-a) \quad (1),$$

$$\sqrt{x} - \sqrt{2x-a} = v(x-a) \quad (2).$$

Aus (1) folgt:

$$u = (2x^2 - ax - a^2):(x-a)$$

und wenn man die Division ausführt:

$$u = 2x + a.$$

Gl. (2) mit $\sqrt{x} + \sqrt{2x-a}$ multipliziert ergibt:

$$x - 2x + a, \quad \text{d. i.} \quad a - x = v(x-a)(\sqrt{x} + \sqrt{2x-a}),$$

somit

$$v = -\frac{1}{\sqrt{x}+\sqrt{2x-a}}.$$

Für $x = a$ wird also:

$$u = 3a, \quad v = -\frac{1}{2\sqrt{a}},$$

somit

$$y = \frac{u}{v} = -6a\sqrt{a}.$$

44. Aus $x(a^2 - x^2) + x^2 - a^2 + \sqrt{a(x-a)} = u\sqrt{x-a}$ (1)

und

$$(x-a)^2 + 2\sqrt{x(x-a)} = v\sqrt{x-a} \quad (2)$$

folgt

nach den möglichen Vereinfachungen, für $x = a$, $u = \sqrt{a}$,

" " " " " $x = a$, $v = 2\sqrt{a}$,

somit

$$y = \frac{u}{v} = \frac{1}{2}.$$

45–46 45. $\sqrt{x^2 - a^2} = u\sqrt{x - a}$ (1),

$$\sqrt{x-a} + \sqrt{x} - \sqrt{a} = v\sqrt{x-a}, \quad u = \sqrt{x+a};$$

$$(v-1)\sqrt{x-a} = \sqrt{x} - \sqrt{a},$$

ergibt mit $\sqrt{x} + \sqrt{a}$ multipliziert:

$$(v-1)\sqrt{x-a}\,(\sqrt{x} + \sqrt{a}) = x - a$$

oder

$$(v-1)(\sqrt{x} + \sqrt{a}) = \sqrt{x-a},$$

ergibt für:

$$x = a, \quad v - 1 = 0, \quad v = 1, \quad y = \frac{u}{v} = \sqrt{x+a} = \sqrt{2a}.$$

46. $$\frac{F'(x)}{\Phi'(x)} = \frac{\dfrac{\sqrt{a}}{2\sqrt{x}}}{\dfrac{\sqrt{b}}{2\sqrt{x}}} = \sqrt{\frac{a}{b}};$$

durch Substitution:

$$\sqrt{ax} - \sqrt{a} = (x-1)u, \tag{1}$$

$$\sqrt{bx} - \sqrt{b} = (x-1)v, \tag{2}$$

(1) mit $\sqrt{ax} + \sqrt{a}$ multipliziert, ergibt:

$$a(x-1) = (x-1)u\,(\sqrt{ax} + \sqrt{a}),$$

also

$$u = \frac{a}{\sqrt{ax} + \sqrt{a}} = \frac{a}{\sqrt{a} + \sqrt{a}} = \frac{a}{2\sqrt{a}} = \frac{\sqrt{a}}{2}.$$

(2) mit $\sqrt{bx} + \sqrt{b}$ multipliziert, ergibt:

$$b(x-1) = (x-1)v\,(\sqrt{bx} + b),$$

also

$$v = \frac{b}{\sqrt{bx} + b} = \frac{b}{2\sqrt{b}} = \frac{\sqrt{b}}{2},$$

somit

$$y = \frac{u}{v} = \sqrt{\frac{a}{b}},$$

wie oben, durch Differenzieren gefunden wurde.

47–48 47. Durch Differenzieren wird

$$F'(x) = \frac{1+2x}{2\sqrt{1+x+x^2}} + \frac{1-2x}{2\sqrt{1-x-x^2}},$$

$$\Phi'(x) = \frac{1}{2\sqrt{1+x}} + \frac{1}{2\sqrt{1-x}}, \qquad \frac{F'(x)}{\Phi'(x)} = \frac{\frac{1}{2}+\frac{1}{2}}{\frac{1}{2}+\frac{1}{2}} = 1.$$

$$\sqrt{1+x+x^2} - \sqrt{1-x+x^2} = u\,x, \tag{1}$$

$$\sqrt{1+x} - \sqrt{1-x} = v\,x, \tag{2}$$

(1) mit $\sqrt{1+x+x^2} + \sqrt{1-x+x^2}$,

(2) mit $\sqrt{1+x} + \sqrt{1-x}$

multipliziert, ergibt schließlich:

$$u = 1, \quad v = 1, \quad \frac{u}{v} = 1.$$

48. In veränderter und vereinfachter Schreibweise läßt sich hier setzen:

für den Zähler des Bruches:

$$x(x-a)^2 + a\left(x - \sqrt{2ax - x^2}\right) = u(a-x), \tag{1}$$

für den Nenner des Bruches:

$$(x-a)^2 - a\left(x - \sqrt{2ax - x^2}\right) = v(a-x), \tag{2}$$

(1) und (2) mit $x + \sqrt{2ax - x^2}$ multipliziert, ergeben vereinfachungsfähige Gleichungen, aus welchen

$$u = a, \quad v = -a, \quad \text{somit} \quad y = \frac{u}{v} = -1$$

folgt.

Die angegebene trigonometrische Substitution ergibt:

$$y = \frac{(1+\sin\alpha)(1+a\sin^2\alpha) - \cos\alpha}{\cos\alpha - \sin\alpha - \cos^2\alpha}, \tag{3}$$

somit durch Differenzieren:

$$\frac{F'(x)}{\Phi'(x)} = \frac{2a(1+\sin\alpha)\sin\alpha\cos\alpha + \cos\alpha(1+a\sin^2\alpha) + \sin\alpha}{-\sin\alpha - \cos\alpha + 2\cos\alpha\sin\alpha},$$

48–49 da für $x = a$ die Substitutionsgleichung

$$x - a = a \sin \alpha = 0$$

wird, also $\alpha = 0$ zu setzen ist, so wird auch hier

$$y = \frac{F'(x)}{\Phi'(x)} = \frac{1}{-1} = -1.$$

Endlich würde man auch aus Gl. (3) durch Erweitern des Bruches mit

$$1 + \sin \alpha + \cos \alpha$$

eine durch $\sin \alpha$ kürzbare, zuletzt ebenfalls für y den Wert -1 ergebende Gleichung erhalten haben.

49. $\frac{F'(x)}{\Phi'(x)} = \frac{m\,x^{m-1}}{n\,x^{n-1}} = \frac{m\,a^{m-1}}{n\,a^{n-1}} = \frac{m}{n} a^{m-n}.$

Durch die Substitution $\begin{cases} x - a = w \\ x = a + w \end{cases}$

wird

$$y = \frac{(a + w)^m - a^m}{(a + w)^n - a^n},$$

ergibt, als binomische Reihe entwickelt:

$$y = \frac{a^m + m\,a^{m-1} w + \frac{m(m-1)}{2} a^{m-2} w^2 + \ldots - a^m}{a^n + n\,a^{n-1} w + \frac{n(n-1)}{2} a^{n-2} w^2 + \ldots - a^n}$$

$$= \frac{m\,a^{m-1} + \frac{m(m-1)}{2} a^{m-2} w + \ldots}{n\,a^{n-1} + \frac{n(n-1)}{2} a^{n-2} w + \ldots};$$

da für $x = a$, $w = x - a = 0$ wird, so wird also auch hier

$$y = \frac{m\,a^{m-1}}{n\,a^{n-1}} = \frac{m}{n} a^{m-n}.$$

50—51

50. $$\frac{F'(x)}{\Phi'(x)} = \frac{p\,x^{p-1} - (p+n)\,x^{p+n-1}}{-\,2m\,x^{2m-1}}$$
$$= \frac{p - p - n}{-\,2m} = \frac{n}{2m}.$$

Elementare Lösung:

$$y = \frac{x^p(1-x^n)}{1-x^{2m}} = \frac{(1-w)^p[1-(1-w)^n]}{1-(1-w)^{2m}}$$

$$= \frac{(1-w)^p\left(n\,w - \frac{n(n-1)}{2}\,w^2 + \ldots\right)}{2m\,w - \frac{2m(2m-1)}{2}\,w^2 + \ldots}$$

$$= \frac{(1-w)^p\left(n - \frac{n(n-1)}{2}\,w + \ldots\right)}{2m - \frac{2m(2m-1)}{2}\,w + \ldots},$$

für $x = 1$ wird aber

$$w = 1 - x = 1 - 1 = 0,$$

somit

$$y = \frac{1 \cdot n}{2m} = \frac{n}{2m}.$$

---

51. Der zweite Faktor wird durch die Substitution zu

$$\frac{\sin\beta}{\sqrt{4\cos\beta(1-\cos\beta) - \sin^2\beta}}$$

$$= \frac{2\sin\frac{\beta}{2}\cos\frac{\beta}{2}}{\sqrt{4\left(\cos^2\frac{\beta}{2} - \sin^2\frac{\beta}{2}\right)2\sin^2\frac{\beta}{2} - 4\sin^2\frac{\beta}{2}\cos^2\frac{\beta}{2}}}$$

$$= \frac{\cos\frac{\beta}{2}}{\sqrt{\cos^2\frac{\beta}{2} - 2\sin^2\frac{\beta}{2}}},$$

da für $x = 0$ aus der Substitutionsgleichung auch $\beta = 0$ folgt, so wird der Wert des zweiten Faktors $= 1$, also:

$$y = \frac{2a - a}{a} \cdot 1 = 1.$$

Dasselbe Resultat erhält man durch Erweiterung des Bruches mit dem angegebenen Faktor.

52–58 52. $\frac{F'(x)}{\Phi'(x)} = \frac{1}{2\sqrt{2}}$;

elementare Lösung:

$$y = \frac{1}{\sqrt{2} + \sqrt{1 + x^2}} = \frac{1}{2\sqrt{2}}.$$

53. $\frac{F'(\alpha)}{\Phi'(\alpha)} = \frac{\sin\alpha}{2\sin\alpha\cos\alpha} = \frac{1}{2\cos\alpha}$; $\quad \alpha = 0, \quad y = \frac{1}{2}.$

Elementare Lösung:

$$y = \frac{1 - \cos\alpha}{1 - \cos^2\alpha} = \frac{1}{1 + \cos\alpha} = \frac{1}{2}.$$

54. Da $\sqrt{1 - 2\sin\alpha\cos\alpha}$

$$= \sqrt{\sin^2\alpha + \cos^2\alpha - 2\sin\alpha\cos\alpha} = \sin\alpha - \cos\alpha,$$

so wird

$$y = \frac{1}{(\sin\alpha + \cos\alpha)\sqrt{2}},$$

also, da für

$$\alpha = \frac{\pi}{4}, \quad \sin\alpha = \cos\alpha = \frac{1}{\sqrt{2}}, \quad y = \frac{1}{2}.$$

55. $y = \frac{\sqrt{1 - \cos\alpha}\sqrt{1 + \cos\alpha}}{\sin\alpha\sqrt{1 + \cos\alpha}} = \frac{1}{\sqrt{1 + \cos\alpha}} = \frac{1}{\sqrt{2}}.$

56. $\frac{F'(\alpha)}{\Phi'(\alpha)} = -\frac{2\sin\alpha}{2\cos\alpha} = -\operatorname{tg} 60^0 = -\sqrt{3}.$

Durch Erweiterung des gegebenen Bruches mit $\sqrt{3} + 2\sin\alpha$ erhält man:

$$y = -\frac{\sqrt{3} + 2\sin\alpha}{2\cos\alpha + 1},$$

was für $\alpha = 60^0$ ebenfalls $-\sqrt{3}$ ergibt.

57. $\frac{F'(\alpha)}{\Phi'(\alpha)} = \frac{\sqrt{1} + 2}{2} = \frac{3}{2}.$

Elementare Lösung: Erweiterung des gegebenen Bruches durch

$$1 + \sin\alpha\sqrt{\sin^2\alpha - \cos^2\alpha}.$$

58. $\frac{F'(\alpha)}{\Phi'(\alpha)} = \frac{-\cos\alpha}{\cos^3\alpha - 2\cos\alpha\sin^2\alpha} = \frac{1}{2\sin^2\alpha - \cos^2\alpha} = \frac{1}{2}.$

Elementare Lösung: Erweiterung von y durch $1 + \sin\alpha$.

59—62 59. Man erhält für die elementare Lösung nach gehöriger Entwicklung und Kürzung:

$$y = \frac{\cos\frac{\alpha+\beta}{2}}{\cos\frac{\alpha-\beta}{2}}\,, \quad \text{bzw.} \quad y = \frac{\sin(\alpha+\beta)}{\sin\alpha+\sin\beta}\,,$$

somit für $\alpha = \beta\,,\quad y = \cos\beta\,.$

Endlich ist:

$$y = \frac{F'(\alpha)}{\Phi'(\alpha)} = \frac{\cos\alpha}{\cos(\alpha-\beta)}\,, \quad \text{also für} \quad \alpha = \beta\,, \quad y = \cos\beta\,.$$

60. Da sich das y dieser Aufgabe von dem der vorhergehenden nur durch den Faktor $(\sin\alpha + \sin\beta)$ unterscheidet, wird:

$$y = (\sin\alpha + \sin\beta)\frac{\sin(\alpha+\beta)}{\sin\alpha+\sin\beta} = \sin 2\beta$$

$$\frac{F'(x)}{\Phi'(x)} = \frac{2\sin\alpha\cos\alpha}{\cos(\alpha-\beta)} = \frac{2\sin\beta\cos\beta}{1} = \sin 2\beta\,.$$

61. Da allgemein:

$$\sin^3\alpha - \sin^3\beta = (\sin\alpha - \sin\beta)(\sin^2\alpha + \sin\alpha\sin\beta + \sin^2\beta)$$

und

$$\sin^2\alpha - \sin^2\beta = \sin(\alpha+\beta)\sin(\alpha-\beta)$$

ist, so wird:

$$y = \frac{(\sin^2\alpha + \sin\alpha\sin\beta + \sin^2\beta)\sin(\alpha+\beta)}{\sin\alpha+\sin\beta}$$

$$= \frac{3\sin^2\beta\sin 2\beta}{2\sin\beta} = 3\sin^2\beta\cos\beta\,;$$

$$\frac{F'(\alpha)}{\Phi'(\alpha)} = \frac{3\sin^2\alpha\cos\alpha}{\cos(\alpha-\beta)} = 3\sin^2\beta\cos\beta\,.$$

62. Substituiert man

$$x - a = a w \quad \big(\text{also } x = a(1+w)\big)\,,$$

so wird:

$$y = \frac{a^n(1+w)^n - a^n}{\ln\frac{x}{a}} = \frac{a^n[(1+w)^n - 1]}{\ln(1+w)}$$

$$= \frac{a^n\left(n w + \frac{n(n-1)}{2}w^2 + \ldots\right)}{w - \frac{w^2}{2} + \frac{w^3}{3} - \ldots} = \frac{a^n\left(n + \frac{n(n-1)}{2}w + \ldots\right)}{1 - \frac{w}{2} + \frac{w^2}{3} - \ldots}\,;$$

62–64 da aber für $x = a$, $w = 0$ wird, so wird $y = n a^n$.

$$\frac{F'(x)}{\Phi'(x)} = -\frac{n x^{n-1}}{-\frac{1}{x}} = n x^n = n a^n.$$

63. $$y = \frac{1 + x - \frac{x^2}{2} + \frac{x^3}{3!} - \left(1 - x + \frac{x^2}{2} - \frac{x^3}{3!} + \dots\right)}{x - \frac{x^2}{2} + \frac{x^3}{3} - \dots}$$

$$= \frac{2x + \frac{2}{3!}x^3 + \dots}{x - \frac{x^2}{2} + \frac{x^3}{3} - \dots} = \frac{2 + \dots}{1 - \dots} = 2;$$

$$\frac{F'(x)}{\Phi'(x)} = \frac{e^x + e^{-x}}{\frac{1}{1+x}}, \quad \text{also für } x = 0, \quad y = \frac{1+1}{1} = 2.$$

64. Durch die Substitution $x - 1 = w$ wird

$$y = \frac{(1+w)\ln(1+w) - w}{w \ln(1+w)} = \frac{\ln(1+w) - w[1 - \ln(1+w)]}{w \ln(1+w)}$$

$$= \frac{w - \frac{w^2}{2} + \dots - w[\quad}{w\left(w - \frac{w^2}{2} + \dots\right)} = \frac{1 - \frac{w}{2} - \left(1 - w + \frac{w^2}{2} - \dots\right)}{w - \frac{w^2}{2} + \dots}$$

$$= \frac{-\frac{w}{2} + w - \frac{w^2}{2} + \dots}{w - \frac{w^2}{2} + \dots} = \frac{-\frac{1}{2} + 1 - \frac{w}{2}}{1 - \frac{w}{2}},$$

also, da für $x = 1$, $w = 0$ wird: $y = \frac{1}{2}$;

$$\frac{F'(x)}{\Phi'(x)} = \frac{\ln x + 1 - 1}{\ln x + \frac{x-1}{x}} = \frac{\ln x}{\ln x + 1 - \frac{1}{x}};$$

$$\frac{F''(x)}{\Phi''(x)} = \frac{\frac{1}{x}}{\frac{1}{x} + \frac{1}{x^2}} = \frac{x}{x+1} = \frac{1}{2}.$$

65–68 65. $y = \frac{\sin x - x \cos x}{x^2 \sin x}$

$$= \frac{x - \frac{x^3}{3!} + \frac{x^5}{5!} - \ldots - x\left(1 - \frac{x^2}{2} + \ldots\right)}{x^2\left(x - \frac{x^3}{3!} + \ldots\right)}$$

$$= \frac{-\frac{x}{3!} + \ldots + \frac{x}{2} - \ldots}{x - \frac{x^3}{3!}} = \frac{-\frac{1}{3!} + \frac{1}{2}}{1 - \frac{x^2}{3!}},$$

also für $x = 0$, $y = \frac{1}{2} - \frac{1}{3!} = \frac{1}{3}$.

$$\frac{F'(x)}{\Phi'(x)} = \frac{x \sin x}{2x \sin x + x^2 \cos x} = \frac{\sin x}{2 \sin x + x \cos x};$$

$$\frac{F''(x)}{\Phi''(x)} = \frac{\cos x}{2 \cos x + \cos x - x \sin x},$$

also für $x = 0$, $y = \frac{1}{3}$.

66. Setzt man

$$\ln \cos x = \ln\left[1 - \left(\frac{x^2}{2} - \frac{x^4}{4!} + \ldots\right)\right] = -\left(\frac{x^2}{2} - \frac{x^4}{4!} + \ldots\right) - \ldots$$

und

$$\sin x = x^2\left(1 - \frac{x^2}{3!} + \ldots\right)^2,$$

so erhält man für

$$y = \frac{-\frac{1}{2}}{1} = -\frac{1}{2};$$

$$\frac{F'(x)}{\Phi'(x)} = \frac{-\frac{\sin x}{\cos x}}{2 \sin x \cos x} = -\frac{1}{2 \cos^2 x},$$

also für $x = 0$, $y = -\frac{1}{2}$.

67. $y = -1$.

68. $y = \ln a$.

69–72

69. $$y = \frac{\ln\left(1 - \frac{x^2}{3!} + \frac{x^4}{5!} - \ldots\right)}{x^2}$$

$$= \frac{\ln\left[1 - x^2\left(\frac{1}{3!} - \frac{x^2}{5!} + \ldots\right)\right]}{x^2}$$

$$= -\left(\frac{1}{3!} - \ldots\right) - \frac{x^2}{2}\left(\frac{1}{3!} - \ldots\right)^2 - \ldots,$$

also für $x = 0$, $y = -\frac{1}{3!}$.

70. $v = c - u$, $J = \pi u(c - u)$,

$$J' = \frac{dJ}{du} = \pi(c - 2u) = 0, \quad u = \frac{c}{2}, \quad v = c - \frac{c}{2} = \frac{c}{2}.$$

Die Halbachsen der Ellipse sind also einander gleich, die Ellipse daher selbst ein Kreis, und zwar stellt deren Flächeninhalt ein Maximum dar.

(Anmerkung. Über das Kriterium, nach welchem man in zweifelhaften Fällen entscheiden kann, ob der gefundene extreme Wert ein Maximum oder ein Minimum vorstellt, vergleiche des Verf. Unterr.-Br. S. 123!)

71. Durch den aus (2) für y folgenden Wert $y = \sqrt{a^2 - x^2}$ wird (1) zu

$$F = \frac{1}{2}x\sqrt{a^2 - x^2}, \quad F' = \frac{dF}{dx} = \frac{1}{2}\left[\sqrt{a^2 - x^2} - \frac{x^2}{\sqrt{a^2 - x^2}}\right] = 0$$

und hieraus

$$a^2 - 2x^2 = 0, \quad \text{also} \quad x = \frac{a}{\sqrt{2}}, \quad y = \sqrt{a^2 - \frac{a^2}{2}} = \frac{a}{\sqrt{2}},$$

somit hat das gleichschenklig-rechtwinklige Dreieck einen extremen Flächeninhalt (Maximum).

72. Nach der Figur ist: $\frac{x}{a} = \frac{\sin\varphi}{\sin\beta}$, also

$$x = \frac{a}{\sin\beta}\cdot\sin\varphi, \tag{1}$$

somit

$$\frac{dx}{d\varphi} = \frac{a}{\sin\beta}\cdot\cos\varphi = 0,$$

woraus $\varphi = 90^0$, wie auch unmittelbar aus Gl. (1) einzusehen ist, wonach x mit $\sin\varphi$ seinen größten Wert erhält, d. h. für $\sin\varphi = 1$, was ebenfalls $\varphi = 90^0$ ergibt.

73–75 73. $V = (a - 2x)(b - 2x)x$,
somit

$$\frac{dV}{dx} = (a - 2x)(b - 2x) - 2x(b - 2x) - 2x(a - 2x) = 0$$

und hieraus

$$x = \frac{a + b \pm \sqrt{a^2 - ab + b^2}}{6}.$$

Hat der Karton Quadratform, so wird

$$a = b, \quad x_1 = \frac{a}{2}, \tag{1}$$

$$x_2 = \frac{a}{6}. \tag{2}$$

Gl. (1) ergibt also keine brauchbare Lösung, da hierbei der Rauminhalt des Kastens $= 0$ würde. Das gesuchte Maximum wird somit durch

$$x = \frac{a + b - \sqrt{a^2 - ab + b^2}}{6}, \quad \text{also} \quad V = \frac{2}{27}a^3$$

dargestellt.

74. $F = x^2 = y^2 + (a - y)^2$,

$$\frac{dF}{dy} = 2y - 2(a - y) = 0, \quad y = \frac{a}{2}, \quad x^2 = \frac{a^2}{2}, \quad x = \frac{a}{\sqrt{2}}.$$

Das gesuchte Quadrat wird somit durch die Verbindungslinien der Mittelpunkte der Quadratseiten a dargestellt.

75. Zerlegt man das Viereck durch eine Diagonale in zwei Dreiecke, so ist der Flächeninhalt des Vierecks

$$F = \frac{1}{2}(bc \sin\alpha + ac \sin\beta), \tag{1}$$

außerdem ist

$$d^2 = b^2 + c^2 - 2bc\cos\alpha = a^2 + e^2 - 2ae\cos\beta \ldots . \tag{2}$$

Aus (2) folgt nun

$$\cos\beta = \frac{a^2 + e^2 - b^2 - c^2 + 2bc\cos\alpha}{2ae}$$

oder, wenn zur Abkürzung

$$\frac{a^2 + e^2 - b^2 - c^2}{2ae} = k, \quad \frac{bc}{ae} = f$$

gesetzt wird:

$$\cos\beta = k + f\cos\alpha, \quad \sin\beta = \sqrt{1 - (k + f\cos\alpha)^2}.$$

75 Dadurch wird nach Gl. (1)

$$F = \frac{a e}{2} \left(f \sin \alpha + \sqrt{1 - (k + f \cos \alpha)^2}\right),$$

somit für einen extremen Wert von F:

$$\frac{dF}{d\alpha} = \frac{a e}{2}\left(f \cos \alpha + \frac{(k + f \cos \alpha) \cdot f \sin \alpha}{\sqrt{1 - (k + f \cos \alpha)^2}}\right) = 0$$

und hieraus

$$\cos \alpha = \pm (k + f \cos \alpha).$$

Aus

$$\cos \alpha = k + f \cos \alpha$$

würde folgen

$$\cos \alpha = \frac{k}{1 - f},$$

somit

$$\cos \beta = k + f \cos \alpha = k + \frac{k f}{1 - f} = \frac{k}{1 - f}.$$

Hiernach müßte aber $\alpha = \beta$, d. h. das Viereck ein Parallelo gramm sein. Dagegen ergibt sich aus

$$\cos \alpha = -(k + f \cos \alpha), \quad \cos a = -\frac{k}{1 + f},$$

also

$$\cos \beta = k + f \cos \alpha = k - \frac{k f}{1 + f} = \frac{k}{1 + f},$$

somit

$$\cos \beta = -\cos \alpha \quad \text{oder} \quad \beta = 180 - \alpha \quad \text{oder} \quad \alpha + \beta = 2R,$$

und dieser Bedingung entspricht das in einen Kreis eingeschriebene Viereck. Der Inhalt desselben wird also zufolge Gl. (1), wo $\sin \beta = \sin (180 - \alpha) = \sin \alpha$, zu

$$F = \frac{1}{2}(b c + a e) \sin \alpha.$$

Zur Bestimmung des zur Konstruktion erforderlichen Halbmessers des betr. Kreises hat man nach der Figur 17

$$\sin \alpha = \frac{d}{2} : r, \qquad \text{somit} \qquad d^2 = 4 r^2 \sin^2 \alpha,$$

also wegen Gl. (2)

$$4 r^2 \sin^2 \alpha = b^2 + c^2 - 2 b c \cos \alpha,$$

75 woraus

$$r = \frac{1}{2}\sqrt{\frac{b^2 + c^2 - 2\,b\,c\cos\alpha}{1 - \cos^2\alpha}},$$

oder da oben

$$\cos\alpha = -\frac{k}{1+f}$$

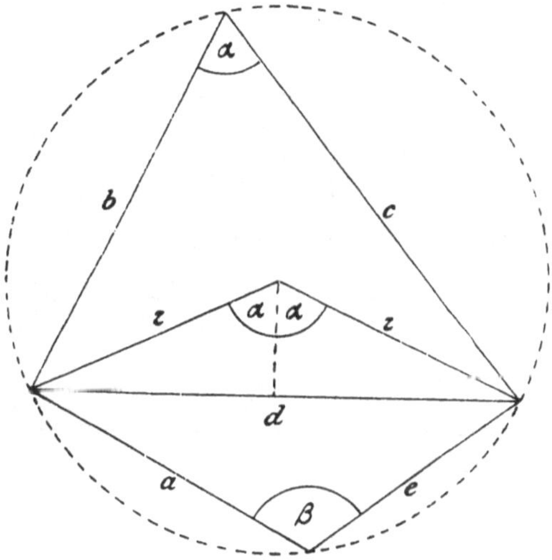

Fig. 17.

gefunden wurde,

$$r = \frac{1}{2}\sqrt{\frac{b^2 + c^2 + 2\,b\,c\,\frac{k}{1-f}}{1 - \frac{k^2}{(1+f)^2}}}.$$

So würde z. B. für

$$a = 4, \quad b = 5, \quad c = 6, \quad e = 3, \quad \frac{k}{1+f} = -\frac{3}{7}$$

werden, also

$$r = \frac{1}{2}\sqrt{\frac{61 - 60\cdot\frac{3}{7}}{1 - \frac{9}{49}}} = \frac{7}{4}\sqrt{\frac{247}{70}} = 3{,}287.$$

76—77 76. Wie unter III 5 b) gefunden, ist die Gleichung der Kardioide in Polarkoordinaten

$$r = 2a(1 - \cos\varphi), \quad \text{somit} \quad \frac{dr}{d\varphi} = 2a\sin\varphi .$$

Hierdurch wird also z. B. Gl. (5) S. 33 zu

$$\sin(\alpha - \varphi) = \frac{2a(1 - \cos\varphi)}{\sqrt{4a^2\sin^2\varphi + 4a^2(1 - \cos\varphi)^2}} = \sqrt{\frac{1 - \cos\varphi}{2}}$$

oder

$$\sin(\alpha - \varphi) = \sin\frac{\varphi}{2},$$

somit ist

$$\alpha - \varphi = \frac{\varphi}{2} \qquad \text{oder} \qquad \alpha = \frac{3}{2}\varphi .$$

Nach Gl. (16) S. 35 ist somit

$$\varrho = \frac{r}{\sin(\alpha - \varphi)}\,\frac{d\varphi}{d\alpha} = \frac{2a(1 - \cos\varphi)}{\sin\frac{\varphi}{2}} \cdot \frac{d\varphi}{\frac{3}{2}d\varphi},$$

d. h. es ist

$$\varrho = \frac{4}{3}a(1 - \cos\varphi)\sqrt{\frac{2}{1 - \cos\varphi}} = \frac{4}{3}a\sqrt{2(1 - \cos\varphi)}$$

oder auch

$$\varrho = \frac{4}{3}a\sqrt{4\sin^2\frac{\varphi}{2}} = \frac{8}{3}a\sin\frac{\varphi}{2}$$

oder in rechtwinkligen Koordinaten, da

$$2(1 - \cos\varphi) = \frac{r}{a} = \frac{\sqrt{x^2 + y^2}}{a}, \quad \varrho = \frac{4}{3}\sqrt{a}\,\sqrt[4]{x^2 + y^2}.$$

Den größten Wert hat hiernach der Krümmungsradius für einen Punkt, für den auch $\sin\frac{\varphi}{2}$ seinen größten Wert hat, also für $\sin\frac{\varphi}{2} = 1$ oder $\varphi = 180^0$, wie dies auch aus einer Aufzeichnung der ganzen Kurve ersichtlich wird. Für diesen Punkt ist also $\varrho = \frac{8}{3}a$.

---

77. a) Verbindet man O mit P_1, so stellt OP_1 den Radiusvektor dar, und man hat nach der Figur

$$r^2 = a^2 + P_2P_1^2 = a^2 + a^2\omega^2$$

77 und hieraus

$$\omega = \frac{\sqrt{r^2 - a^2}}{a}, \tag{4}$$

außerdem ist

$$\frac{a}{r} = \cos(\omega - \varphi),$$

oder durch Einsetzung des Wertes von ω:

$$a = r \cos\left(\frac{\sqrt{r^2 - a^2}}{a} - \varphi\right)$$

oder nach φ aufgelöst:

$$\varphi = \frac{\sqrt{r^2 - a^2}}{a} - \operatorname{arc} \cos \frac{a}{r}. \tag{5}$$

Der Figur ist außerdem die Beziehung zu entnehmen:

$$\operatorname{tg}(\omega - \varphi) = \frac{P_2 P_1}{a}$$

oder da $\omega = \alpha$,

$$P_2 P_1 = a\,\omega = a\,\alpha,$$

$$\operatorname{tg}(\alpha - \varphi) = \alpha, \tag{6}$$

während aus (4), d. i.

$$\omega = \alpha = \frac{\sqrt{r^2 - a^2}}{a},$$

$$r = a\sqrt{1 + \alpha^2} \tag{4a}$$

folgt.

b) Für den Krümmungsradius erhält man somit z. B. nach Gl. (12a) S. 34, da aus Gl. (6)

$$\alpha - \varphi = \operatorname{arc} \operatorname{tg} \alpha$$

und durch Differenzieren dieser Gleichung

$$d\alpha - d\varphi = \frac{d\alpha}{1 + \alpha^2}, \quad \text{also} \quad \frac{d\varphi}{d\alpha} = \frac{\alpha^2}{1 + \alpha^2}$$

folgt, während sich aus (4a) durch Differenzieren

$$dr = \frac{a\,\alpha}{\sqrt{1 + \alpha^2}}\,d\alpha,$$

also

$$\frac{dr}{d\varphi} = \frac{a\,\alpha}{\sqrt{1 + \alpha^2}} \cdot \frac{d\alpha}{d\varphi} = \frac{a\,\alpha}{\sqrt{1 + \alpha^2}} \cdot \frac{1 + \alpha^2}{\alpha^2} = \frac{a}{\alpha}\sqrt{1 + \alpha^2}$$

ergibt, so daß

$$\varrho = \sqrt{\frac{a^2}{\alpha^2}(1+\alpha^2) + a^2(1+\alpha^2)\cdot\frac{\alpha^2}{1+\alpha^2}}$$

$$= \frac{a}{\alpha}\sqrt{(1+\alpha^2)(1+\alpha^2)\cdot\frac{\alpha^2}{1+\alpha^2}} = a\,\alpha$$

wird, wie dies bereits in der Anleitung behauptet wurde.

78. In Polarkoordinaten wird die Gleichung der Kurve zu

$$r \sin\varphi = \frac{r^2\cos^2\varphi}{\sqrt{a^2 - r^2\cos^2\varphi}},$$

woraus

$$r = a \operatorname{tg}\varphi \tag{1}$$

folgt.

Konstruktion: Wird der Mittelpunkt eines Kreises vom Halbmesser a als Koordinatenanfang genommen, so ist für einen beliebigen Winkel φ die Tangentenstrecke $AB = r$, weil $\frac{AB}{a} = \operatorname{tg}\varphi$ ist. Trägt man daher AB von O aus auf OB ab, so wird der Schnittpunkt P ein Punkt der Kurve sein. Hierbei wird $r = a$ für $\varphi = 45^0$, d. h. die Kurve schneidet den Konstruktionskreis bei einem Polarwinkel von 45^0. Aus (1) folgt durch Differenzieren

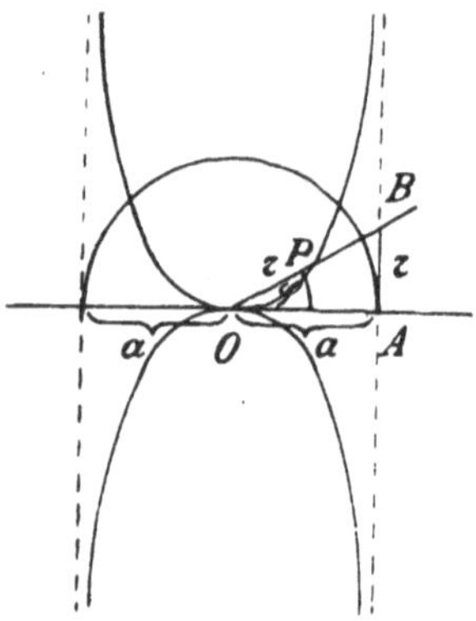

Fig. 18.

$$\frac{dr}{d\varphi} = \frac{a}{\cos^2\varphi},$$

somit wird nach c (1):

$$\operatorname{tg}\alpha = \frac{\frac{\sin\varphi}{\cos^2\varphi} + \sin\varphi}{\frac{1}{\cos\varphi} - \frac{\sin^2\varphi}{\cos\varphi}} = \frac{\sin\varphi\,(1+\cos^2\varphi)}{\cos^3\varphi}. \tag{2}$$

Für $\varphi = 0$ wird also $\alpha = 0$,

„ $\varphi = 45^0$ „ „ $\operatorname{tg}\alpha = 3$, $(\alpha = 71^0\,34')$

„ $\varphi = 90^0$ „ „ $\alpha = \infty$

und da nach (1) für $\varphi = 0$ auch $r = \infty$ wird, so ist AB eine Asymptote der Kurve.

78–79 Aus (2) folgt mittels der Formel

$$\cos\alpha = \frac{1}{\sqrt{1+\operatorname{tg}^2\alpha}}, \qquad \sin\alpha = \operatorname{tg}\alpha\cdot\cos\alpha,$$

$$\cos\alpha = \frac{\cos^3\varphi}{\sqrt{1+\sin^2\varphi\cos^2\varphi}}, \quad \sin\alpha = \frac{\sin\varphi\,(1+\cos^2\varphi)}{\sqrt{1+\sin^2\varphi\cos^2\varphi}}.$$

Aus diesen beiden Gleichungen folgt

$$\sin(\alpha-\varphi) = \frac{\sin\varphi\cos\varphi}{\sqrt{1+\sin^2\varphi\cos^2\varphi}}$$

und aus (2) ergibt sich durch Differenzieren:

$$\frac{d\alpha}{d\varphi} = \frac{(2+\sin^2\varphi)\cos^2\varphi}{1+\sin^2\varphi\cos^2\varphi},$$

so erhält man nach Gl. c (16):

$$\varrho = \frac{a\,(1+\sin^2\varphi\cos^2\varphi)^{3/2}}{(2+\sin^2\varphi)\cos^4\varphi}.$$

Es wird also z. B. für

$$\varphi=0,\quad \varrho=\frac{a}{2};\quad \varphi=45^0,\quad \varrho=a\sqrt{5};\quad \varphi=90^0,\quad \varrho=\infty.$$

79. In Polarkoordinaten ausgedrückt ist die Gleichung der Kurve:

$$r = \frac{a}{\sin 2\varphi}. \tag{1}$$

Konstruktion: $AB \parallel CX$. Mache $OP = CB$, dann ist

$$\sin 2\varphi = \frac{a}{CB} = \frac{a}{OP} = \frac{a}{r}.$$

Diskussion:

$$\varphi=0,\quad r=\infty;\quad \varphi=45^0,\ r=a;\quad \varphi=90^0,\quad r=\infty.$$

Aus (1) folgt:

$$\frac{dr}{d\varphi} = -2a\,\frac{\cos 2\varphi}{\sin^2 2\varphi} = \frac{a\,(\operatorname{tg}^4\varphi-1)}{2\operatorname{tg}^2\varphi},$$

hiernach wird Gl. c (1) zu

$$\operatorname{tg}\alpha = \frac{\operatorname{tg}\varphi\,\frac{dr}{d\varphi}+r}{\frac{dr}{d\varphi}-r\operatorname{tg}\varphi} = -\frac{\operatorname{tg}^4\varphi-1+\frac{1}{\cos^2\varphi}}{1+\operatorname{tg}^2\varphi}\operatorname{tg}\varphi = -\operatorname{tg}^3\varphi. \tag{2}$$

79 Für $\varphi = 0$, $r = \infty$ ist also $\alpha = 0$, somit, da dann $y = \frac{a}{2}$ wird, ist eine im Abstand $\frac{a}{2}$ zur X-Achse gezogene Parallele die Asymptote der Kurve. Für $\varphi = 90^0$ wird auch $\alpha = 90^0$. — Aus (2) folgt zunächst

$$\cos\alpha = \frac{1}{\sqrt{1+\operatorname{tg}^2\alpha}} = \frac{1}{\sqrt{1+\operatorname{tg}^6\varphi}}.$$

$$\sin\alpha = -\frac{\operatorname{tg}^3\varphi}{\sqrt{1+\operatorname{tg}^6\varphi}}, \qquad \sin(\alpha-\varphi) = -\frac{\sin\varphi}{\cos^2\varphi\sqrt{1+\operatorname{tg}^6\varphi}},$$

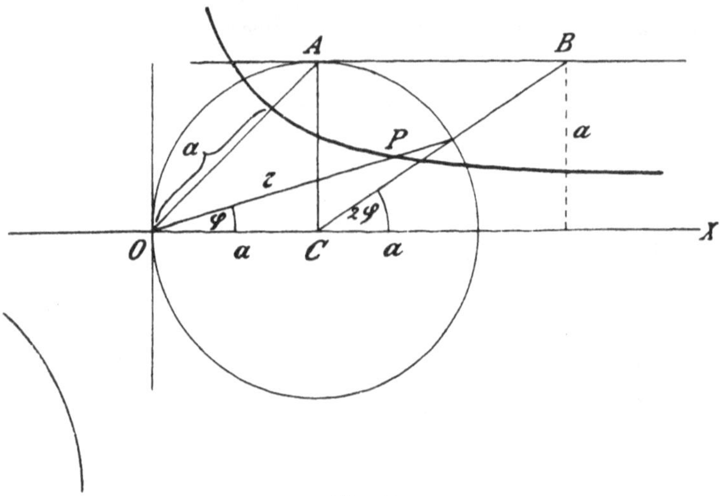

Fig. 19.

aus (2) durch Differenzieren

$$\frac{d\varphi}{d\alpha} = -\frac{(1+\operatorname{tg}^6\varphi)\cos^4\varphi}{3\sin^2\varphi},$$

somit wird nach Gl. c (16)

$$\varrho = \frac{a(1+\operatorname{tg}^6\varphi)^{3/2}\cos^5\varphi}{6\sin^4\varphi} = \frac{a}{6}(1+\operatorname{tg}^6\varphi)^{3/2}\frac{\cos^9\varphi}{\sin^4\varphi\cos^4\varphi}$$

$$= \frac{2^4 a}{6}\,\frac{[(1+\operatorname{tg}^6\varphi)\cos^6\varphi]^{3/2}}{(2\sin\varphi\cos\varphi)^4} = \frac{8}{3}a\frac{(\cos^6\varphi+\sin^6\varphi)^{3/2}}{(2\sin\varphi\cos\varphi)^4}$$

$$= \frac{8}{3}a\frac{(1-3\sin^2\varphi\cos^2\varphi)^{3/2}}{(2\sin\varphi\cos\varphi)^4}.$$

79–80 Zufolge Gl. (1) läßt sich also auch schreiben:

$$\varrho = \frac{8\,r^4}{3\,a^3} \cdot \left(1 - \frac{3}{4}\,\frac{a^2}{r^2}\right)^{3/2},$$

d. i.

$$\varrho = \frac{r\,(4\,r^2 - 3\,a^2)^{3/2}}{3\,a^3}.$$

Es wird also z. B. für

$$\varphi = 0, \quad r = \infty, \quad \varrho = \infty; \quad \varphi = 45^0, \quad r = a, \quad \varrho = \frac{a}{3};$$
$$\varphi = 90^0, \quad r = \infty, \quad \varrho = \infty.$$

---

80. Ergibt in Polarkoordinaten die Gleichung

$$r = a\,(1 + \operatorname{tg}\varphi), \tag{1}$$

woraus

$$\operatorname{tg}\varphi = \frac{r - a}{a}.$$

Hiernach ergibt sich folgende Konstruktion der Kurve:

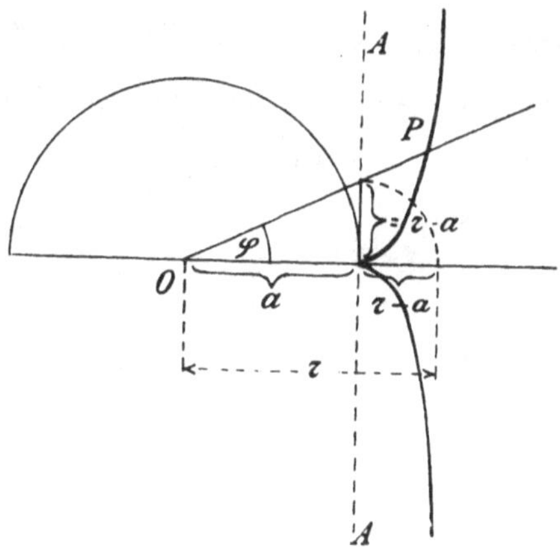

Fig. 20.

Aus (1) bzw.

$$\varphi = \operatorname{arc\,tg}\left(\frac{r}{a} - 1\right)$$

ergibt sich durch Differenzieren

$$\frac{d\,r}{d\,\varphi} = \frac{a^2 + (r - a)^2}{a}, \tag{2}$$

80–81 somit wird Gl. c (1), d. h.

$$\operatorname{tg}\alpha = \frac{\operatorname{tg}\varphi \frac{dr}{d\varphi} + r}{\frac{dr}{d\varphi} - r \operatorname{tg}\varphi} \quad \text{zu} \quad \operatorname{tg}\alpha = \frac{5ar - a^2 - 3r^2}{a(2a - r)}.$$

Hiernach wird z. B.

$$\begin{array}{llll} \text{für } \varphi = 0, & \text{d. h. für } r = a, & \operatorname{tg}\alpha = 1, & \alpha = 45^0, \\ \text{für } \varphi = 45^0, & \text{d. h. für } r = 2a, & \operatorname{tg}\alpha = \infty, & \alpha = 90^0, \\ \text{für } \varphi = 90^0, & \text{d. h. für } r = \infty, & x = r\cos\varphi, & \end{array}$$

also nach (1)

$$x = a(\cos\varphi + \sin\varphi) = a,$$

somit ist AA die Asymptote der Kurve. Aus (2) folgt durch Differenzieren

$$\frac{d^2 r}{d\varphi^2} = \frac{2(r-a)}{a}\,\frac{dr}{d\varphi} = \frac{2}{a^2}(r-a)\left[a^2 + (r-a)^2\right]. \tag{3}$$

Durch Einsetzen dieser Werte von $\frac{dr}{d\varphi}$ und $\frac{d^2 r}{d\varphi^2}$ aus Gl. (2) und (3) erhält man also den Wert für den Krümmungsradius

$$\varrho = \frac{\left[\left(\frac{a^2 + (r-a)^2}{a}\right)^2 + r^2\right]^{3/2}}{r^2 + 2\,\frac{a^2 + (r-a)^2}{a}\,(2a - r)},$$

also z. B. für

$$\begin{array}{lll} \varphi = 0, & r = a, & \varrho = \frac{2}{3}a\sqrt{2}; \\ \varphi = 45^0, & r = 2a, & \varrho = 4a\sqrt{2}. \end{array}$$

---

81. Aus Gl. (2) folgt durch Differenzieren:

$$\frac{dy}{dx} = \operatorname{tg}\alpha = \frac{3a - x}{2a - x}\sqrt{\frac{x}{2a - x}} = \frac{3a - x}{2a - x}\cdot\frac{y}{x}. \tag{3}$$

Hieraus

$$\frac{d^2 y}{dx^2} = \frac{3a^2 y}{x^2(2a - x)^2}.$$

81—82 Es wird also, da allgemein

$$\varrho = \frac{\left[1 + \left(\frac{dy}{dx}\right)^2\right]^{3/2}}{\frac{d^2 y}{dx^2}}$$

$$\varrho = \frac{\left[1 + \left(\frac{3a - x}{2a - x}\right)^2 \frac{x}{2a - x}\right]^{3/2}}{\frac{3a^2}{x(2a-x)^2}\sqrt{\frac{x}{2a-x}}} = \frac{a(8a - 3x)\sqrt{x(8a - 3x)}}{3(2a - x)^2}.$$

Für $x = 2a$ wird nach Gl. (2) $y = \infty$ und somit nach Gl. (3) auch $\operatorname{tg} \alpha = \infty$, also $\alpha = 90^0$, somit ist AB die Asymptote der Cissoide.

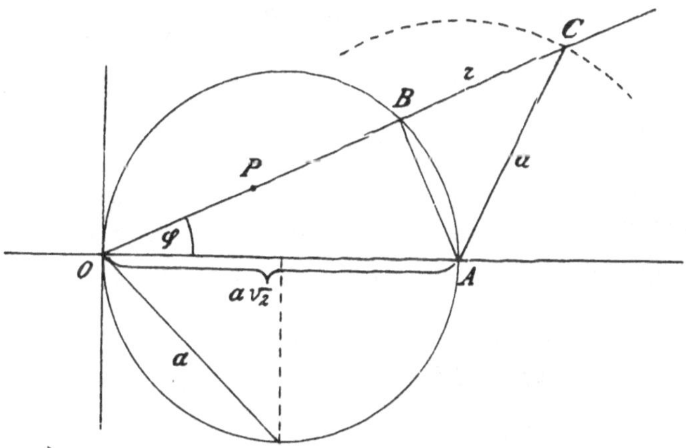

Fig. 21.

82. Da $AB \perp OB$, so ist nach der Fig. 21

$$\sin\varphi = \frac{AB}{a\sqrt{2}}.$$

Ferner ist

$$AB^2 = a^2 - r^2, \quad \text{also} \quad \sin\varphi = \frac{\sqrt{a^2 - r^2}}{a\sqrt{2}}$$

und hieraus

$$r^2 = a^2(1 - 2\sin^2\varphi) = a^2 \cos 2\varphi.$$

Wird also BC von O aus auf OB abgetragen, so ist P ein Punkt der Lemniskate.

82 Aus $r = a\sqrt{\cos 2\varphi}$ folgt durch Differenzieren:

$$\frac{dr}{d\varphi} = -\frac{a \sin 2\varphi}{\sqrt{\cos 2\varphi}},$$

somit wird nach Gl. c (1):

$$\operatorname{tg}\alpha = \frac{\sin\varphi \sin 2\varphi - \cos 2\varphi \cdot \cos\varphi}{\cos\varphi \sin 2\varphi + \sin\varphi \cos 2\varphi} = -\frac{\cos 3\varphi}{\sin 3\varphi}$$

$$= -\operatorname{cotg} 3\varphi = -\operatorname{tg}(90 - 3\varphi) = \operatorname{tg}(3\varphi - 90),$$

d. h.

$$\alpha = 3\varphi - 90 \tag{6}$$

und hieraus durch Differenzieren $d\alpha = 3d\varphi$.

Nach Gl. c (12a) wird also jetzt

$$\varrho = \frac{a}{3}\sqrt{\frac{\sin^2 2\varphi}{\cos 2\varphi} + \cos 2\varphi} = \frac{a}{3\sqrt{\cos 2\varphi}},$$

was sich auch schreiben läßt, da $\sqrt{\cos 2\varphi} = \frac{r}{a}$ ist,

$$\varrho = \frac{a^2}{3r}. \tag{7}$$

Nach Gl. (6) wird α zu Null für $3\varphi = 90^0$ oder $\varphi = 30^0$. Diesem Werte von α wird also auch der größte Wert von y entsprechen, weil auch hierfür $\frac{dy}{dx} = \operatorname{tg}\alpha = 0$ wird. Da nun

$$y = r\sin\varphi = a\sqrt{\cos 2\varphi} \cdot \sin\varphi$$

ist, so wird für die Lemniskate

$$y_{\max} = a\sqrt{\cos 60^0} \cdot \sin 30^0 = a\sqrt{\frac{1}{2}} \cdot \frac{1}{2} = \frac{a}{2\sqrt{2}} = \frac{a}{4}\sqrt{2}.$$

Für $r = a$ wird nach Gl. (5) $\cos 2\varphi = 1$, also $\varphi = 0$, und nach Gl. (6) also $\alpha = -90^0$; für $r = a$, d. h. für

$$x = r\cos\varphi = a\cos 0 = a$$

steht also die Tangente senkrecht auf der X-Achse. Endlich wird nach Gl. (6) $\alpha = \varphi$ für $\varphi = 3\varphi - 90$, d. h. für $\varphi = 45^0$. In diesem Falle wird aber nach Gl. (5)

$$r = a\sqrt{\cos 2\varphi} = a\sqrt{\cos 90} = 0$$

und auch

$$x = r \cdot \cos\varphi = 0 \cdot \frac{1}{\sqrt{2}} = 0.$$

82–83 Der Krümmungsradius wird nach Gl. (7) um so kleiner, je größer r ist, hat also seinen kleinsten Wert, wenn r seinen größten hat, d. h. wenn $r = a$ oder $\varphi = 0$ ist und wird hier zu $\varrho = \frac{a^2}{3a} = \frac{a}{3}$. Dagegen hat ϱ seinen größten Wert, wenn $r = 0$, d. h. $x = 0$ wird und wird dann zu $\varrho = \frac{a^2}{0} = \infty$. Im Koordinatenanfang hat die Kurve also eine Krümmung wie ein Kreis mit unendlich großem Radius, d. i. eine Gerade und hieraus erklärt sich die Möglichkeit, die Lemniskate als Leitkurve für eine (angenäherte) Geradführung im Maschinenbau zu verwenden.

83. Aus (1) folgt durch Differenzieren:

$$\frac{dy}{dx} = \operatorname{tg} \alpha = \frac{k}{2}\left(\frac{1}{k} e^{\frac{x}{k}} - \frac{1}{k} e^{-\frac{x}{k}}\right) = \frac{1}{2}\left(e^{\frac{x}{k}} - e^{-\frac{x}{k}}\right) \ldots \quad (2)$$

oder

$$k \operatorname{tg} \alpha = \frac{k}{2}\left(e^{\frac{x}{k}} - e^{-\frac{x}{k}}\right) \ldots \quad (3)$$

Nun ergibt Gl. (3) zu Gl. (1) addiert:

$$y + k \operatorname{tg} \alpha = k e^{\frac{x}{k}}$$

oder es ist

$$e^{\frac{x}{k}} = \frac{y + k \operatorname{tg} \alpha}{k},$$

also

$$e^{-\frac{x}{k}} = \frac{1}{e^{\frac{x}{k}}} = \frac{k}{y + k \operatorname{tg} \alpha}.$$

Setzt man diese Werte in Gl. (2) ein, so erhält man:

$$\operatorname{tg} \alpha = \frac{1}{2}\left(\frac{y + k \operatorname{tg} \alpha}{k} - \frac{k}{y + k \operatorname{tg} \alpha}\right)$$

oder

$$2k(y + k \operatorname{tg} \alpha) \operatorname{tg} \alpha = (y + k \operatorname{tg} \alpha)^2 - k^2$$

oder

$$2ky \operatorname{tg} \alpha + 2k^2 \operatorname{tg}^2 \alpha = y^2 + 2ky \operatorname{tg} \alpha + k^2 \operatorname{tg}^2 \alpha - k^2,$$

83 was sich reduziert auf

$$k^2 \operatorname{tg}^2 \alpha = y^2 - k^2,$$

also ist

$$\operatorname{tg} \alpha = \frac{\sqrt{y^2 - k^2}}{k}. \tag{4}$$

Durch nochmaliges Differenzieren erhält man aus

$$\operatorname{tg} \alpha = \frac{dy}{dx} = \frac{\sqrt{y^2 - k^2}}{k},$$

$$\frac{d^2 y}{dx^2} = \frac{y}{k\sqrt{y^2 - k^2}} \cdot \frac{dy}{dx} = \frac{y}{k\sqrt{y^2 - k^2}} \cdot \frac{\sqrt{y^2 - k^2}}{k} = \frac{y}{k^2},$$

also wird

$$\varrho = \frac{\left[1 + \left(\frac{dy}{dx}\right)^2\right]^{3/2}}{\frac{d^2 y}{dx^2}} = \frac{k^2}{y} \cdot \left[1 + \frac{y^2 - k^2}{k^2}\right]^{3/2} = \frac{y^2}{k}. \tag{5}$$

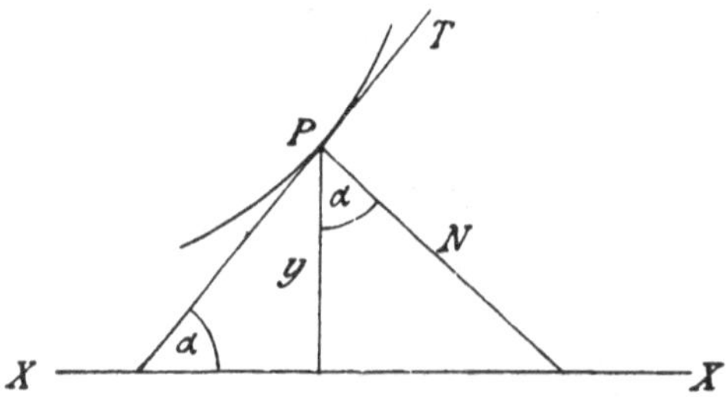

Fig. 22.

Die Beziehung zwischen der Normalen N und dem Krümmungsradius ergibt sich nach der Fig. 22 zu $y : N = \cos \alpha$,

$$N = \frac{y}{\cos \alpha}$$

$$= y\sqrt{1 + \operatorname{tg}^2 \alpha}$$

$$= y\sqrt{1 + \frac{y^2 - k^2}{k^2}} = \frac{y^2}{k},$$

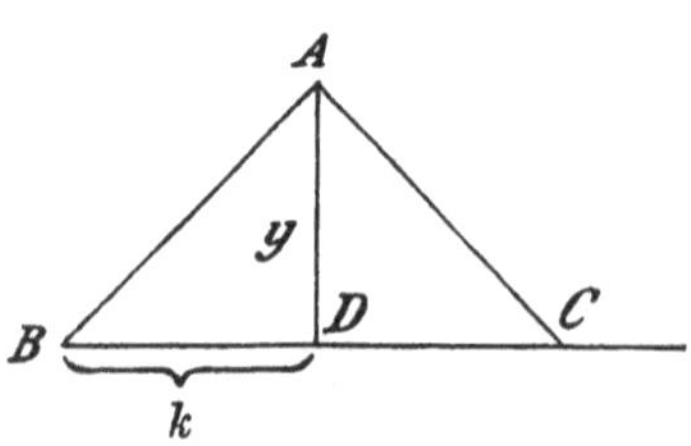

Fig. 23.

sie ist also zufolge Gl. (5) von gleicher Größe wie der Krümmungsradius. — Trägt man im Endpunkt der gegebenen Strecke k die Ordinate $\perp$ auf und macht $AC \perp BA$, so wird nach der Fig. 23 $y^2 = k \cdot DC$ oder $DC = \frac{y^2}{k}$, also gleich dem Krümmungsradius bzw. der Normalen sein. Nach Gl. (4) wird $\alpha = 0$

84–86 für $y = k$ (Tangente $\parallel X$-Achse). Der Krümmungsradius hat nach Gl. (5) seinen kleinsten Wert beim kleinsten Wert von y, d. i. für $x = 0$, $y = k$, $\varrho = \frac{k^2}{k} = k$.

84. a) $= \int \sin\alpha \cdot \frac{\sin\alpha\, d\alpha}{\cos^3\alpha}$; aus der Substitution $\sin\alpha = u$, $\frac{\sin\alpha\, d\alpha}{\cos^3\alpha} = dv$ folgt $\cos\alpha\, d\alpha = du$ und

$$v = -\int \frac{d\cos\alpha}{\cos^3\alpha} = \frac{1}{2} \cdot \frac{1}{\cos^2\alpha}$$

(nach Fundamentalintegral (1)), also wird

a) $= uv - \int v\, du = \frac{\sin\alpha}{2\cos^2\alpha} - \frac{1}{2}\int \frac{\cos\alpha\, d\alpha}{\cos^2\alpha}$

$= \frac{\sin\alpha}{2\cos^2\alpha} - \frac{1}{2} \ln \frac{1 + \sin\alpha}{\cos\alpha}$ (nach Fundamentalintegral (12)).

b) $= \int \frac{\sin^2\alpha}{\cos^4\alpha} \cdot \sin\alpha\, d\alpha$. Substituiere $\cos\alpha = u$, so wird das Integral zu

$$-\int \frac{1 - u^2}{u^4} \cdot du = \int \frac{du}{u^2} - \int \frac{du}{u^4} = -\frac{1}{u} + \frac{1}{3u^3}$$

$$= \frac{1 - 3\cos^2\alpha}{3\cos^3\alpha}.$$

85. $\int \frac{2\, d\alpha}{3 + \cos 2\alpha} = \frac{1}{\sqrt{2}} \operatorname{arc\,tg}\left(\frac{1}{\sqrt{2}} \operatorname{tg}\alpha\right)$ (nach Fundamentalintegral 27).

86. a) $= \int \frac{(1 + \cos\alpha)\, d\alpha}{\sin^4\alpha} = \int \frac{d\alpha}{\sin^4\alpha} + \int \frac{\cos\alpha\, d\alpha}{\sin^4\alpha}$

$= -\frac{1}{3} \frac{\cos\alpha}{\sin^3\alpha} - \frac{2}{3} \operatorname{cotg}\alpha$ (nach Fundamentalintegral (22) und (8)) $+ \int \frac{du}{u^4}$ ($\sin\alpha = u$ substituiert, Fundamentalintegral (1)) $= -\frac{1 + \cos\alpha\,(1 + 2\sin^2\alpha)}{3\sin^3\alpha}$.

86–88 b) $= \int \frac{1-\cos^2\alpha}{(1+\cos\alpha)^2} d\alpha = \int \frac{1-\cos\alpha}{1+\cos\alpha} d\alpha$

$$= \int \frac{\sin^2\frac{\alpha}{2}}{\cos^2\frac{\alpha}{2}} d\alpha = \int \frac{1-\cos^2\frac{\alpha}{2}}{\cos^2\frac{\alpha}{2}} d\alpha = 2\int \frac{\frac{d\alpha}{2}}{\cos^2\frac{\alpha}{2}} - \alpha$$

$$= 2\,\mathrm{tg}\frac{\alpha}{2} - \alpha = 2\frac{\sin\alpha}{1+\cos\alpha} - \alpha\,.$$

c) $= \int \frac{1-\cos^2\alpha}{1+\cos\alpha} d\alpha = \int (1-\cos\alpha)\,d\alpha = \alpha - \sin\alpha\,.$

87. a) $= \int \frac{(1-\cos\alpha)\cos\alpha}{\sin\alpha} d\alpha = \int \frac{\cos\alpha\,d\alpha}{\sin\alpha} - \int \frac{1-\sin^2\alpha}{\sin\alpha} d\alpha$

$$= \int \frac{d\sin\alpha}{\sin\alpha} - \int \frac{d\alpha}{\sin\alpha} + \int \sin\alpha\,d\alpha = \ln\sin\alpha$$

$$- \ln\frac{\sin\alpha}{1+\cos\alpha} - \cos\alpha = \ln(1+\cos\alpha) - \cos\alpha\,.$$

b) $= \int \frac{d\sin\alpha}{2-\sin^2\alpha}$, somit nach Fundamentalintegral 10a), wenn $x = \sin\alpha$, $a^2 = 2$ gesetzt wird

$$= \frac{1}{2\sqrt{2}} \ln\frac{\sqrt{2}+\sin\alpha}{\sqrt{2}-\sin\alpha}\,.$$

c) $= \int \frac{\cos\alpha\,d\alpha}{1-2\sin^2\alpha} = \frac{1}{2}\int \frac{d\sin\alpha}{\frac{1}{2}-\sin^2\alpha}$, also nach Fundamentalintegral 10a) $x = \sin\alpha$, $a^2 = \frac{1}{2}$, also

$$\int c) = \int \frac{\sqrt{2}}{4} \ln\frac{\frac{1}{\sqrt{2}}+\sin\alpha}{\frac{1}{\sqrt{2}}-\sin\alpha} = \frac{1}{2\sqrt{2}} \ln\frac{1+\sqrt{2}\sin\alpha}{1-\sqrt{2}\sin\alpha}\,.$$

88. a) $= \int \frac{1+u^2}{1+u} du = \int \frac{du}{1+u} + \int \frac{u^2-1+1}{1+u} du$

$$= 2\int \frac{du}{1+u} + \int \frac{(u-1)(u+1)}{1+u} du$$

$$= 2\ln(1+u) + \int u\,du - \int du = 2\ln(1+u) + \frac{u^2}{2} - u$$

$$= 2\ln(1+\mathrm{tg}\,\alpha) + \mathrm{tg}\,\alpha\left(\frac{1}{2}\mathrm{tg}\,\alpha - 1\right).$$

88–89

b) $= \int \frac{\cos\alpha\,(1-\cos\alpha)\,d\alpha}{\sin^2\alpha} = \int \frac{\cos\alpha\,d\alpha}{\sin^2\alpha}$

$$-\int \frac{1-\sin^2\alpha}{\sin^2\alpha}\,d\alpha = \int \frac{d\sin\alpha}{\sin^2\alpha} - \int \frac{d\alpha}{\sin^2\alpha} + \int d\alpha$$

$$= -\frac{1}{\sin\alpha} + \operatorname{cotg}\alpha + \alpha = \alpha - \frac{1-\cos\alpha}{\sin\alpha}.$$

89. a) $= \int \frac{1-\cos\alpha}{\cos\alpha\sin^2\alpha}\,d\alpha = \int \frac{d\alpha}{\cos\alpha\sin^2\alpha} + \operatorname{cotg}\alpha$

$$= \int \frac{(\cos^2\alpha + \sin^2\alpha)\,d\alpha}{\cos\alpha\sin^2\alpha} + \operatorname{cotg}\alpha = \int \frac{\cos\alpha\,d\alpha}{\sin^2\alpha} + \int \frac{d\alpha}{\cos\alpha}$$

$$+ \frac{\cos\alpha}{\sin\alpha} = -\frac{1}{\sin\alpha} + \ln\frac{\cos\alpha}{1-\sin\alpha} + \frac{\cos\alpha}{\sin\alpha}$$

$$= -\frac{1-\cos\alpha}{\sin\alpha} + \ln\frac{\cos\alpha}{1-\sin\alpha}.$$

b) $= \int \frac{1-\cos\alpha}{\cos^2\alpha\sin\alpha}\,d\alpha = \int \frac{\sin^2\alpha + \cos^2\alpha}{\cos^2\alpha\sin\alpha}\,d\alpha - \int \frac{d\alpha}{\cos\alpha\sin\alpha}$

$$= \int \frac{\sin\alpha\,d\alpha}{\cos^2\alpha} + \int \frac{d\alpha}{\sin\alpha} - \int \frac{\frac{d\alpha}{\cos^2\alpha}}{\operatorname{tg}\alpha} = \frac{1}{\cos\alpha}$$

$$+ \ln\frac{\sin\alpha}{1+\cos\alpha} - \ln\operatorname{tg}\alpha = \frac{1}{\cos\alpha} + \ln\frac{\sin\alpha}{(1+\cos\alpha)\frac{\sin\alpha}{\cos\alpha}}$$

$$= \frac{1}{\cos\alpha} + \ln\frac{\cos\alpha}{1+\cos\alpha}.$$

c) $= \int \frac{1-\sin\alpha}{\sin^2\alpha\cos\alpha}\,d\alpha = \int \frac{\cos^2\alpha + \sin^2\alpha}{\sin^2\alpha\cos\alpha}\,d\alpha - \int \frac{d\alpha}{\sin\alpha\cos\alpha}$

$$= -\frac{1}{\sin\alpha} + \ln\frac{1+\sin\alpha}{\cos\alpha} - \ln\operatorname{tg}\alpha = -\frac{1}{\sin\alpha}$$

$$+ \ln\frac{1+\sin\alpha}{\sin\alpha}.$$

90. a) $= \int \frac{(1-\cos\alpha)\sin\alpha}{\cos^4\alpha}\,d\alpha = -\int \frac{d\cos\alpha}{\cos^4\alpha} + \int \frac{d\cos\alpha}{\cos^3\alpha}$,

also nach Fundamentalintegral (1):

$$= \frac{1}{3\cos^3\alpha} - \frac{1}{2\cos^2\alpha} = \frac{2-3\cos\alpha}{6\cos^3\alpha}.$$

90–92

b) $= \int \frac{\frac{d\alpha}{\cos^2\alpha}}{\operatorname{tg}\alpha + 1} = \ln(\operatorname{tg}\alpha + 1)$

$= \ln \frac{\sin\alpha + \cos\alpha}{\cos\alpha}$.

c) $= \int \frac{\sin\alpha(\cos\alpha + \sin\alpha)}{\cos^2\alpha - \sin^2\alpha} d\alpha$ oder wenn zur Vereinfachung

$2\alpha = \beta$ gesetzt wird: $\frac{1}{4}\int \frac{\sin\beta\, d\beta}{\cos\beta} + \frac{1}{4}\int \frac{1-\cos\beta}{\cos\beta} d\beta$

$= \frac{1}{4}\left(-\ln\cos\beta + \ln\frac{\cos\beta}{1-\sin\beta} - \beta\right)$

$= -\frac{1}{4}(\beta + \ln(1 - \sin\beta))$

$= -\frac{1}{4}[2\alpha + \ln(1 - 2\sin\alpha\cos\alpha)]$

$= -\frac{1}{2}[\alpha + \ln\sqrt{\sin^2\alpha + \cos^2\alpha - 2\sin\alpha\cos\alpha}]$

$= -\frac{1}{2}[\alpha + \ln(\sin\alpha - \cos\alpha)]$.

91. a) $= \int \frac{2\,d\alpha}{2 + 2\sin\alpha\cos\alpha} = \int \frac{2\,d\alpha}{2 + \sin 2\alpha}$,

also nach Fundamentalintegral 26, $a = 2$, $b = 1$,

$= \frac{2}{\sqrt{3}} \operatorname{arc\,tg} \frac{2\operatorname{tg}\alpha + 1}{\sqrt{3}}$;

b) wird also nach Fundamentalintegral 26, $a = 2$, $b = -1$

$= \frac{2}{\sqrt{3}} \operatorname{arc\,tg} \frac{2\operatorname{tg}\alpha - 1}{\sqrt{3}}$.

92. a) $= \int \frac{\frac{d\alpha}{\cos^2\alpha}}{\frac{1}{\cos^2\alpha} + \operatorname{tg}^2\alpha} = \int \frac{d\operatorname{tg}\alpha}{1 + 2\operatorname{tg}^2\alpha} = \frac{\sqrt{2}}{\sqrt{2}} \int \frac{d\operatorname{tg}\alpha}{1 + (\sqrt{2}\operatorname{tg}\alpha)^2}$

$= \frac{1}{\sqrt{2}} \operatorname{arc\,tg}(\sqrt{2}\operatorname{tg}\alpha)$

92–93 oder wenn man setzt:

$$\int \frac{d\alpha}{1+\sin^2\alpha} = \int \frac{d\alpha}{1+\frac{1-\cos 2\alpha}{2}} = \int \frac{2\,d\alpha}{3-\cos 2\alpha},$$

nach Fundamentalintegral 27, $a = 3$, $b = -1$,

$$= \frac{1}{\sqrt{2}} \operatorname{arc\,tg}(\sqrt{2}\operatorname{tg}\alpha) \text{ wie oben.}$$

b) $= \int \frac{d\sin\alpha}{1+\sin^2\alpha} = \operatorname{arc\,tg}(\sin\alpha)$.

c) $= -\int \frac{d\cos\alpha}{2-\cos^2\alpha}$, also nach Fundamentalintegral 10a,

$x = \cos\alpha$, $a^2 = 2$

$$= -\frac{1}{2\sqrt{2}} \ln \frac{\sqrt{2}+\cos\alpha}{\sqrt{2}-\cos\alpha} = \frac{1}{2\sqrt{2}} \ln \frac{\sqrt{2}-\cos\alpha}{\sqrt{2}+\cos\alpha}.$$

93. a) $= \int \frac{\cos^2\alpha - \sin^2\alpha}{\sin\alpha}\,d\alpha = \int \frac{1-2\sin^2\alpha}{\sin\alpha}\,d\alpha$

$$= \int \frac{d\alpha}{\sin\alpha} - 2\int \sin\alpha\,d\alpha = \ln\frac{1-\cos\alpha}{\sin\alpha} + 2\cos\alpha.$$

b) $= \int \frac{\sin 2\alpha\cos\alpha + (2\cos^2\alpha - 1)\sin\alpha}{\cos^3\alpha}\,d\alpha = 4\int \frac{\sin\alpha}{\cos\alpha}\,d\alpha$

$$-\int \frac{\sin\alpha}{\cos^3\alpha}\,d\alpha = -4\ln\cos\alpha - \frac{1}{2\cos^2\alpha}.$$

c) $= \int \frac{\sin(2\alpha+\alpha)}{\cos\alpha}\,d\alpha = \int \frac{\sin 2\alpha\cos\alpha + \cos 2\alpha\sin\alpha}{\cos\alpha}\,d\alpha$

$$= \int \frac{4\sin\alpha\cos^2\alpha - \sin\alpha}{\cos\alpha}\,d\alpha = 4\int \sin\alpha\cos\alpha\,d\alpha$$

$$-\int \frac{\sin\alpha}{\cos\alpha}\,d\alpha = 2\sin^2\alpha + \ln\cos\alpha$$

(oder auch $-\cos 2\alpha + \ln\cos\alpha$, wobei zu bemerken ist, daß $-\cos 2\alpha = \sin^2\alpha - \cos^2\alpha = 2\sin^2\alpha - 1$ von $2\sin^2\alpha$ sich nur durch den konstanten Summanden 1 unterscheidet!).

94 94. a) $= \int \frac{(\cos\alpha + \sin\alpha)\sin\alpha}{\cos^2\alpha - \sin^2\alpha}\, d\alpha$

$$= \frac{1}{4}\int \frac{\sin 2\alpha \cdot 2\,d\alpha}{\cos 2\alpha} + \frac{1}{4}\int \frac{1-\cos 2\alpha}{\cos 2\alpha} \cdot 2\,d\alpha$$

$$= -\frac{1}{4}\ln\cos 2\alpha + \frac{1}{4}\ln\frac{\cos 2\alpha}{1-\sin 2\alpha} - \frac{\alpha}{2}$$

$$= -\frac{1}{4}\ln(1 - 2\sin\alpha\cos\alpha) - \frac{\alpha}{2}$$

$$= -\frac{1}{2}\left[\alpha + \ln\sqrt{\sin^2\alpha + \cos^2\alpha - 2\sin\alpha\cos\alpha}\right]$$

$$= -\frac{1}{2}\left[\alpha + \ln(\sin\alpha - \cos\alpha)\right].$$

b) Durch die Substitution $\alpha + 45^0 = \beta$ wird $d\alpha = d\beta$ und $\cos\beta = \cos(\alpha + 45^0) = \frac{1}{\sqrt{2}}(\cos\alpha - \sin\alpha)$, also

$$= \frac{1}{\sqrt{2}}\int\frac{d\beta}{\cos\beta} = \frac{1}{\sqrt{2}}\ln\frac{1+\sin\beta}{\cos\beta}$$

$$= \frac{1}{\sqrt{2}}\ln\frac{1 + \frac{1}{\sqrt{2}}(\sin\alpha + \cos\alpha)}{\frac{1}{\sqrt{2}}(\cos\alpha - \sin\alpha)}$$

$$= \frac{1}{\sqrt{2}}\ln\frac{\sqrt{2} + \sin\alpha + \cos\alpha}{\cos\alpha - \sin\alpha}.$$

c) Wird durch die Substitution $\alpha = \beta - 45^0$ zu

$$\int \frac{\frac{1}{2}(\sin\beta - \cos\beta)(\cos\beta + \sin\beta)}{\sqrt{2}\sin\beta}\, d\beta$$

$$= \frac{1}{2\sqrt{2}}\int\frac{\sin^2\beta - \cos^2\beta}{\sin\beta}\,d\beta = \frac{1}{2\sqrt{2}}\int\frac{2\sin^2\beta - 1}{\sin\beta}\,d\beta$$

$$= -\frac{1}{\sqrt{2}}\left(\cos\beta + \frac{1}{2}\ln\frac{1-\cos\beta}{\sin\beta}\right)$$

$$= \frac{1}{2\sqrt{2}}\ln\frac{\frac{1}{\sqrt{2}}(\sin\alpha + \cos\alpha)}{1 - \frac{1}{\sqrt{2}}(\cos\alpha - \sin\alpha)} - \frac{1}{2}(\cos\alpha - \sin\alpha)$$

$$= \frac{1}{\sqrt{2}}\left[\frac{1}{\sqrt{2}}(\sin\alpha - \cos\alpha) + \ln\sqrt{\frac{\sin\alpha + \cos\alpha}{\sqrt{2} + \sin\alpha - \cos\alpha}}\right]$$

95–96

95. a) Wird in Fundamentalintegral (30) $-n$ an Stelle von n gesetzt, so erhält man:

$$\int \operatorname{tg}^{-n} \alpha \, d\alpha, \text{ d. i. } \int \frac{d\alpha}{\operatorname{tg}^n \alpha}$$

$$= -\frac{1}{n+1} \cdot \frac{1}{\operatorname{tg}^{n+1} \alpha} - \int \frac{d\alpha}{\operatorname{tg}^{n+2} \alpha}.$$

Wird nun $n + 2 = m$ gesetzt, so ist aus vorstehender Gleichung:

$$\int \frac{d\alpha}{\operatorname{tg}^m \alpha} = -\frac{1}{m-1} \cdot \frac{1}{\operatorname{tg}^{m-1} \alpha} - \int \frac{d\alpha}{\operatorname{tg}^{m-2} \alpha}.$$

b) Wird in vorstehender Gleichung $m = 2$ gesetzt, so erhält man:

$$\int \frac{d\alpha}{\operatorname{tg}^2 \alpha} = -\frac{1}{\operatorname{tg} \alpha} - \alpha,$$

oder man schreibe:

$$\int \frac{d\alpha}{\operatorname{tg}^2 \alpha} = \int \frac{1 - \sin^2 \alpha}{\sin^2 \alpha} \, d\alpha = -\operatorname{cotg} \alpha - \alpha$$

$$= -\frac{1}{\operatorname{tg} \alpha} - \alpha.$$

96. a) $= \frac{1}{b} \int \frac{b \cos \alpha \, d\alpha}{a + b \sin \alpha}$

und da hier der Zähler des Bruches das Differential des Nenners ist:

$$\int 96\text{a}) = \frac{1}{b} \ln (a + b \sin \alpha).$$

b) $= \frac{1}{b} \int \frac{a + b \cos \alpha - a}{a + b \cos \alpha} \, d\alpha = \frac{1}{b} \int d\alpha - \frac{a}{b} \int \frac{d\alpha}{a + b \cos \alpha}$

$$= \frac{1}{b} \cdot \alpha - \frac{a}{b} \cdot \frac{2}{\sqrt{a^2 - b^2}} \operatorname{arc\,tg} \left(\sqrt{\frac{a - b}{a + b}} \operatorname{tg} \frac{\alpha}{2} \right)$$

(nach Fundamentalintegral 27).

c) $= \int \frac{1 + \cos \alpha - 1}{1 + \cos \alpha} \, d\alpha = \int d\alpha - \int \frac{d\alpha}{1 + \cos \alpha}$

$= \alpha - \frac{1 - \cos \alpha}{\sin \alpha}$ (nach Fundamentalintegral 29).

97 97. a) $= \frac{1}{b^2}\int \frac{a^2 - (a^2 - b^2\cos^2\alpha)}{a + b\cos\alpha}\, d\alpha = \frac{a^2}{b^2}\int \frac{d\alpha}{a + b\cos\alpha}$

$- \frac{1}{b^2}\int (a - b\cos\alpha)\, d\alpha$

$= \frac{a^2}{b^2}\cdot\frac{2}{\sqrt{a^2 - b^2}}\operatorname{arc\,tg}\left(\sqrt{\frac{a-b}{a+b}}\operatorname{tg}\frac{\alpha}{2}\right) - \frac{a}{b^2}\alpha + \frac{1}{b}\sin\alpha.$

b) $= -\int \frac{1 - \cos^2\alpha - 1}{1 + \cos\alpha}\, d\alpha = \int \frac{d\alpha}{1 + \cos\alpha}$

$- \int (1 - \cos\alpha)\, d\alpha = \frac{1 - \cos\alpha}{\sin\alpha}$ (Fundamentalintegral 29)

$- \alpha + \sin\alpha.$

c) $= \int \frac{1 - \cos^2\alpha}{a + b\cos\alpha}\, d\alpha = \int \frac{d\alpha}{a + b\cos\alpha} - \int 97\,a)$

$= \frac{2\sqrt{b^2 - a^2}}{b^2}\operatorname{arc\,tg}\left(\sqrt{\frac{a-b}{a+b}}\operatorname{tg}\frac{\alpha}{2}\right) + \frac{a}{b^2}\alpha - \frac{1}{b}\sin\alpha.$

d) $= \int \frac{d\alpha}{\frac{a}{2}(1 + \cos 2\alpha) + \frac{b}{2}(1 - \cos 2\alpha)}$

$= \int \frac{2\,d\alpha}{a + b + (a - b)\cos 2\alpha},$

also nach Fundamentalintegral (27)

$= \frac{2}{\sqrt{(a+b)^2 - (a-b)^2}}\operatorname{arc\,tg}\left(\sqrt{\frac{b}{a}}\operatorname{tg}\alpha\right)$

$= \frac{1}{\sqrt{a\,b}}\operatorname{arc\,tg}\left(\sqrt{\frac{b}{a}}\operatorname{tg}\alpha\right).$

e) $= \int \frac{d\alpha}{(a + b)\cos^2\alpha - b} = \int \frac{\frac{d\alpha}{\cos^2\alpha}}{a + b - b(1 + \operatorname{tg}^2\alpha)}$

$= \frac{1}{b}\int \frac{d\operatorname{tg}\alpha}{\frac{a}{b} - \operatorname{tg}^2\alpha}$

97–98 also nach Fundamentalintegral 10a):

$$\int 97\mathrm{e}) = \frac{1}{2b\sqrt{\frac{a}{b}}} \ln \frac{\sqrt{\frac{a}{b}} + \operatorname{tg}\alpha}{\sqrt{\frac{a}{b}} - \operatorname{tg}\alpha}$$

$$= \frac{1}{2\sqrt{ab}} \ln \frac{1 + \sqrt{\frac{b}{a}}\operatorname{tg}\alpha}{1 - \sqrt{\frac{b}{a}}\operatorname{tg}\alpha}.$$

(Für $b = a = 1$ würde also

$$\int \frac{d\alpha}{\cos^2\alpha - \sin^2\alpha} = \frac{1}{2}\ln\frac{1 + \operatorname{tg}\alpha}{1 - \operatorname{tg}\alpha}\Big).$$

Anderseits läßt sich aber auch für dies Integral setzen:

$$\int \frac{d\alpha}{\cos 2\alpha},$$

was nach Fundamentalintegral (12)

$$= \frac{1}{2}\ln\frac{\cos 2\alpha}{1 - \sin 2\alpha}$$

ergibt

$$= \frac{1}{2}\ln\frac{\cos^2\alpha - \sin^2\alpha}{(\cos\alpha - \sin\alpha)^2} = \frac{1}{2}\ln\frac{\cos\alpha + \sin\alpha}{\cos\alpha - \sin\alpha}$$

$$= \frac{1}{2}\ln\frac{1 + \operatorname{tg}\alpha}{1 - \operatorname{tg}\alpha},$$

wie oben.

98. a) $\cos x = u$, $e^x\,dx = dv$ gesetzt, ergibt

$$\int e^x \cos x\,dx = e^x \cos x + \int e^x \sin x\,dx$$

$$= e^x \cos x + e^x \sin x - \int e^x \cos x\,dx$$

und wenn diese Gleichung nach $\int e^x \cos x\,dx$ aufgelöst wird:

$$\int e^x \cos x\,dx = \frac{1}{2}e^x(\cos x + \sin x).$$

98–100 Ganz analog wird

b) $= \frac{1}{2} e^x (\sin x - \cos x)$.

Setzt man in 98a) und b) $-x$ an Stelle von x, so daß also hier $\sin(-x) = -\sin x$ und für $\cos(-x) = \cos x$ zu setzen ist, so wird

98c) $= \frac{1}{2} e^{-x} (\cos x - \sin x)$,

98d) $= -\frac{1}{2} e^{-x} (\sin x + \cos x)$.

99. a) $= e^x \sin^2 x - 2\int e^x \sin x \cos x \, dx$

$= e^x \sin^2 x - 2e^x \sin x \cos x + 2\int e^x (\cos^2 x - \sin^2 x) \, dx$

$= e^x \sin^2 x - 2e^x \sin x \cos x + 2\int e^x (1 - 2\sin^2 x) \, dx$.

Es wird also

$$5\int e^x \sin^2 x \, dx = e^x \sin x (\sin x - 2\cos x) + 2\int e^x \, dx$$

oder

$$\int e^x \sin^2 x \, dx = \frac{1}{5} e^x [\sin x (\sin x - 2\cos x) + 2].$$

b) $= \int e^x (1 - \sin^2 x) \, dx = e^x - \frac{1}{5} e^x [\sin x (\sin x - 2\cos x) + 2]$

$= \frac{1}{5} e^x [3 - \sin x (\sin x - 2\cos x)]$

$= \frac{1}{5} e^x [2 + \cos x (\cos x + 2\sin x)]$.

100a) wird durch die Substitution $\ln x = u$ zu

$$x = e^u, \qquad dx = e^u \, du,$$

100. a) $= \int u e^{-2u} du = -\frac{1}{2} u e^{-2u} + \frac{1}{2}\int e^{-2u} du$

$= \frac{1}{2} u e^{-2u} - \frac{1}{4} e^{-2u} = -\frac{1}{2}\left(u + \frac{1}{2}\right) e^{-2u}$

$= -\frac{1 + 2\ln x}{4x^2}$.

100–102

b) $= x \ln(1 + x^2) - 2\int \frac{x^2\,dx}{1 + x^2}$

$$= x \ln(1 + x^2) - 2\int \frac{1 + x^2 - 1}{1 + x^2}\,dx$$

$$= x \ln(1 + x^2) - 2x + 2 \operatorname{arc\,tg} x.$$

101. a) $= \int \frac{e^x}{\sin x}\,dx - \int \frac{e^x \cos x\,dx}{\sin^2 x} = \frac{e^x}{\sin x} + \int \frac{e^x \cos x\,dx}{\sin^2 x}$

$$- \int \frac{e^x \cos x\,dx}{\sin^2 x} = \frac{e^x}{\sin x}.$$

b) $= -\frac{e^{-x}}{\sin x}.$

c) $= \int \left(x \frac{dx}{\cos^2 x} + \operatorname{tg} x\,dx\right) = \int (x\,d \operatorname{tg} x + \operatorname{tg} x\,dx)$

$$= \int d(x \operatorname{tg} x) = x \operatorname{tg} x$$

102. a) $= \frac{x^2}{2} \arcsin x - \frac{1}{2}\int \frac{x^2\,dx}{\sqrt{1 - x^2}}.$

Da

$$\int \frac{x^2\,dx}{\sqrt{1 - x^2}} = -x\sqrt{1 - x^2} + \int \sqrt{1 - x^2}\,dx$$

$$= -x\sqrt{1 - x^2} + \int \frac{dx}{\sqrt{1 - x^2}} - \int \frac{x^2\,dx}{\sqrt{1 - x^2}},$$

so wird hieraus

$$\int \frac{x^2\,dx}{\sqrt{1 - x^2}} = \frac{1}{2}(\arcsin x - x\sqrt{1 - x^2}),$$

also

$$\int 102\,\mathrm{a)} = \frac{1}{2}\left[\left(x^2 - \frac{1}{2}\right) \arcsin x + \frac{x}{2}\sqrt{1 - x^2}\right]$$

$$= \frac{1}{4}\left[(2x^2 - 1) \arcsin x + x\sqrt{1 - x^2}\right].$$

b) $= \frac{x^2}{2} \operatorname{arc\,tg} x - \frac{1}{2}\int \frac{x^2\,dx}{1 + x^2}$

$$= \frac{1}{2}\left(x^2 \operatorname{arc\,tg} x - \int \frac{1 + x^2 - 1}{1 + x^2}\,dx\right)$$

$$= \frac{1}{2}(x^2 \operatorname{arc\,tg} x - x + \operatorname{arc\,tg} x)$$

$$= \frac{1}{2}[(1 + x^2) \operatorname{arc\,tg} x - x]$$

 c) $= -\frac{\operatorname{arc\,tg} x}{x} + \int \frac{dx}{x(1+x^2)} = -\frac{\operatorname{arc\,tg} x}{x}$

$+ \ln \frac{x}{\sqrt{1+x^2}}$ (Fundamentalintegral 44).

103. a) $= (x \arcsin x + \sqrt{1-x^2}) \ln x$ (Fundamentalintegral 33)

$$-\int (x \arcsin x + \sqrt{1-x^2}) \frac{dx}{x}$$

$$= (x \arcsin x + \sqrt{1-x^2})(\ln x - 1)$$

$-\int \frac{\sqrt{1-x^2}}{x} dx.$ Substitution $x = \sin\beta$,

$$\int \frac{\sqrt{1-x^2}}{x} dx = \int \frac{\cos^2\beta}{\sin\beta} d\beta$$

$$= \int \frac{d\beta}{\sin\beta} - \int \sin\beta \, d\beta = \ln \frac{1-\sqrt{1-x^2}}{x} + \sqrt{1-x^2},$$

somit wird

$$\int 103\text{a}) = x(\ln x - 1) \arcsin x + (\sqrt{1-x^2} - 1) \ln x$$

$$- \ln(1 - \sqrt{1-x^2}) - 2\sqrt{1-x^2}.$$

b) $\int 103\text{b})$ wird durch die Substitution $\arcsin x = u$, woraus $\frac{dx}{\sqrt{1-x^2}} = du$ wird, zu

$$\int \frac{du}{u} = \ln u = \ln \arcsin x.$$

104. a) $\int 104\text{a})$ wird durch die Substitution $e^x = u$, $x = \ln u$, $dx = \frac{du}{u}$ zu

$$\int \frac{du}{u\left(u + \frac{1}{u}\right)} = \int \frac{du}{1+u^2} = \operatorname{arc\,tg} u = \operatorname{arc\,tg} e^x.$$

b) $\int 104\text{b})$ wird durch die Substitution $\ln x = u$, wonach $\frac{dx}{x} = du$ ist, zu

$$\int \frac{du}{a+bu} = \frac{1}{b} \ln(a+bu) = \frac{1}{b} \ln(a + b \ln x).$$

104–106 c) $\int 104\,c) = 2\sqrt{1+x}\ln x - 2\int\sqrt{1+x}\cdot\frac{dx}{x}$

oder wenn $\sqrt{1+x} = u$ gesetzt wird:

$$-2\int\sqrt{1+x}\,\frac{dx}{x} = 4\int\frac{u^2\,du}{1-u^2} = -4\int\frac{1-u^2-1}{1-u^2}\,du$$

$$= -4u + 2\ln\frac{1+u}{1-u} \text{ (Fundamentalintegral 10a)}$$

$$= 2\ln\frac{1+\sqrt{1+x}}{1-\sqrt{1+x}} - 4\sqrt{1+x}.$$

also wird

$$\int 104\,c) = 2\left(\sqrt{1+x}\ln x + \ln\frac{1+\sqrt{1+x}}{1-\sqrt{1+x}} - 2\sqrt{1+x}\right).$$

105. a) $= \frac{x^n}{k}e^{kx} - \frac{n}{k}\int e^{kx}x^{n-1}\,dx$, z. B. für $n = 2$,

$$\int x^2 e^{kx}\,dx = \frac{x^2}{k}e^{kx} - \frac{2}{k}\int e^{kx}x\,dx = \frac{x^2}{k}e^{kx}$$

$$-\frac{2}{k^2}x\,e^{kx} + \frac{2}{k^2}\int e^{kx}\,dx = \frac{1}{k}\left(x^2 - \frac{2}{k}x + \frac{2}{k^2}\right)e^{kx}.$$

b) $= x^n\sin x - n\int x^{n-1}\sin x\,dx$, z. B. für $n = 2$:

$$\int x^2\cos x\,dx = x^2\sin x - 2\int x\sin x\,dx$$

$$= x^2\sin x - 2\left[-x\cos x + \int\cos x\,dx\right] = x^2\sin x$$

$$+ 2x\cos x - 2\sin x = (x^2-2)\sin x + 2x\cos x.$$

---

106. a) $= -\frac{1}{a}\int\frac{du}{u} = -\frac{1}{a}\ln\frac{a+bx}{x}.$

b) $= -\frac{1}{a^2}\int\frac{(u-b)\,du}{u} = \frac{1}{a^2}(b\ln u - u)$

$$= \frac{1}{a^2}\left(b\ln\frac{a+bx}{x} - \frac{a+bx}{x}\right).$$

c) $= -\frac{1}{a^3}\int\frac{(u-b)^2}{u^2}\,du$

$$= \frac{1}{a^3}\int\left(\frac{2b}{u} - \frac{b^2}{u^2} - 1\right)du = \frac{1}{a^3}\left(2b\ln\frac{a+bx}{x}\right.$$

$$\left. + \frac{bx}{a+bx} - \frac{a+bx}{x}\right) = \frac{2b}{a^3}\ln\frac{a+bx}{x} - \frac{a+2bx}{a^2x(a+bx)}.$$

107. $= \frac{1}{2a}\left(\frac{x}{a+x^2} + \int\frac{dx}{a+x^2}\right)$

$$= \frac{1}{2a}\left(\frac{x}{a+x^2} + \frac{1}{\sqrt{a}}\operatorname{arc\,tg}\frac{x}{\sqrt{a}}\right).$$

Durch die Substitution $x = \sqrt{a}\,\mathrm{tg}\,\alpha$ wird das Integral zu (Fundamentalintegral 10)

$$\sqrt{a}\int\frac{d\alpha}{(a + a\,\mathrm{tg}^2\alpha)^2\cos^2\alpha} = \frac{1}{a\sqrt{a}}\int\cos^2\alpha\,d\alpha$$

$$= \frac{1}{2a\sqrt{a}}(\alpha + \sin\alpha\cos\alpha) \text{ (Fundamentalintegral 21)}$$

$$= \frac{1}{2a\sqrt{a}}\left(\operatorname{arc\,tg}\frac{x}{\sqrt{a}} + \frac{x\sqrt{a}}{a+x^2}\right)$$

$$= \frac{1}{2a}\left(\frac{1}{\sqrt{a}}\operatorname{arc\,tg}\frac{x}{\sqrt{a}} + \frac{x}{a+x^2}\right), \text{ wie oben.}$$

108. a) Durch Zerlegung in Partialbrüche:

$$\frac{1}{x^2(1+x)} = \frac{A}{1+x} + \frac{B+Cx}{x^2};\quad A = B = 1,\ C = -1,$$

$$\int 108\,\mathrm{a} = \int\frac{dx}{1+x} + \int\frac{dx}{x^2} - \int\frac{dx}{x} = -\frac{1}{x} + \ln\frac{1+x}{x}.$$

Durch die Substitution $x = \sin\alpha$,

$$\int\frac{\cos\alpha\,d\alpha}{\sin^2\alpha(1+\sin\alpha)} = \int\frac{1-\sin\alpha}{\sin^2\alpha\cos\alpha}\,d\alpha$$

$$= \int\frac{\sin^2\alpha + \cos^2\alpha}{\sin^2\alpha\cos\alpha}\,d\alpha - \int\frac{d\alpha}{\sin\alpha\cos\alpha}$$

$$= -\frac{1}{\sin\alpha} + \ln\frac{1+\sin\alpha}{\sin\alpha} = -\frac{1}{x} + \ln\frac{1+x}{x}.$$

b) $= -\int\frac{1-x^2-1}{1-x^2}\,dx = -x + \frac{1}{2}\ln\frac{1+x}{1-x}.$

108–109 c) $\frac{x(x-1)}{x^3+x^2+x+1} = \frac{x^2-x}{(1+x^2)(1+x)}$

$= \frac{A}{1+x} + \frac{Bx+C}{1+x^2}; \; A = 1, \; B = 0, \; C = -1,$

$\int 108\,c) = \ln(1+x) - \operatorname{arc\,tg} x.$

d) $\frac{x^3+1}{x(x^3-1)} = \frac{2x^3-(x^3-1)}{x(x^3-1)}$

$\int 108\,d) = \frac{2}{3}\int \frac{3x^2\,dx}{x^3-1} - \int \frac{dx}{x} = \ln \frac{(x^3-1)^{2/3}}{x}.$

109. a) $x^3 + 3x^2 - x - 3 = x^2(x+3) - (x+3)$

$= (x+3)(x^2-1) = (x+3)(x+1)(x-1).$

Hiernach wird

$\frac{x^2+1}{x^3+3x^2-x-3} = \frac{A}{x+3} + \frac{B}{x+1} + \frac{C}{x-1},$

$A = \frac{5}{4}, \quad B = -\frac{1}{2}, \quad C = \frac{1}{4},$

$\int 109\,a) = \frac{1}{4}\ln \frac{(x+3)^5(x-1)}{(x+1)^2}.$

b) Da eine Wurzel der Gleichung $x^3 - 5x^2 + 8x - 6$ sich leicht als $x_1 = 3$ ergibt, so wird

$x^3 - 5x^2 + 8x - 6 = (x-3)(x^2-2x+2),$

also

$\int 109\,b) = \int \frac{A}{x-3}\,dx + \int \frac{Bx+C}{x^2-2x+2},$

wobei sich $A = \frac{1}{5}$, $B = C = -\frac{1}{5}$ findet, somit wird

$$\int 109\,b) = \frac{1}{5}\left[\ln(x-3) - \frac{1}{2}\int \frac{2x-2}{x^2-2x+2}\,dx - 2\int \frac{dx}{(x-1)^2+1}\right]$$

$$= \frac{1}{5}\left[\ln \frac{x-3}{\sqrt{x^2-2x+2}} - 2 \operatorname{arc\,tg}(x-1)\right].$$

c) Da -1 eine Wurzel von $1 + x^3 = 0$ ist, so läßt sich setzen:

$$\frac{1}{1+x^3} = \frac{A}{x+1} + \frac{Bx+C}{x^2-x+1};$$

$$A = \frac{1}{3}, \quad B = -\frac{1}{3}, \quad C = \frac{2}{3}.$$

Schreibt man hierbei noch

$$-\frac{x-2}{x^2-x+1} = -\frac{1}{2}\cdot\frac{2x-1-3}{x^2-x+1},$$

so wird schließlich

$$\int\frac{dx}{1+x^3} = \frac{1}{3}\left[\ln\frac{x+1}{\sqrt{x^2-x+1}} + \sqrt{3}\,\mathrm{arc\,tg}\,\frac{2x-1}{\sqrt{3}}\right].$$

110. a) $= \frac{1}{3}\int\frac{3x^2}{1+x^3}\,dx + \int\frac{1+x}{1+x^3}\,dx = \frac{1}{3}\ln(1+x^3) +$

$$+\int\frac{dx}{x^2-x+1} = \frac{1}{3}\ln(1+x^3) + \int\frac{dx}{\frac{3}{4}+\left(x-\frac{1}{2}\right)^2}$$

$$= \frac{1}{3}\ln(1+x^3) + \frac{2}{\sqrt{3}}\,\mathrm{arc\,tg}\,\frac{2x-1}{\sqrt{3}}.$$

b) $\frac{x}{x^3+1} = \frac{A}{x+1} + \frac{Bx+C}{x^2-x+1}$; $A = -\frac{1}{3}$; $B, C = \frac{1}{3}$

$$\int 110\,\mathrm{b)} = \frac{1}{3}\left[-\int\frac{dx}{x+1} + \int\frac{x+1}{x^2-x+1}\,dx\right]$$

$$= \frac{1}{3}\left[\ln\frac{1}{x+1} + \frac{1}{2}\int\frac{2x-1+3}{x^2-x+1}\,dx\right]$$

$$= \frac{1}{3}\ln\frac{\sqrt{x^2-x+1}}{x+1} + \frac{1}{\sqrt{3}}\,\mathrm{arc\,tg}\,\frac{2x-1}{\sqrt{3}}.$$

111. a) Substituiere $x = \mathrm{tg}\,\frac{\alpha}{2}$,

$$\int 111\,\mathrm{a)} = \frac{1}{2}\int\frac{d\alpha}{\cos^2\frac{\alpha}{2}\left(1+\mathrm{tg}^4\frac{\alpha}{2}\right)}$$

$$= \frac{1}{2}\int\frac{\cos^2\frac{\alpha}{2}\,d\alpha}{\cos^4\frac{\alpha}{2}+\sin^4\frac{\alpha}{2}} = \int\frac{(1+\cos\alpha)\,d\alpha}{(1+\cos\alpha)^2+(1-\cos\alpha)^2}$$

111 $= \frac{1}{2}\int \frac{1+\cos\alpha}{1+\cos^2\alpha}\,d\alpha = \frac{1}{2}\int \frac{d\alpha}{1+\frac{1+\cos 2\alpha}{2}}$

$+ \frac{1}{2}\int \frac{\cos\alpha\,d\alpha}{2-\sin^2\alpha}.$

Das erste Integral läßt sich schreiben:

$\frac{1}{2}\int \frac{2\,d\alpha}{3+\cos 2\alpha},$

und wird nach Fundamentalintegral 27:

$(a = 3,\ b = 1)$ zu $\frac{1}{2\sqrt{2}}\operatorname{arc\,tg}\left(\frac{\operatorname{tg}\alpha}{\sqrt{2}}\right).$

Das zweite wird, da $\cos\alpha\,d\alpha = d\sin\alpha$ ist, nach Fundamentalintegral 10a) zu

$\frac{1}{4\sqrt{2}}\ln\frac{\sqrt{2}+\sin\alpha}{\sqrt{2}-\sin\alpha}.$

Aus $x = \operatorname{tg}\frac{\alpha}{2} = \sqrt{\frac{1-\cos\alpha}{1+\cos\alpha}}$ folgt nun

$\cos\alpha = \frac{1-x^2}{1+x^2},\ \sin\alpha = \frac{2x}{1+x^2}$, also $\operatorname{tg}\alpha = \frac{2x}{1-x^2}$,

somit wird

$$\int 111\,\text{a)} = \frac{1}{2\sqrt{2}}\operatorname{arc\,tg}\frac{x\sqrt{2}}{1-x^2}$$

$$+ \frac{1}{4\sqrt{2}}\ln\frac{(1+x^2)\sqrt{2}+2x}{(1+x^2)\sqrt{2}-2x}$$

$$= \frac{1}{4\sqrt{2}}\left(2\operatorname{arc\,tg}\frac{x\sqrt{2}}{1-x^2} + \ln\frac{1+x^2+x\sqrt{2}}{1+x^2-x\sqrt{2}}\right).$$

b) Wird durch die Substitution $x = \operatorname{tg}\frac{\alpha}{2}$ zu

$$\int\frac{d\alpha}{1+\cos^2\alpha} = \int\frac{2\,d\alpha}{3+\cos 2\alpha} = \frac{1}{\sqrt{2}}\operatorname{arc\,tg}\frac{\operatorname{tg}\alpha}{\sqrt{2}}$$

(nach Fundamentalintegral 27). Aus $x = \operatorname{tg}\frac{\alpha}{2}$ folgt

$\operatorname{tg}\alpha = \frac{2x}{1-x^2}$, somit wird

$$\int 111\,\text{b)} = \frac{1}{\sqrt{2}}\operatorname{arc\,tg}\frac{x\sqrt{2}}{1-x^2}.$$

c) $\frac{x^4+1}{x^2+1}$ läßt sich schreiben:

$$\frac{x^4-1+2}{x^2+1}=x^2-1+\frac{2}{x^2+1},$$

dadurch wird

$$\int 111\,\mathrm{c}) = \int (x^2-1)\,dx + 2\int\frac{dx}{x^2+1}$$

$$=\frac{x(x^2-3)}{3}+2\,\mathrm{arc\,tg}\,x.$$

d) Setzt man

$$\frac{1+x+x^3}{1-x^4}=\frac{Ax+B}{1+x^2}+\frac{Cx+D}{1-x^2},$$

so findet sich aus dieser Gleichung

$$A=0,\quad B=\frac{1}{2},\quad C=1,\quad D=\frac{1}{2},$$

also wird

$$\int 111\,\mathrm{d}) = \frac{1}{2}\int\frac{dx}{1+x^2}+\int\frac{x\,dx}{1-x^2}+\frac{1}{2}\int\frac{dx}{1-x^2}$$

$$=\frac{1}{2}\,\mathrm{arc\,tg}\,x-\frac{1}{2}\ln(1-x^2)+\frac{1}{4}\ln\frac{1+x}{1-x}$$

$$=\frac{1}{2}\,\mathrm{arc\,tg}\,x-\frac{1}{4}\ln(1+x)(1-x)^3.$$

112. a) $$=-\frac{1}{a}\int\frac{1-ax^2-1}{1-ax^2}\,dx=-\frac{1}{a}\int dx+\frac{1}{a}\int\frac{dx}{1-ax^2}$$

$$=\frac{1}{a\sqrt{a}}\int\frac{\sqrt{a}\,dx}{1-(x\sqrt{a})^2}-\frac{x}{a}=\frac{1}{2a\sqrt{a}}\ln\frac{1+x\sqrt{a}}{1-x\sqrt{a}}-\frac{x}{a}.$$

b) Substituiere $ax=\sin\alpha$, $\int 112\,\mathrm{b}) = \frac{1}{a}\int\frac{d\alpha}{\cos^3\alpha}$

$$=\frac{1}{2a}\left(\frac{ax}{1-a^2x^2}+\frac{1}{2}\ln\frac{1+ax}{1-ax}\right)$$ (nach Fundamentalintegral 25).

c) $$\frac{x^2+a^2}{x^3+a^3}=\frac{x^2+a^2}{(x+a)(x^2-ax+a^2)}=\frac{A}{x+a}$$

$$+\frac{Bx+C}{x^2-ax+a^2},\quad A=\frac{2}{3},\quad B=\frac{1}{3},\quad C=\frac{a}{3},$$

112–113 und da $\dfrac{x+a}{x^2-ax+a^2} = \dfrac{1}{2}\cdot\dfrac{2x-a+3a}{x^2-ax+a^2}$,

so wird

$$\int 112\,c) = \frac{1}{3}\ln(x+a)\sqrt{(x+a)(x^3+a^3)}$$

$$+\frac{1}{\sqrt{3}}\operatorname{arc\,tg}\frac{2x-a}{a\sqrt{3}}.$$

d) $$= \int\frac{dx}{x^2+ax+a^2} = \int\frac{dx}{\left(x+\frac{a}{2}\right)^2+\frac{3}{4}a^2}$$

$$= \frac{2}{a\sqrt{3}}\operatorname{arc\,tg}\frac{2x+a}{a\sqrt{3}}.$$

e) $\dfrac{x-a}{x^4-a^4} = \dfrac{1}{(x+a)(x^2+a^2)}$. Substitution $x = a\,\operatorname{tg}\alpha$,

dann wird nach Fundamentalintegral (32)

$$\int 112\,e) = \frac{1}{2a^2}\left[\ln\frac{a+x}{\sqrt{a^2+x^2}}+\operatorname{arc\,tg}\frac{x}{a}\right].$$

113. $$\frac{1}{x^3+a^3} = \frac{1}{(x+a)(x^2-ax+a^2)} = \frac{A}{x+a}$$

$$+\frac{Bx+C}{x^2-ax+a^2},\quad A=\frac{1}{3a^2},\quad B=-\frac{1}{3a^2},\quad C=\frac{2}{3a}.$$

$$\int 113 = \frac{1}{3a^2}\ln(x+a)-\frac{1}{3a^2}\int\frac{x-\frac{a}{2}-\frac{3}{2}a}{\left(x-\frac{a}{2}\right)^2+\frac{3}{4}a^2}\,dx$$

$$= \frac{1}{3a^2}\ln(x+a)-\frac{1}{6a^2}\int\frac{2\left(x-\frac{a}{2}\right)dx}{\left(x-\frac{a}{2}\right)^2+\frac{3}{4}a^2}$$

$$+\frac{1}{2a}\int\frac{dx}{\left(x-\frac{a}{2}\right)^2+\frac{3}{4}a^2}$$

$$= \frac{1}{3a^2}\left(\ln\frac{x+a}{\sqrt{x^2-ax+a^2}}+\sqrt{3}\operatorname{arc\,tg}\frac{2x-a}{a\sqrt{3}}\right).$$

114–115

114. a) Die Substitution $a + x^2 = u$ ergibt

$$x\,dx = \frac{1}{2}\,du\,,$$

$$\int 114\,a) = \frac{1}{2}\int \frac{d\,u}{u^2} = -\frac{1}{2u} = -\frac{1}{2(a+x^2)}.$$

b) Die Substitution $\frac{x}{a+x^2} = u$ ergibt

$$\frac{d\,x}{a+x^2} - \frac{2x^2\,dx}{(a+x^2)^2} = d\,u, \text{ und hieraus ist } \int \frac{x^2\,dx}{(a+x^2)^2},$$

d. i. $\int 114\,b) = \frac{1}{2}\int \frac{d\,x}{a+x^2} - \frac{1}{2}\int d\,u$

$$= \frac{1}{2\sqrt{a}} \text{ arc tg } \frac{x}{\sqrt{a}} - \frac{x}{2(a+x^2)}.$$

115. a) $= \int \frac{d\,x}{a - b^2 + (x+b)^2} = \frac{1}{\sqrt{a-b^2}} \text{ arc tg } \frac{x+b}{\sqrt{a-b^2}}$

(nach Fundamentalintegral 10).

b) $= \int \frac{(x+b-b)\,dx}{a-b^2+(x+b)^2} = \int \frac{(x+b)\,d\,x}{a-b^2+(x+b)^2}$

$$- b\int \frac{d\,x}{a-b^2+(x+b)^2} = \frac{1}{2}\ln\left[a-b^2+(x+b)^2\right]$$

$$- \frac{b}{\sqrt{a-b^2}} \text{ arc tg } \frac{x+b}{\sqrt{a-b^2}} = \ln\sqrt{a+2b\,x+x^2}$$

$$- \frac{b}{\sqrt{a-b^2}} \text{ arc tg } \frac{x+b}{\sqrt{a-b^2}}.$$

c) $= \int \frac{a+x^2-a}{a+x^2}\,d\,x = \int d\,x - a\int \frac{d\,x}{a+x^2}$

$$= x - \sqrt{a} \text{ arc tg } \frac{x}{\sqrt{a}}.$$

d) $= \int \frac{a+x^2+b\,x-a}{a+x^2}\,d\,x = x + b\int \frac{x\,dx}{a+x^2} - a\int \frac{d\,x}{a+x^2}$

$$= x + b\ln\sqrt{a+x^2} - \sqrt{a} \text{ arc tg } \frac{x}{\sqrt{a}}.$$

e) $= \int \frac{x(a+x-a)}{a+x}\,d\,x = \int x\,d\,x - a\int \frac{x\,d\,x}{a+x}$

$$= \frac{x^2}{2} - a\int \frac{a+x-a}{a+x}\,d\,x = \frac{x^2}{2} - a\,x + a^2\ln(a+x).$$

115–117 f) wird durch die Substitution $a + x = u$ zu

$$\int \frac{u^2 - 2au + a^2}{u^2} du = u - 2a \ln u - \frac{a^2}{u}$$

$$= \frac{x(2a + x)}{a + x} - 2a \ln(a + x).$$

116. a) $$\int \frac{dx}{x^m(a + bx^n)} = \frac{1}{a} \int \frac{a + bx^n - bx^n}{x^m(a + bx^n)} dx$$

$$= \frac{1}{a} \int \frac{dx}{x^m} - \frac{b}{a} \int \frac{x^{n-m}}{a + bx^n} dx.$$

b) $$= \int \frac{dx}{x^2} - \int \frac{dx}{x(1+x)} = -\frac{1}{x} - \int \frac{dx}{x} + \int \frac{dx}{1+x}$$

$$= -\frac{1}{x} + \ln \frac{1+x}{x}.$$

c) $$= \int \frac{dx}{x^3} - \int \frac{dx}{x(1+x^2)} = -\frac{1}{2x^2} - \int \frac{dx}{x} + \int \frac{x\,dx}{1+x^2}$$

$$= -\frac{1}{2x^2} + \ln \frac{\sqrt{1+x^2}}{x}.$$

d) $$= \int \frac{dx}{x^4} - \int \frac{dx}{x(1+x^3)} = -\frac{1}{3x^3} - \int \frac{dx}{x} + \int \frac{x^2\,dx}{1+x^3}$$

$$= -\frac{1}{3x^3} + \ln \frac{\sqrt[3]{1+x^3}}{x}.$$

117. a) Substituiere $x = \sin\alpha$, $\int 117\text{a}) = \int \sin^2\alpha\, d\alpha$

$= \frac{1}{2}(\alpha - \sin\alpha\cos\alpha)$ (Fundamentalintegral 20),

$$= \frac{1}{2}\left(\arcsin x - x\sqrt{1 - x^2}\right).$$

b) Substituiere $x = \operatorname{tg}\alpha$, $\int = \int \frac{\operatorname{tg}^2\alpha}{\cos\alpha} d\alpha = \int \frac{\sin^2\alpha\, d\alpha}{\cos^3\alpha}$

$$= \int \frac{d\alpha}{\cos^3\alpha} - \int \frac{d\alpha}{\cos\alpha} = \frac{1}{2}\left(\frac{\sin\alpha}{\cos^2\alpha} + \ln \frac{\cos\alpha}{1 - \sin\alpha}\right)$$

$- \ln \frac{\cos\alpha}{1 - \sin\alpha}$ (Fundamentalintegral 25 und 12)

$$= \frac{1}{2}\left[x\sqrt{1 + x^2} + \ln\left(\sqrt{1 + x^2} - x\right)\right].$$

117–118 c) Substituiere $b x^2 = a \operatorname{tg}^2 \alpha$, d. h.

$$x = \sqrt{\frac{a}{b}} \operatorname{tg} \alpha \text{ ergibt}$$

$$\int 117\text{c}) = \frac{a}{\sqrt{b}} \int \frac{d\alpha}{\cos^3 \alpha} = \frac{a}{2\sqrt{b}} \left[x \sqrt{\frac{b}{a}} \sqrt{1 + \frac{b}{a} x^2} \right.$$

$$\left. - \ln\left(\sqrt{1 + \frac{b}{a} x^2} - x \sqrt{\frac{b}{a}} \right) \right] = \frac{1}{2} \left[x \sqrt{a + b x^2} \right.$$

$$\left. - \frac{a}{\sqrt{b}} \ln \frac{1}{\left(\sqrt{1 + \frac{b}{a} x^2} + x \sqrt{\frac{b}{a}} \right)} \right]$$

$$= \frac{1}{2} \left[x \sqrt{a + b x^2} + \frac{a}{\sqrt{b}} \ln\left(\sqrt{a + b x^2} + x \sqrt{b} \right) \right],$$

wobei der sich noch ergebende konstante Summend $-\frac{a}{\sqrt{b}} \ln a$ weggelassen (weil in der allgemeinen Integrationskonstanten mit inbegriffen gedacht) werden kann.

d) Substituiere $b x^2 = a \sin^2 \alpha$, d. h. $x = \sqrt{\frac{a}{b}} \sin \alpha$, ergibt als

$$\int 117\text{d}) = \frac{a}{\sqrt{b}} \int \cos^2 \alpha \, d\alpha = \frac{a}{2\sqrt{b}} (\alpha + \sin \alpha \cos \alpha)$$

(nach Fundamentalintegral 21)

$$= \frac{a}{2\sqrt{b}} \left[\arcsin x \sqrt{\frac{b}{a}} + x \sqrt{\frac{b}{a}} \sqrt{1 - \frac{b}{a} x^2} \right]$$

$$= \frac{1}{2} \left[\frac{a}{\sqrt{b}} \arcsin x \sqrt{\frac{b}{a}} + x \sqrt{a - b x^2} \right].$$

118. a) $= -\int \frac{1 - \sqrt{1 + x^2}}{x^2} dx = \frac{1}{x} + \int \frac{\sqrt{1 + x^2}}{x^2} dx.$

Durch die Substitution

$$\frac{x}{\sqrt{1 + x^2}} = u$$

wird hier also

$$x = \frac{u}{\sqrt{1 - u^2}}$$

118 und $$dx = \frac{du}{(1-u^2)^{3/2}},$$

das Integral somit zu

$$\int \frac{du}{u^2(1-u^2)} = \int \left(\frac{1}{u^2} + \frac{1}{1-u^2}\right) du$$

$$= -\frac{1}{u} + \frac{1}{2} \ln \frac{1+u}{1-u},$$

also wird

$$\int 118\text{a}) = \frac{1-\sqrt{1+x^2}}{x} + \frac{1}{2} \ln \frac{\sqrt{1+x^2}+x}{\sqrt{1+x^2}-x}$$

$$= \frac{1-\sqrt{1+x^2}}{x} + \ln\left(\sqrt{1+x^2}+x\right)$$

(wenn nämlich der Bruch $\frac{\sqrt{1+x^2}+x}{\sqrt{1+x^2}-x}$ durch $\sqrt{1+x^2}+x$ erweitert wird). Die Substitution $x = \operatorname{tg} \alpha$ hätte bei diesem Integral auf

$$\int \frac{d\alpha}{\cos\alpha\,(1+\cos\alpha)}$$

geführt, was nach Aufg. 89a)

$$= -\frac{1-\cos\alpha}{\sin\alpha} + \ln \frac{\cos\alpha}{1-\sin\alpha} = \frac{1}{x} - \frac{\sqrt{1+x^2}}{x}$$

$$- \ln\left(\sqrt{1+x^2}-x\right) = \frac{1-\sqrt{1+x^2}}{x} + \ln\left(\sqrt{1+x^2}+x\right),$$

wie oben.

b) $$= -\int \frac{1-\sqrt{1+x^2}}{x}\,dx = \int \frac{dx}{x\sqrt{1+x^2}}$$

$$+ \int \frac{x\,dx}{\sqrt{1+x^2}} - \int \frac{dx}{x}.$$

Hier wird das erste Integral durch die Substitution $x = \frac{1}{v}$ zu

$$-\int \frac{dv}{v\sqrt{1+\frac{1}{v^2}}} = -\int \frac{dv}{\sqrt{1+v^2}} = -\ln\left(v+\sqrt{1+v^2}\right)$$

$$= -\ln \frac{1+\sqrt{1+x^2}}{x} \text{ (Fundamentalintegral 13).}$$

118–119 Es wird also

$$\int 118\text{b}) = \ln x - \ln(1 + \sqrt{1 + x^2})$$

$$+ \sqrt{1 + x^2} - \ln x = \sqrt{1 + x^2} - \ln(1 + \sqrt{1 + x^2}).$$

(Dasselbe Resultat hätte hier die Substitution $x = \operatorname{tg} \alpha$ ergeben.)

c) $$= -\int \frac{x(1 - \sqrt{1 + x})}{x} dx = \int \sqrt{1 + x}\, dx - x.$$

Setzt man hier

$$\sqrt{1 + x} = u,$$

so wird

$$x = u^2 - 1, \quad dx = 2u\, du,$$

also

$$\int \sqrt{1 + x}\, dx = 2\int u^2 du = \frac{2}{3} u^3 = \frac{2}{3}(1 + x)^{3/2},$$

$$\int 118\text{c}) = \frac{2}{3}(1 + x)^{3/2} - x.$$

d) Wird durch die Substitution $x = \sin \alpha$ zu

$$\int \frac{\cos\alpha\, d\alpha}{1 + \cos\alpha} = \int \frac{1 + \cos\alpha - 1}{1 + \cos\alpha} d\alpha = \alpha - \int \frac{1 - \cos\alpha}{\sin^2\alpha} d\alpha$$

$$= \alpha + \operatorname{cotg}\alpha - \frac{1}{\sin\alpha} = \alpha + \frac{\cos\alpha - 1}{\sin\alpha}$$

$$= \arcsin x + \frac{\sqrt{1 - x^2} - 1}{x}.$$

e) Substituiere $x = \sin\alpha$,

$$\int 118\text{e}) = \int \frac{1 - x}{\sqrt{1 - x^2}} dx = \int (1 - \sin\alpha)\, d\alpha$$

$$= \alpha + \cos\alpha = \arcsin x + \sqrt{1 - x^2}.$$

119. a) $$= -\int \frac{v\, dv}{\sqrt{a v^2 + 1}} = -\frac{1}{a}\int \frac{a v\, dv}{\sqrt{a v^2 + 1}} = -\frac{1}{a}\sqrt{a v^2 + 1}$$

$$= -\frac{1}{a}\sqrt{\frac{a}{x^2} + 1} = -\frac{\sqrt{a + x^2}}{a x}.$$

b) $$= -\int \frac{v\, dv}{\sqrt{v^2 + 1}} = -\sqrt{v^2 + 1} = -\frac{\sqrt{1 + (x + 1)^2}}{x + 1}.$$

120–121 120. a) Hier ergibt die Substitution $x = \operatorname{tg}\alpha$:

$$\int \frac{d\alpha}{\cos\alpha\,(1-\operatorname{tg}^2\alpha)} = \int \frac{\cos\alpha\,d\alpha}{\cos^2\alpha - \sin^2\alpha} = \frac{1}{\sqrt{2}}\int \frac{\sqrt{2}\,d\sin\alpha}{1-2\sin^2\alpha},$$

also nach Fundamentalintegral 10a):

$$\frac{1}{2\sqrt{2}}\ln\frac{1+\sqrt{2}\sin\alpha}{1-\sqrt{2}\sin\alpha} = \frac{1}{2\sqrt{2}}\ln\frac{\sqrt{1+x^2}+x\sqrt{2}}{\sqrt{1+x^2}-x\sqrt{2}}.$$

b) $x = \operatorname{tg}\alpha$, $\int 120\,\text{b)} = \int \frac{d\alpha}{\sqrt{1-\operatorname{tg}^2\alpha}} = \int \frac{\cos\alpha\,d\alpha}{\sqrt{\cos^2\alpha - \sin^2\alpha}}$

$$= \int \frac{d\sin\alpha}{\sqrt{1-2\sin^2\alpha}} = \frac{1}{\sqrt{2}}\arcsin(\sqrt{2}\sin\alpha)$$

$$= \frac{1}{\sqrt{2}}\arcsin\sqrt{2}\,\frac{x}{\sqrt{1+x^2}}$$ (Fundamentalintegral 9a).

c) $= \int \frac{d\sin\alpha}{\sqrt{2\sin^2\alpha - 1}} = \frac{1}{\sqrt{2}}\ln\left(\sqrt{2}\sin\alpha + \sqrt{2\sin^2\alpha - 1}\right)$

$$= \frac{1}{\sqrt{2}}\ln\frac{x\sqrt{2}+\sqrt{x^2-1}}{\sqrt{1+x^2}}$$ (Fundamentalintegral 13).

d) $= -\int \frac{dx}{(x^2-1)^{3/2}} = \frac{1}{2}\int \frac{du}{\sqrt{1+u}} = \sqrt{1+u}$

$$= \sqrt{1+\frac{1}{x^2-1}} = \frac{x}{\sqrt{x^2-1}}.$$

121. a) $= 2\int \frac{u^2\,du}{1-u^2} = -2\int \frac{1-u^2-1}{1-u^2}\,du$

$$= -2u + \ln\frac{1+u}{1-u} = \ln\frac{1+\sqrt{x}}{1-\sqrt{x}} - 2\sqrt{x}.$$

b) $= -2\int \frac{\cos^2\alpha\,d\alpha}{\sin^3\alpha} = 2\int \frac{d\alpha}{\sin\alpha} - 2\int \frac{d\alpha}{\sin^3\alpha}$

$= 2\ln\frac{\sin\alpha}{1+\cos\alpha} - \ln\frac{\sin\alpha}{1+\cos\alpha} + \frac{\cos\alpha}{\sin^2\alpha}$ (Fundamentalintegral 11 und 24), $= \ln\dfrac{1}{\sqrt{x}\left(1+\sqrt{1-\frac{1}{x}}\right)}$

$$+ x\sqrt{1-\frac{1}{x}} = \sqrt{x(x-1)} - \ln\left(\sqrt{x}+\sqrt{x-1}\right).$$

121—122 c) $= -2\int\frac{d\alpha}{\sin^3\alpha} = \frac{\cos\alpha}{\sin^2\alpha} + \ln\frac{1+\cos\alpha}{\sin\alpha}$

$= \sqrt{x(x+1)} + \ln\left(\sqrt{x} + \sqrt{x+1}\right)$ (nach Fundamentalintegral 24).

d) Die Substitution $x = \operatorname{tg}\alpha$ ergibt für $\int$ 121 d)

$$= \int\frac{d\alpha}{\sin^2\alpha\,(1-\cos\alpha)} = \int\frac{(1+\cos\alpha)\,d\alpha}{\sin^4\alpha} = -\frac{1}{3}\,\frac{\cos\alpha}{\sin^3\alpha}$$

$$-\frac{2}{3}\operatorname{cotg}\alpha - \frac{1}{3\sin^3\alpha} = -\frac{(1+x^2)^{3/2}+1+3x^2}{3x^3}.$$

122. a) Substituiere $x = \sin^2\alpha$, $\int 122\,\mathrm{a}) = 2\int\frac{\sin^2\alpha}{\cos\alpha}\,d\alpha$

$$= 2\int\frac{d\alpha}{\cos\alpha} - 2\int\cos\alpha\,d\alpha = 2\left(\ln\frac{\cos\alpha}{1-\sin\alpha} - \sin\alpha\right)$$

$$= 2\left(\ln\frac{\sqrt{1-x}}{1-\sqrt{x}} - \sqrt{x}\right).$$

b) Substituiere $x = \sin^2\alpha$, $\int 122\,\mathrm{b}) = 2\int\frac{\sin^2\alpha\cos^2\alpha\,d\alpha}{1-2\sin^2\alpha}$

$$= \frac{1}{4}\int\frac{\sin^2 2\alpha\cdot 2\,d\alpha}{\cos 2\alpha} = \frac{1}{4}\left[\int\frac{2\,d\alpha}{\cos 2\alpha} - \int\cos 2\alpha\cdot 2\,d\alpha\right]$$

$$= \frac{1}{4}\left(\ln\frac{1+\sin 2\alpha}{\cos 2\alpha} - \sin 2\alpha\right)$$

$$= \frac{1}{2}\left(\ln\frac{\sin\alpha+\cos\alpha}{\sqrt{\cos^2\alpha-\sin^2\alpha}} - \sin\alpha\cos\alpha\right)$$

$$= \frac{1}{2}\left(\ln\frac{\sqrt{x}+\sqrt{1-x}}{\sqrt{1-2x}} - \sqrt{x(1-x)}\right).$$

c) $x = \operatorname{tg}\alpha$, $\int 122\,\mathrm{c}) = \int\frac{\sin^2\alpha\,d\alpha}{\cos^3\alpha\,(1-\cos\alpha)} = \int\frac{(1+\cos\alpha)\,d\alpha}{\cos^3\alpha}$

$= \frac{1}{2}\left(\frac{\sin\alpha}{\cos^2\alpha} + \ln\frac{\cos\alpha}{1-\sin\alpha}\right) + \operatorname{tg}\alpha$ (Fundamentalintegral 25) $= \frac{1}{2}\left[x\sqrt{1+x^2} + 2x - \ln\left(\sqrt{1+x^2}-x\right)\right].$

123–124 123. a) $= \frac{Ax+B}{1+x^2}\sqrt{1-x^2}$

$$+\int\frac{Cx+D}{1+x^2}\,\frac{dx}{\sqrt{1-x^3}};$$

hier wird durch Differenzieren beider Seiten der Gleichung:

$$x^2+x+1 = A+D+(C-3B)x$$
$$+(D-3A)x^2+(B+C)x^3,$$

somit wird

$$A=0,\quad B=-\frac{1}{4},\quad C=\frac{1}{4},\quad D=1,$$

und endlich

$$\int 123\,\mathrm{a}) = \frac{1}{\sqrt{2}}\left[\operatorname{arc\,tg}\frac{x\sqrt{2}}{\sqrt{1-x^2}}\right.$$
$$\left.+\frac{1}{8}\ln\frac{\sqrt{2}-\sqrt{1-x^2}}{\sqrt{2}+\sqrt{1-x^2}}\right]-\frac{\sqrt{1-x^2}}{4(1+x^2)}.$$

b) $= \frac{Ax^2+Bx+C}{1+x^2}\sqrt{1-x^2}+\int\frac{Dx+E}{1+x^2}\cdot\frac{dx}{\sqrt{1-x^2}};$

$$A=0,\quad B=C=\frac{1}{4},\quad D=E=\frac{3}{4},$$

$$\int 123\,\mathrm{b}) = \frac{(x+1)\sqrt{1-x^2}}{4(1+x^2)}+\frac{3}{4}\int\frac{x+1}{1+x^2}\cdot\frac{dx}{\sqrt{1-x^2}}$$

($x = \sin\alpha$ substituiert), $= \frac{(x+1)\sqrt{1-x^2}}{4(1+x^2)}$

$$+\frac{3}{4\sqrt{2}}\left(\operatorname{arc\,tg}\frac{x\sqrt{2}}{\sqrt{1-x^2}}+\frac{1}{2}\ln\frac{\sqrt{2}-\sqrt{1-x^2}}{\sqrt{2}+\sqrt{1-x^2}}\right).$$

124. $= \frac{Ax+B}{1-x^2}\sqrt{1+x^2}+\int\frac{Cx+D}{1-x^2}\,\frac{dx}{\sqrt{1+x^2}}.$

Durch Differenzieren der Gleichung erhält man die Werte:

$$A=\frac{1}{4},\quad B=0,\quad C=0,\quad D=-\frac{1}{4},$$

somit wird

$$\int 124. = \frac{1}{4}\left(\frac{x\sqrt{1+x^2}}{1-x^2}-\int\frac{dx}{(1-x^2)\sqrt{1+x^2}}\right).$$

124–125 Das hier noch zu bestimmende Integral wird durch die Substitution $x = \operatorname{tg}\beta$ zu

$$\int \frac{d\sin\beta}{1-(\sqrt{2}\sin\beta)^2} = \frac{1}{2\sqrt{2}} \ln \frac{1+\sqrt{2}\sin\beta}{1-\sqrt{2}\sin\beta}$$

$$= \frac{1}{2\sqrt{2}} \ln \frac{\sqrt{1+x^2}+x\sqrt{2}}{\sqrt{1+x^2}-x\sqrt{2}} = \frac{1}{\sqrt{2}} \ln \frac{\sqrt{1+x^2}+x\sqrt{2}}{\sqrt{1-x^2}},$$

somit ist

$$\int 124) = \frac{1}{4}\left(\frac{x\sqrt{1+x^2}}{1-x^2} + \frac{1}{\sqrt{2}} \ln \frac{\sqrt{1-x^2}}{\sqrt{1+x^2}+x\sqrt{2}}\right).$$

Die angegebene Substitution dagegen führt auf:

$$\int 124) = \frac{1}{2\sqrt{2}} \int \frac{\sin^2\alpha\, d\alpha}{\cos^3\alpha}$$

$$= \frac{1}{2\sqrt{2}}\left(\int \frac{d\alpha}{\cos^3\alpha} - \int \frac{d\alpha}{\cos\alpha}\right)$$

$$= \frac{1}{4\sqrt{2}}\left(\frac{\sin\alpha}{\cos^2\alpha} + \ln \frac{1-\sin\alpha}{\cos\alpha}\right)$$

$$= \frac{1}{4\sqrt{2}}\left[\operatorname{tg}\alpha\sqrt{1+\operatorname{tg}^2\alpha} + \ln\left(\sqrt{1+\operatorname{tg}^2\alpha} - \operatorname{tg}\alpha\right)\right]$$

oder wenn der aus der Substitutionsformel folgende Wert

$$\operatorname{tg}\alpha = \frac{x\sqrt{2}}{\sqrt{1-x^2}}$$

gesetzt wird:

$$\int 124) = \frac{1}{4}\left(\frac{x\sqrt{1+x^2}}{1-x^2} + \frac{1}{\sqrt{2}} \ln \frac{\sqrt{1+x^2}-x\sqrt{2}}{\sqrt{1-x^2}}\right).$$

Daß der logarithmische Ausdruck mit dem auf anderem Wege gefundenen übereinstimmt, ergibt sich, wenn dieser Bruch durch

$$\sqrt{1+x^2}+x\sqrt{2}$$

erweitert wird.

125. Zufolge Gl. III 5c(5) hat man hier die Beziehung:

$$\sin(\alpha-\varphi) = \frac{\sin\varphi\cos\varphi}{\sqrt{1+3\cos^2\varphi}} = \frac{r}{\sqrt{\left(\frac{dr}{d\varphi}\right)^2 + r^2}},$$

125–126 woraus

$$\frac{dr}{r} = \frac{\sqrt{1 + \cos^2\varphi\,(3 - \sin^2\varphi)}}{\sin\varphi\cos\varphi}\,d\varphi$$

$$= \frac{\sqrt{1 + \cos^2\varphi\,(2 + \cos^2\varphi)}}{\sin\varphi\cos\varphi}\,d\varphi = \frac{1 + \cos^2\varphi}{\sin\varphi\cos\varphi}\,d\varphi$$

folgt. Diese Gleichung ergibt integriert:

$$\ln r = \int \frac{d\varphi}{\sin\varphi\cos\varphi} + \int \frac{\cos\varphi}{\sin\varphi}\,d\varphi + C\,(\text{Integr.-Konst.})$$

$$= \int \frac{\frac{d\varphi}{\cos^2\varphi}}{\operatorname{tg}\varphi} + \int \frac{d\sin\varphi}{\sin\varphi} + C = \ln\operatorname{tg}\varphi + \ln\sin\varphi + \ln k,$$

wenn $\ln k$ statt C geschrieben wird, also ist

$$\ln r = \ln k \operatorname{tg}\varphi \sin\varphi\,,$$

somit

$$r = \frac{k\sin^2\varphi}{\cos\varphi}.$$

Zufolge Aufgabe 81 Gl. (1) ist also, wenn dort k statt $2a$ geschrieben wird, die gesuchte Kurve die Zissoide.

126. Aus der gegebenen Gleichung folgt $\alpha - \varphi = k$, somit wird nach Gl. III 5 c (5):

$$\sin(\alpha - \varphi) = \sin k = \frac{r}{\sqrt{\left(\frac{dr}{d\varphi}\right)^2 + r^2}}$$

und hieraus folgt

$$\frac{dr}{r} = \frac{d\varphi}{\operatorname{tg} k}\,,$$

was integriert

$$\ln r = C + \frac{\varphi}{\operatorname{tg} k}$$

oder

$$r = e^{C + \frac{\varphi}{\operatorname{tg} k}} = e^C \cdot e^{\frac{\varphi}{\operatorname{tg} k}} = a \cdot e^{b\varphi}$$

(Gleichung der logarithmischen Spirale). Für $k = \frac{\pi}{2}$ wird

$$r = e^C \cdot e^{\frac{\varphi}{\infty}} = e^C \cdot e^0 = e^C\,,$$ also konstant;

126–127 die gesuchte Kurve ist in diesem Falle also der Kreis. Daß für diesen die Beziehung besteht:

$$\alpha = \varphi + \frac{\pi}{2}$$

ist auch ohne weiteres aus der beifolgenden Figur ersichtlich:

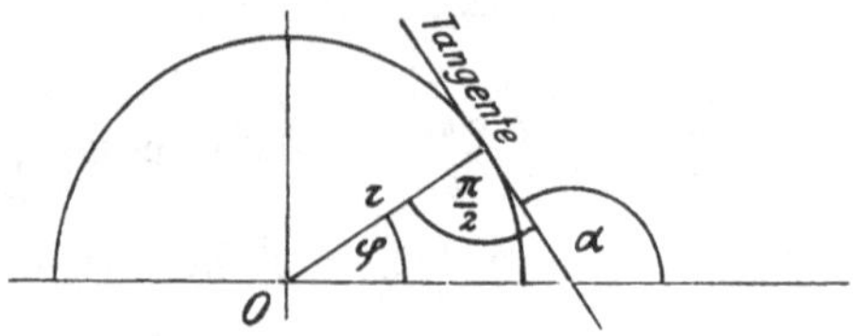

Fig. 24.

127. a) Aus $\alpha = 2\varphi$ folgt

$$\operatorname{tg} \alpha = \operatorname{tg} 2\varphi = \frac{2 \operatorname{tg} \varphi}{1 - \operatorname{tg}^2 \varphi}. \tag{1}$$

Aus $y : x = \operatorname{tg} \varphi$ folgt aber

$$dy = d(x \operatorname{tg} \varphi) = x \frac{d\varphi}{\cos^2 \varphi} + \operatorname{tg} \varphi \, dx$$

und hieraus

$$\frac{dy}{dx}, \text{ d. i. } \operatorname{tg} \alpha = \frac{x}{\cos^2 \varphi} \frac{d\varphi}{dx} + \operatorname{tg} \varphi. \tag{2}$$

Man erhält somit durch Gleichsetzung der beiden Werte von $\operatorname{tg} \alpha$ aus Gl. (1) und (2) die Differentialgleichung:

$$\frac{x}{\cos^2 \varphi} \frac{d\varphi}{dx} + \operatorname{tg} \varphi = \frac{2 \operatorname{tg} \varphi}{1 - \operatorname{tg}^2 \varphi}$$

und hieraus

$$\frac{dx}{x} = \frac{1 - \operatorname{tg}^2 \varphi}{\operatorname{tg} \varphi} d\varphi,$$

was integriert:

$$\ln x + \ln C \text{ (Integrationskonstante)}$$

$$= \int \frac{\cos \varphi}{\sin \varphi} d\varphi - \int \frac{\sin \varphi}{\cos \varphi} d\varphi = \ln \sin \varphi + \ln \cos \varphi,$$

127 d. h.

$$\ln Cx = \ln \sin \varphi \cos \varphi$$

oder

$$Cx = \sin \varphi \cos \varphi = \frac{y}{r} \cdot \frac{x}{r} = \frac{x\,y}{x^2 + y^2}$$

oder es ist

$$(x^2 + y^2)\,C = y$$

oder

$$x^2 + \left(y - \frac{1}{2\,C}\right)^2 = \frac{1}{4\,C^2}$$

oder wenn

$$\frac{1}{2\,C} = R$$

gesetzt wird

$$x^2 + (y - R)^2 = R^2$$

oder auch

$$x^2 + (R - y)^2 = R^2.$$

Dies ist die Gleichung eines auf einen Peripheriepunkt als Koordinatenanfang bezogenen Kreises. Die Richtigkeit, daß für einen solchen $\alpha = 2\,\varphi$ ist, ergibt sich auch aus einer entsprechenden Zeichnung.

b) $\alpha = \varphi$ ergibt die Gleichung

$$\operatorname{tg} \alpha \quad \text{d. i.} \quad \frac{d\,y}{d\,x} = \operatorname{tg} \varphi = \frac{y}{x},$$

woraus

$$\frac{d\,y}{y} = \frac{d\,x}{x}$$

folgt, was integriert

$$\ln y = \ln C + \ln x$$

oder

$$y = C\,x$$

ergibt. (Gleichung einer durch den Koordinatenanfang gehenden Geraden. Die Gerade ist selbst die Tangente an alle ihre Punkte, woraus die Beziehung $\alpha = \varphi$ ohne weiteres verständlich wird.)

c) $$\operatorname{tg} \alpha = \operatorname{tg} \frac{\varphi}{2} = \frac{\sin \frac{\varphi}{2}}{\cos \frac{\varphi}{2}} = \sqrt{\frac{1 - \cos \varphi}{1 + \cos \varphi}}$$

$$= \frac{\sin \varphi}{1 + \cos \varphi} = \frac{\operatorname{tg} \varphi}{\sqrt{1 + \operatorname{tg}^2 \varphi} + 1}$$

127 oder da

$$\operatorname{tg}\alpha = \frac{dy}{dx} \quad \text{und} \quad \operatorname{tg}\varphi = \frac{y}{x},$$

$$\frac{dy}{dx} = \frac{y}{x\sqrt{1+\left(\frac{y}{x}\right)^2}+1}.$$

Setzt man

$$\frac{y}{x} = u,$$

so wird

$$\frac{dy}{dx} = u + x\frac{du}{dx},$$

also

$$u + x\frac{du}{dx} = \frac{u}{\sqrt{1+u^2}+1}$$

und hieraus

$$-\frac{dx}{x} = \frac{1+\sqrt{1+u^2}}{u\sqrt{1+u^2}}\,du,$$

was integriert

$$\ln C - \ln x = \int \frac{du}{u\sqrt{1+u^2}} + \int \frac{du}{u}$$

ergibt, oder

$$\ln\frac{C}{x} = \int \frac{\frac{du}{u^2}}{\sqrt{1+\frac{1}{u^2}}} + \ln u = \ln u - \int \frac{d\left(\frac{1}{u}\right)}{\sqrt{1+\frac{1}{u^2}}} =$$

$$= \ln u - \ln\left(\frac{1}{u} + \sqrt{1+\frac{1}{u^2}}\right) \quad \text{(Fundamentalintegral 13)}$$

$$= \ln\frac{u^2}{1+\sqrt{1+u^2}},$$

d. h. also

$$C = \frac{y^2}{x+\sqrt{x^2+y^2}}$$

und hieraus

$$y^2 = 2Cx + C^2$$

oder

$$y^2 = 2C\left(x + \frac{C}{2}\right).$$

Dies ist die Gleichung einer auf ihren Brennpunkt als Koordinatenanfang bezogenen Parabel mit dem Halbparameter C.

---

128 128. a) Aus

$$\operatorname{tg}\alpha = \operatorname{tg}\frac{3}{2}\varphi$$

und aus

$$y = x \operatorname{tg}\varphi$$

folgt

$$\frac{dy}{dx} = \operatorname{tg}\alpha = \frac{d(x\operatorname{tg}\varphi)}{dx} = \frac{x}{\cos^2\varphi}\,\frac{d\varphi}{dx} + \operatorname{tg}\varphi$$

$$= \operatorname{tg}\left(\varphi + \frac{\varphi}{2}\right)$$

oder

$$\frac{x}{\cos^2\varphi}\,\frac{d\varphi}{dx} = \frac{\operatorname{tg}\varphi + \operatorname{tg}\frac{\varphi}{2}}{1 - \operatorname{tg}\varphi\operatorname{tg}\frac{\varphi}{2}} - \operatorname{tg}\varphi$$

$$= \frac{(1 + \operatorname{tg}^2\varphi)\operatorname{tg}\frac{\varphi}{2}}{1 - \operatorname{tg}\varphi\operatorname{tg}\frac{\varphi}{2}},$$

somit wird

$$\frac{dx}{x} = \frac{1 - \operatorname{tg}\varphi\operatorname{tg}\frac{\varphi}{2}}{\operatorname{tg}\frac{\varphi}{2}}\,d\varphi$$

$$= 2\,\frac{\cos\frac{\varphi}{2}}{\sin\frac{\varphi}{2}}\,d\frac{\varphi}{2} - \frac{\sin\varphi}{\cos\varphi}\,d\varphi,$$

was integriert:

$$\ln x = \ln C + 2\ln\sin\frac{\varphi}{2} + \ln\cos\varphi$$

ergibt, d. h. es ist

$$x = C\sin^2\frac{\varphi}{2}\cdot\cos\varphi = \frac{C}{2}(1 - \cos\varphi)\cos\varphi$$

oder, wenn $2a$ statt $\frac{C}{2}$ geschrieben wird:

$$x = 2a\cos\varphi(1 - \cos\varphi).$$

Der zugehörige Wert von y ergibt sich aus

$$y = x\operatorname{tg}\varphi$$

zu

$$y = 2a\sin\varphi(1 - \cos\varphi)$$

128–129 oder wenn $r\cos\varphi$ bzw. $r\sin\varphi$ statt x bzw. y gesetzt wird

$$r = 2a(1 - \cos\varphi).$$

(Gleichung der Kardioide, wie das Beispiel unter „b) Polarkoordinaten", S. 29 ergibt. Vgl. hiermit auch Aufg. 76.)

b) $$\operatorname{tg}\alpha = \frac{dy}{dx} = \frac{d(x\operatorname{tg}\varphi)}{dx} = \operatorname{tg}\left(3\varphi - \frac{\pi}{2}\right)$$

$$= \frac{\sin\left(3\varphi - \frac{\pi}{2}\right)}{\cos\left(3\varphi - \frac{\pi}{2}\right)} = -\frac{\cos 3\varphi}{\sin 3\varphi} = -\frac{1}{\operatorname{tg} 3\varphi}$$

oder

$$\operatorname{tg}\varphi + \frac{x}{\cos^2\varphi}\,\frac{d\varphi}{dx} = -\frac{1}{\operatorname{tg}(2\varphi + \varphi)}$$

oder

$$\frac{x}{\cos^2\varphi}\,\frac{d\varphi}{dx} = -\left(\frac{1 - \operatorname{tg}2\varphi\cdot\operatorname{tg}\varphi}{\operatorname{tg}2\varphi + \operatorname{tg}\varphi} + \operatorname{tg}\varphi\right) = -\frac{1 + \operatorname{tg}^2\varphi}{\operatorname{tg}2\varphi + \operatorname{tg}\varphi}$$

und hieraus

$$\frac{dx}{x} = -(\operatorname{tg}2\varphi + \operatorname{tg}\varphi)\,d\varphi,$$

was integriert

$$\ln x = \ln C + \frac{1}{2}\ln\cos 2\varphi + \ln\cos\varphi$$

oder

$$x = C\cos\varphi\sqrt{\cos 2\varphi} \quad \text{oder} \quad \frac{x}{\cos\varphi},$$

d. i.

$$r = C\sqrt{\cos 2\varphi}$$

oder in rechtwinkligen Koordinaten ausgedrückt:

$$r^2 = C^2\left(\frac{x^2}{r^2} - \frac{y^2}{r^2}\right),$$

$$r^4 = (x^2 + y^2)^2 = C^2(x^2 - y^2) \quad \text{(Gl. der Lemniskate).}$$

129. Da allgemein die Tangente

$$T = \frac{y}{\sin\alpha},$$

so erhält man hier die Gleichung

$$x = \frac{y}{\sin\alpha} = \frac{y}{\operatorname{tg}\alpha}\sqrt{1 + \operatorname{tg}^2\alpha}$$

129–130 und hieraus $\operatorname{tg}\alpha$, d. i.

$$\frac{dy}{dx} = \frac{y}{\sqrt{x^2 - y^2}}.$$

Wird hier $y = x \sin\beta$ substituiert, so erhält man

$$\sin\beta + x\cos\beta \frac{d\beta}{dx} = \frac{\sin\beta}{\cos\beta}$$

und hieraus

$$\frac{dx}{x} = \frac{\cos^2\beta\, d\beta}{\sin\beta(1-\cos\beta)} = \frac{(1-\sin^2\beta)(1+\cos\beta)\,d\beta}{\sin^3\beta}.$$

Dies ergibt integriert:

$$\ln x = \int \frac{d\beta}{\sin^3\beta} + \int \frac{\cos\beta\, d\beta}{\sin^3\beta} - \int \frac{d\beta}{\sin\beta} - \int \frac{\cos\beta\, d\beta}{\sin\beta}$$

$$= \frac{1}{2}\left(\ln \frac{\sin\beta}{1+\cos\beta} - \frac{\cos\beta}{\sin^2\beta}\right) - \frac{1}{2\sin^2\beta}$$

$$- \ln \frac{\sin\beta}{1+\cos\beta} - \ln \sin\beta$$

und hieraus

$$C - \ln x^2 = \frac{1+\cos\beta}{\sin^2\beta} + \ln \frac{\sin^3\beta}{1+\cos\beta}$$

$$= \frac{1+\sqrt{1-\frac{y^2}{x^2}}}{\frac{y^2}{x^2}} + \ln \frac{\frac{y^3}{x^3}}{1+\sqrt{1-\frac{y^2}{x^2}}}$$

oder

$$\frac{x(x+\sqrt{x^2-y^2})}{y^2} + \ln \frac{y^3}{x+\sqrt{x^2-y^2}} = C,$$

was sich auch schreiben läßt:

$$\frac{x}{x-\sqrt{x^2-y^2}} + \ln y\left(x-\sqrt{x^2-y^2}\right) = C.$$

130. Da allgemein $\frac{y}{T} = \sin\alpha$, so wird hier

$$T = k = \frac{y}{\sin\alpha} = \frac{y}{\operatorname{tg}\alpha}\sqrt{1+\operatorname{tg}^2\alpha}$$

und hieraus

$$\operatorname{tg}\alpha = \frac{dy}{dx} = \frac{y}{\sqrt{k^2-y^2}}$$

und hieraus

$$x + C = \int \frac{\sqrt{k^2 - y^2}}{y}\, d\,y$$

oder wenn $y = k \sin \beta$ substituiert wird:

$$x + C = k \int \frac{\cos^2 \beta}{\sin \beta}\, d\,\beta = k \int \frac{1 - \sin^2 \beta}{\sin \beta}\, d\,\beta$$

$$= k \ln \frac{1 - \cos \beta}{\sin \beta} + k \cos \beta = k \ln \frac{k - \sqrt{k^2 - y}}{y}$$

$$+ \sqrt{k^2 - y^2} = \sqrt{k^2 - y^2} - k \ln \frac{k + \sqrt{k^2 - y^2}}{y}$$

(Tractrix von Huyghens).

131. Aus den Gl. (5) und (12a) in III 5 c) folgt:

$$\varrho \sin(\alpha - \varphi) = r \frac{d\varphi}{d\alpha}$$

oder

$$\varrho = \frac{r}{\sin(\alpha - \varphi)} \frac{d\varphi}{d\alpha},$$

somit wird hier

$$r \sin(\alpha - \varphi) = \frac{r}{\sin(\alpha - \varphi)} \frac{d\varphi}{d\alpha}$$

oder

$$\sin^2(\alpha - \varphi) \frac{d\alpha}{d\varphi} = 1$$

oder, wenn $\alpha - \varphi = \beta$ substituiert wird:

$$\sin^2 \beta \cdot \frac{d\varphi + d\beta}{d\varphi} = 1, \quad \text{d. h.} \quad \sin^2 \beta \left(1 + \frac{d\beta}{d\varphi}\right) = 1$$

oder

$$\sin^2 \beta \frac{d\beta}{d\varphi} = 1 - \sin^2 \beta = \cos^2 \beta$$

oder

$$\int \frac{\sin^2 \beta}{\cos^2 \beta}\, d\beta = d\varphi$$

oder

$$\int \frac{1 - \cos^2 \beta}{\cos^2 \beta}\, d\beta, \quad \text{d. i.} \quad \operatorname{tg} \beta - \beta = \varphi + C,$$

d. h. es ist

$$\operatorname{tg}(\alpha - \varphi) - (\alpha - \varphi) = \varphi + C,$$

was sich vereinfacht zu

$$\operatorname{tg}(\alpha - \varphi) = \alpha + C.$$

131 Der Gl. (9) in III 5c) zufolge ist aber

$$\operatorname{tg}(\alpha - \varphi) = r \frac{d\varphi}{dr}$$

und

$$\alpha = \varphi + \operatorname{arc\,tg} r \frac{d\varphi}{dr}.$$

Die letztgefundene Gleichung wird also zu

$$r \frac{d\varphi}{dr} = \varphi + \operatorname{arc\,tg} r \frac{d\varphi}{dr} + C.$$

Diese transzendente Gleichung läßt sich nicht nach $r \frac{d\varphi}{dr}$ auflösen, daher auch nicht in dieser Form integrieren. Sie wird aber zu einer algebraischen Gleichung und integrierbar, wenn man sie zuvor differenziert. Dies ergibt:

$$r \frac{d^2\varphi}{dr^2} + \frac{d\varphi}{dr} = \frac{d\varphi}{dr} + \frac{r \frac{d^2\varphi}{dr^2} + \frac{d\varphi}{dr}}{1 + r^2 \left(\frac{d\varphi}{dr}\right)^2},$$

was sich vereinfachen läßt zu

$$r^3 \frac{d\varphi}{dr} \cdot \frac{d^2\varphi}{dr^2} = 1.$$

Aus

$$2 \frac{d\varphi}{dr} \cdot d \frac{d\varphi}{dr} = \frac{2}{r^3} dr$$

folgt nun durch Integration

$$\left(\frac{d\varphi}{dr}\right)^2 = C - \frac{1}{r^2}, \quad d\varphi = \sqrt{C - \frac{1}{r^2}}\, dr$$

und wenn hier

$$\frac{1}{r^2} = C \cos^2\gamma$$

substituiert wird:

$$\varphi + C' = \int \frac{\sin^2\gamma}{\cos^2\gamma} d\gamma = \int \frac{1 - \cos^2\gamma}{\cos^2\gamma} d\gamma = \operatorname{tg}\gamma - \gamma$$

$$= r\sqrt{C} \cdot \sqrt{1 - \frac{1}{Cr^2}} - \arccos \frac{1}{r\sqrt{C}}$$

131–132 oder wenn $C = 0$ gesetzt und a für $\frac{1}{\sqrt{C}}$ geschrieben wird:

$$\varphi = \sqrt{\frac{r^2}{a^2} - 1} - \operatorname{arc\,cos} \frac{a}{r} = \frac{\sqrt{r^2 - a^2}}{a} - \operatorname{arc\,cos} \frac{a}{r}.$$

Zufolge Aufg. 77a) ist dies die Polarkoordinatengleichung der Kreisevolvente. Dort findet sich auch bereits die für die Kreisevolvente charakteristische Gleichung $\operatorname{tg}(\alpha - \varphi) = \alpha$ die der Ausgangspunkt unserer Integration war.

132. Durch Einsetzung des gegebenen Wertes von ϱ in Gl. (15) von III 5c) erhält man:

$$k\sqrt{r} = \frac{\left[\left(\frac{dr}{d\varphi}\right)^2 + r^2\right]^{3/2}}{r^2 + 2\left(\frac{dr}{d\varphi}\right)^2 - r\frac{d^2 r}{d\varphi^2}}$$

und durch die Substitution $\frac{dr}{d\varphi} = r \operatorname{tg} \beta$:

$$\left(\text{woraus } \frac{d^2 r}{d\varphi^2} = \frac{r\,d\beta}{\cos^2\beta\,d\varphi} + \operatorname{tg}\beta \frac{dr}{d\varphi} \text{ folgt}\right)$$

$$k\sqrt{r} = \frac{r}{\cos\beta\left(1 - \frac{d\beta}{d\varphi}\right)}$$

oder da aus der Substitutionsgleichung $d\varphi = \frac{dr}{r \operatorname{tg}\beta}$ folgt:

$$k = \frac{\sqrt{r}}{\cos\beta\left(1 - r\operatorname{tg}\beta\frac{d\beta}{dr}\right)}$$

oder

$$k(\cos\beta\,dr - r\sin\beta\,d\beta) = \sqrt{r}\,dr,$$

d. i.

$$k\,d(r\cos\beta) = r^{1/2}\,dr,$$

was integriert

$$kr\cos\beta = \frac{2}{3}r^{3/2} + C$$

ergibt, oder da

$$\cos\beta = \frac{1}{\sqrt{1 + \operatorname{tg}^2\beta}} = \frac{1}{\sqrt{1 + \left(\frac{dr}{r\,d\varphi}\right)^2}},$$

132–133

$$\frac{k r}{\sqrt{1 + \left(\frac{d r}{r d \varphi}\right)^2}}$$

oder

$$\frac{k r^2}{\sqrt{r^2 + \left(\frac{d r}{d \varphi}\right)^2}} = \frac{2}{3} r^{3/2} + C.$$

Für $C = 0$ vereinfacht sich die Gleichung zu

$$\frac{k \sqrt{r}}{\sqrt{r^2 + \left(\frac{d r}{d \varphi}\right)^2}} = \frac{2}{3}$$

und hieraus ist

$$d \varphi = \frac{2 d r}{\sqrt{9 k^2 r - 4 r^2}},$$

was integriert

$$\varphi + C' = \int \frac{d r}{\sqrt{\frac{9}{4} k^2 r - r^2}} = \int \frac{d r}{\sqrt{\left(\frac{9}{8} k^2\right)^2 - \left(r - \frac{9}{8} k^2\right)^2}}$$

$$= \arcsin \frac{r - \frac{9}{8} k^2}{\frac{9}{8} k^2}$$

oder wenn

$\frac{9}{8} k^2$ zur Abkürzung $= 2a$ und $C' = -\frac{\pi}{2}$

gesetzt wird:

$$\sin\left(\varphi - \frac{\pi}{2}\right), \quad \text{d. i.} \quad -\cos \varphi = \frac{r}{2a} - 1,$$

also

$$r = 2a(1 - \cos \varphi)$$

(Gleichung der Kardioide, vgl. III 5 b, Einleitung).

133. Nach Gl. (15) in III 5c ist hier, wenn $\frac{d r}{d \varphi} = v$ substituiert wird, so daß

$$\frac{d^2 r}{d \varphi^2} = \frac{d \frac{d r}{d \varphi}}{d \varphi} = \frac{d v}{d \varphi}.$$

und für

$$d\varphi = \frac{dr}{v}$$

geschrieben wird:

$$\frac{(v^2 + r^2)^{\frac{3}{2}}}{r^2 + 2v^2 - rv\dfrac{dv}{dr}} = kr.$$

Die weitere Substitution $\frac{v}{r} = \operatorname{tg}\beta$ führt auf die Differentialgleichung:

$$1 = k\left(\cos\beta - r\sin\beta\,\frac{d\beta}{dr}\right)$$

oder

$$dr = k\,d(r\cos\beta),$$

was integriert

$$r + C = kr\cos\beta = \frac{kr}{\sqrt{1 + \left(\frac{v}{r}\right)^2}}.$$

Hieraus ist v, d. h.

$$\frac{dr}{d\varphi} = \frac{r\sqrt{k^2 r^2 - (r + C)^2}}{r + C}.$$

Für $C = 0$ vereinfacht sich die Gleichung zu

$$d\varphi = \frac{dr}{r\sqrt{k^2 - 1}},$$

was integriert

$$\varphi = \frac{1}{\sqrt{k^2 - 1}} \ln r$$

oder es ist

$$r = e^{\varphi\sqrt{k^2 - 1}} = e^{a\varphi}$$

(Gleichung der logarithmischen Spirale).

134. Nach derselben Gleichung und mittelst der gleichen Substitutionen erhält man hier:

$$r^2\,dr = k\,d(r\cos\beta),$$

was integriert

$$\frac{r^3}{3} = kr\cos\beta = \frac{kr}{\sqrt{1 + \left(\frac{v}{r}\right)^2}}.$$

134–135 Hieraus folgt v, d. i.

$$\frac{dr}{d\varphi} = \frac{\sqrt{9k^2 - r^4}}{r}$$

und hieraus

$$2\varphi + C = \frac{1}{3k}\int \frac{2r\,dr}{\sqrt{1 - \left(\frac{r^2}{3k}\right)^2}} = \arcsin\frac{r^2}{3k}.$$

Speziell für $C = \frac{\pi}{2}$ wird also:

$$r^2 = 3k\sin\left(2\varphi + \frac{\pi}{2}\right) = 3k\cos 2\varphi$$

oder in rechtwinkligen Koordinaten

$$x^2 + y^2 = 3k\left(\frac{x^2}{x^2 + y^2} - \frac{y^2}{x^2 + y^2}\right);$$

d. h.

$$(x^2 + y^2)^2 = 3k(x^2 - y^2).$$

(Gleichung der Lemniskate.)

135. a) Nach Gl. III c 5 (12) und (13) ist:

$$\varrho \sin\alpha = \frac{dy}{d\alpha}$$

also hier

$$\varrho = -k\sqrt{y} = \frac{dy}{\sin\alpha\, d\alpha}$$

oder

$$-\frac{k}{2}\sin\alpha\, d\alpha = \frac{dy}{2\sqrt{y}},$$

was integriert

$$\frac{k}{2}\cos\alpha = \sqrt{y}$$

oder

$$\frac{k}{2\sqrt{1 + \left(\frac{dy}{dx}\right)^2}} = \sqrt{y}$$

ergibt. Hieraus wird also

$$\frac{dy}{dx} = \frac{1}{2}\sqrt{\frac{k^2}{y} - 4},$$

somit:

$$x = C + 2\int \frac{dy}{\sqrt{\frac{k^2}{y} - 4}}.$$

135 Durch die Substitution

$$y = \frac{k^2}{4} \sin^2 \beta$$

wird dies Integral zu

$$x = C + \frac{k^2}{2} \int \frac{\sin\beta \cos\beta \, d\beta}{\sqrt{\frac{1}{\sin^2\beta} - 1}}$$

$$= C + \frac{k^2}{2} \int \sin^2\beta \, d\beta = C + \frac{k^2}{4} (\beta - \sin\beta \cos\beta).$$

Die Substitutionsgleich. läßt sich aber auch schreiben:

$$y = \frac{k^2}{8} (1 - \cos 2\beta)$$

und die Gleichung für x wird für $C = 0$ zu

$$x = \frac{k^2}{8} (2\beta - 2\sin\beta \cos\beta) = \frac{k^2}{8} (2\beta - \sin 2\beta)$$

oder wenn überall ω statt 2β geschrieben wird:

$$y = \frac{k^2}{8} (1 - \cos\omega), \qquad x = \frac{k^2}{8} (\omega - \sin\omega).$$

(Gleichung der Zykloide.)

b) Auch hier folgt aus der Gleichung

$$\varrho \sin\alpha = \frac{dy}{d\alpha}$$

durch Einsetzung von $\varrho = c y^2$ die neue Gleichung:

$$c y^2 \sin\alpha = \frac{dy}{d\alpha}$$

und hieraus wird durch Integration von

$$-\frac{dy}{y^2} = -c \sin\alpha \, d\alpha:$$

$$\frac{1}{y} = c \cos\alpha = \frac{c}{\sqrt{1 + \left(\frac{dy}{dx}\right)^2}}.$$

Diese Gleichung ergibt nach $\frac{dy}{dx}$ aufgelöst:

$$\frac{dy}{dx} = \sqrt{c^2 y^2 - 1}$$

oder wenn der Einfachheit halber $\frac{1}{k}$ statt c geschrieben wird:

$$x + C = \int \frac{dy}{\sqrt{\frac{y^2}{k^2} - 1}} = k \int \frac{dy}{\sqrt{y^2 - k^2}}$$

$$= k \ln \left(y + \sqrt{y^2 - k^2}\right)$$

(nach Fundamentalintegral (13)). Diese Gleichung läßt sich auch schreiben:

$$y + \sqrt{y^2 - k^2} = e^{\frac{x + C}{k}}$$

oder

$$\sqrt{y^2 - k^2} = e^{\frac{x + C}{k}} - y$$

oder

$$-k^2 = e^{\frac{2(x + C)}{k}} - 2y\,e^{\frac{x + C}{k}},$$

was nach y aufgelöst

$$y = \frac{1}{2}\left(e^{\frac{x + C}{k}} + k^2 e^{-\frac{x + C}{k}}\right)$$

$$= \frac{e^{\frac{C}{k}}}{2}\left(e^{\frac{x}{k}} + k^2 e^{-\frac{2C}{k}} \cdot e^{-\frac{x}{k}}\right)$$

oder wenn

$$k^2 e^{-\frac{2C}{k}} = 1, \quad \text{also} \quad e^{\frac{2C}{k}} = k^2$$

gesetzt wird:

$$y = \frac{k}{2}\left(e^{\frac{x}{k}} + e^{-\frac{x}{k}}\right).$$

(Gleichung der Kettenlinie.)

136. a) Nach Aufgabe 76 ist $r = 2a\,(1 - \cos\varphi)$, also wird

$$S = \frac{1}{2}\int r^2\,d\varphi = 2a^2 \int (1 - \cos\varphi)^2\,d\varphi$$

$$= 2a^2\left[\int d\varphi - 2\int \cos\varphi\,d\varphi + \int \cos^2\varphi\,d\varphi\right]$$

$$= 2a^2\left(\varphi - 2\sin\varphi + \frac{\varphi}{2} + \frac{1}{2}\sin\varphi\cos\varphi\right) + C$$

$$= a^2(3\varphi - 4\sin\varphi + \sin\varphi\cos\varphi) + C.$$

136–137 Für $\varphi = 0$ wird auch $S = 0$, somit aus $0 = 0 + C$ auch $C = 0$. Für $\varphi = 180^0$ $(= \pi)$ ergibt sich die halbe Kardioidenfläche zu $3\pi a^2$, also ist die ganze Kardioidenfläche $= 6\pi a^2$.

b) Nach Aufgabe 82 ist

$$r^2 = a^2 \cos 2\varphi,$$

somit

$$S = \frac{a^2}{2}\int \cos 2\varphi \, d\varphi = \frac{a^2}{4} \sin 2\varphi + C$$

oder wenn für $\varphi = 0$ auch $S = 0$ angenommen wird.

$$S = \frac{a^2}{2} \sin\varphi \cos\varphi .$$

Der größte Wert, den φ haben kann, ist

$$\varphi = 45^0 = \frac{\pi}{4},$$

welchem Werte die Hälfte einer obern Schleifenfläche entspricht. Es wird also für eine solche

$$S = \frac{a^2}{2} \cdot \sin\frac{\pi}{4} \cos\frac{\pi}{4} = \frac{a^2}{2} \cdot \frac{1}{\sqrt{2}} \cdot \frac{1}{\sqrt{2}} = \frac{a^2}{4};$$

die vier Schleifenwinkel ergeben also zusammen:

$$4\,\frac{a^2}{4} = a^2.$$

137. Für die Kardioide erhält man aus

$$s = \int \sqrt{\left(\frac{dr}{d\varphi}\right)^2 + r^2}\, d\varphi$$

$$s = 2a\int \sqrt{\sin^2\varphi + (1 - \cos\varphi)^2}\, d\varphi$$

$$= 2a\int \sqrt{2(1 - \cos\varphi)}\, d\varphi = 4a\int \sqrt{\frac{1 - \cos\varphi}{2}}\, d\varphi$$

$$= 4a\int \sin\frac{\varphi}{2}\, d\varphi = C - 8a\cos\frac{\varphi}{2}.$$

Für $\varphi = 0$, $s = 0$ wird also $0 = C - 8a$ oder $C = 8a$, für die halbe Länge der Kardioide $\varphi = \pi$, also

$$\frac{\varphi}{2} = \frac{\pi}{2},$$

137–138 somit

$$s = 8a\left(1 - \cos\frac{\pi}{2}\right) = 8a,$$

die ganze Länge dieser Kurve also $16a$.

Für die Kreisevolvente (vgl. Aufg. 77) folgt aus:

$$x = a(\cos\alpha + \alpha\sin\alpha)$$

$$dx = a(-\sin\alpha\, d\alpha + \alpha\cos d\alpha + \sin\alpha\, d\alpha)$$

$$= a\cdot\alpha\cos\alpha\, d\alpha.$$

Es wird also

$$ds = \sqrt{1 + \left(\frac{dy}{dx}\right)^2}\, dx$$

$$= \sqrt{1 + \operatorname{tg}^2\alpha}\cdot a\alpha\cos\alpha\, d\alpha = a\alpha\, d\alpha,$$

also

$$s = \frac{a}{2}\alpha^2 + C.$$

Für $s = 0$ ist $\alpha = 0$, also auch $C = 0$, also

$$s = \frac{a}{2}\alpha^2.$$

Zufolge Gl. (4a) in Aufg. 77a läßt sich also auch setzen, da nach dieser Gleichung

$$\alpha^2 = \frac{r^2 - a^2}{a^2}$$

ist:

$$s = \frac{r^2 - a^2}{2a}.$$

---

138. Aus

$$r = 2a\frac{\sin^2\varphi}{\cos\varphi}$$

oder auch

$$2a\sin\varphi\operatorname{tg}\varphi$$

wird durch Differenzieren:

$$\frac{dr}{d\varphi} = 2a\left(\sin\varphi + \frac{\sin\varphi}{\cos^2\varphi}\right) = 2a\frac{1 + \cos^2\varphi}{\cos^2\varphi}\sin\varphi,$$

138 also wird

$$s = \int \sqrt{\left(\frac{dr}{d\varphi}\right)^2 + r^2}\, d\varphi$$

$$= 2a \int \frac{\sqrt{(1+\cos^2\varphi)^2 + \sin^2\varphi\cos^2\varphi}}{\cos^2\varphi} \sin\varphi\, d\varphi$$

$$= 2a \int \frac{\sqrt{1+3\cos^2\varphi}}{\cos^2\varphi} \sin\varphi\, d\varphi$$

$$= 2a \left(\int \frac{\sin\varphi\, d\varphi}{\cos^2\varphi\sqrt{1+3\cos^2\varphi}} + 3 \int \frac{\sin\varphi\, d\varphi}{\sqrt{1+3\cos^2\varphi}} \right).$$

Das erste Integral wird durch die Substitution

$$\cos\varphi = \frac{1}{u},$$

woraus

$$\sin\varphi\, d\varphi = \frac{du}{u^2}$$

folgt, zu

$$\int \frac{du}{\sqrt{1+\frac{3}{u^2}}} = \int \frac{u\, du}{\sqrt{u^2+3}} = \sqrt{u^2+3} = \frac{\sqrt{1+3\cos^2\varphi}}{\cos\varphi},$$

das zweite läßt sich schreiben:

$$-\sqrt{3} \int \frac{d(\sqrt{3}\cos\varphi)}{\sqrt{1+(\sqrt{3}\cos\varphi)^2}}$$

$$= -\sqrt{3}\ln\left(\sqrt{3}\cos\varphi + \sqrt{1+3\cos^2\varphi}\right),$$

somit wird

$$s = 2a\left[\frac{\sqrt{1+3\cos^2\varphi}}{\cos\varphi} - \sqrt{3}\ln\left(\sqrt{3}\cos\varphi + \sqrt{1+3\cos^2\varphi}\right)\right] + C.$$

Da für $\varphi = 0$ auch $s = 0$ ist, so wird

$$0 = 2a\left[2 - \sqrt{3}\ln(\sqrt{3}+2)\right] + C,$$

also

$$C = 2a\left[\sqrt{3}\ln(\sqrt{3}+2) - 2\right],$$

somit

$$s = 2a\left[\frac{\sqrt{1+3\cos^2\varphi}}{\cos\varphi} - 2 + \sqrt{3}\ln\frac{\sqrt{3}+2}{\sqrt{3}\cos\varphi + \sqrt{1+3\cos^2\varphi}}\right].$$

138–139 Aus der gegebenen Polargleichung der Zissoide folgt weiter:

$$r \cos \varphi, \quad \text{d. i.} \quad x = 2a \sin^2 \varphi,$$

somit

$$dx = 4a \sin \varphi \cos \varphi \, d\varphi$$

und

$$y = r \sin \varphi = 2a \frac{\sin^3 \varphi}{\cos \varphi},$$

somit wird

$$F = \int y \, dx = 8a^2 \int \sin^4 \varphi \, d\varphi,$$

also nach Fundamentalintegral 18:

$$F = -2a^2 \sin^3 \varphi \cos \varphi + 6a^2 \int \sin^2 \varphi \, d\varphi$$

$$= a^2 (3\varphi - 3 \sin \varphi \cos \varphi - 2 \sin^3 \varphi \cos \varphi) + C.$$

Für $\varphi = 0$ ist nun auch $F = 0$, wodurch auch $C = 0$ wird. Für $\varphi = \frac{\pi}{2}$, d. h. also für $r = \infty$ wird

$$F = a^2 \cdot 3 \frac{\pi}{2},$$

d. i. die Hälfte der von der Kurve und deren Asymptote eingeschlossenen Fläche; die ganze Fläche wird also $3\pi a^2$, also gleich dem dreifachen Inhalt des die Zissoide erzeugenden Kreises.

---

139. Da für die Kettenlinie nach Unterr.-Br. I, S. 181

$$s = \frac{k}{2} \left(e^{\frac{x}{k}} - e^{-\frac{x}{k}} \right),$$

also durch Differenzieren sich hieraus

$$ds = \frac{1}{2} \left(e^{\frac{x}{k}} + e^{\frac{x}{k}} \right) dx$$

ergibt, so wird, da außerdem

$$y = \frac{k}{2} \left(e^{\frac{x}{k}} + e^{-\frac{x}{k}} \right)$$

ist,

139
$$O = 2\pi \int y\,ds = \frac{k}{2}\pi \int \left(e^{\frac{x}{k}} + e^{-\frac{x}{k}}\right)^2 dx$$

$$= \frac{k}{2}\pi \int \left(e^{\frac{2x}{k}} + 2 \cdot 1 + e^{-\frac{2x}{k}}\right) dx$$

$$= \frac{k}{2}\pi \left(\frac{k}{2} e^{\frac{2x}{k}} - \frac{k}{2} e^{-\frac{2x}{k}} + 2x\right)$$

$$= \frac{k}{2}\pi \left[\frac{k}{2}\left(e^{\frac{x}{k}} + e^{-\frac{x}{k}}\right)\left(e^{\frac{x}{k}} - e^{-\frac{x}{k}}\right) + 2x\right] + C$$

$$= \frac{k}{2}\pi y \cdot \frac{2s}{k} + k\pi x + C = \pi(ys + kx) + C.$$

Ist für $x = 0$ und $y = k$, $s = 0$, auch $O = 0$, so wird auch $C = 0$, somit

$$O = \pi(ys + kx).$$

Für das Volumen

$$V = \pi \int y^2 dx$$

wird hier

$$V = \frac{\pi k^2}{4} \int \left(e^{\frac{2x}{k}} + 2 + e^{-\frac{2x}{k}}\right) dx$$

$$= \frac{\pi k^2}{4} \left(\frac{k}{2} e^{\frac{2x}{k}} + 2x - \frac{k}{2} e^{-\frac{2x}{k}}\right)$$

$$= \frac{\pi k^2}{4} \left[\frac{k}{2}\left(e^{\frac{x}{k}} + e^{-\frac{x}{k}}\right)\left(e^{\frac{x}{k}} - e^{-\frac{x}{k}}\right) + 2x\right]$$

$$= \frac{\pi k^2}{4} \cdot y \cdot \frac{2s}{k} + \frac{\pi k^2}{2} x = \frac{k\pi}{2}(ys + kx) + C,$$

oder da auch hier $C = 0$ wird:

$$V = \frac{k\pi}{2}(ys + kx).$$

(Das Verhältnis von V zu O ist also hier ein solches, daß $V = \frac{k}{2}\,O$ wird.)

140 140. Aus

$$y = a(1 - \cos\omega)$$

und

$$x = a(\omega - \sin\omega)$$

folgt:

$$O = 2\pi \int y\,ds,$$

da

$$ds = \sqrt{dy^2 + dx^2} = a\sqrt{\sin^2\omega + (1 - \cos\omega)^2}\,d\omega$$

$$= a\sqrt{2}\sqrt{1 - \cos\omega}\,d\omega,$$

$$O = 2\pi a^2\sqrt{2}\int (1 - \cos\omega)^{3/2}\,d\omega$$

oder wenn statt

$$\sqrt{1 - \cos\omega}$$

der identische Wert

$$\sqrt{2}\sin\frac{\omega}{2}$$

geschrieben wird:

$$O = 16\pi a^2 \int \sin^3\frac{\omega}{2}\cdot\frac{d\omega}{2},$$

also nach Fundamentalintegral 18:

$$O = \frac{16}{3}\pi a^2\left(-\sin^2\frac{\omega}{2}\cos\frac{\omega}{2} + 2\int \sin\frac{\omega}{2}\,\frac{d\omega}{2}\right)$$

$$= C - \frac{16}{3}\pi a^2\left(\sin^2\frac{\omega}{2} + 2\right)\cos\frac{\omega}{2}.$$

Für $\omega = 0$ ist $O = 0$, also

$$0 = C - \frac{16}{3}\pi a^2\cdot 2,$$

somit

$$O = \frac{16}{3}\pi a^2\left[2 - \left(\sin^2\frac{\omega}{2} + 2\right)\cos\frac{\omega}{2}\right],$$

also für $\omega = 2\pi$,

$$O = \frac{16}{3}\pi a^2[2 + 2] = \frac{64}{3}\pi a^2.$$

140–141 Aus

$$V = \pi \int y^2 \, dx$$

wird hier

$$V = \pi a^3 \int (1 - \cos \omega)^3 \, d\omega$$

$$= \pi a^3 \int (1 - 3\cos \omega + 3\cos^2 \omega - \cos^3 \omega) \, d\omega,$$

$$\int = \omega - 3\sin \omega + \frac{3}{2}\omega + \frac{3}{2}\sin \omega \cos \omega$$

$$- \frac{1}{3}\cos^2 \omega \sin \omega + \frac{2}{3}\sin \omega + C,$$

$$V = \pi a^3 \left[\frac{5}{2}\omega + \left(\frac{3}{2}\cos \omega - \frac{1}{3}\cos^2 \omega - \frac{7}{3}\right)\sin \omega\right] + C,$$

$$a = 0, \quad O = 0, \quad C = 0; \quad \omega = 2\pi, \quad V = 5\pi^2 a^3.$$

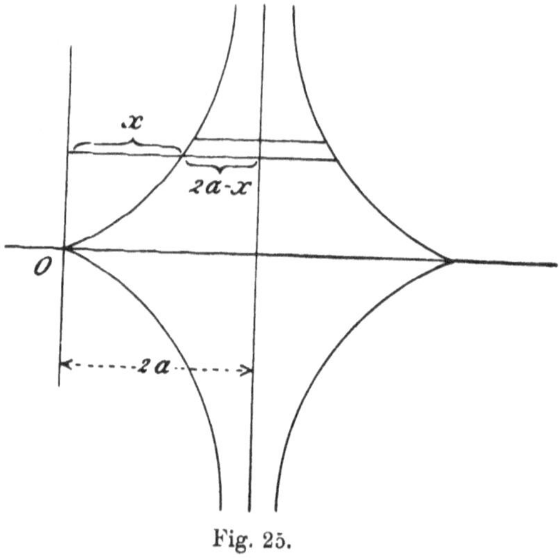

Fig. 25.

141. $$O = 2\pi \int (2a - x) \, ds = 2\pi \int (2a - 2a\sin^2 \varphi) \, ds$$

$$= 4\pi a \int \cos^2 \varphi \, ds.$$

Nach Aufg. 138 ist aber bereits gefunden:

$$ds = 2a \frac{\sqrt{1 + 3\cos^2 \varphi}}{\cos^2 \varphi} \sin \varphi \, d\varphi,$$

141 somit ist

$$O = 8\pi a^2 \int \sqrt{1 + 3\cos^2\varphi}\, \sin\varphi\, d\varphi$$

$$= -8\pi a^2 \int \sqrt{1 + 3\cos^2\varphi} \cdot d\cos\varphi,$$

somit nach Fundamentalintegral 16:

$$O = C - 4\pi a^2 \Big[\cos\varphi \sqrt{1 + 3\cos^2\varphi}$$

$$+ \frac{1}{\sqrt{3}} \ln\left(\sqrt{3}\cos\varphi + \sqrt{1 + 3\cos^2\varphi}\right)\Big],$$

$$\varphi = 0, \quad O = 0, \quad C = 4\pi a^2 \left[2 + \frac{1}{\sqrt{3}} \ln\left(\sqrt{3} + 2\right)\right],$$

$\varphi = \frac{\pi}{2}$, halbe Oberfläche des Rotationskörpers

$$= C - 0 = 4\pi a^2 \left[2 + \frac{1}{\sqrt{3}} \ln\left(\sqrt{3} + 2\right)\right].$$

Aus

$$V = \pi \int (2a - x)^2\, dy = \pi \int (2a - 2a\sin^2\varphi)^2\, dy$$

folgt

$$V = 4\pi a^2 \int \cos^4\varphi \cdot 2a\, d(\operatorname{tg}\varphi \sin^2\varphi)$$

$$= 8\pi a^3 \int \cos^4\varphi \left(\frac{\sin^2\varphi}{\cos^2\varphi} + 2\operatorname{tg}\varphi \sin\varphi\cos\varphi\right) d\varphi$$

$$= 8\pi a^3 \int (\cos^2\varphi + 2\cos^4\varphi)(1 - \cos^2\varphi)\, d\varphi$$

$$= 8\pi a^3 \left[\int \cos^2\varphi\, d\varphi + \int \cos^4\varphi\, d\varphi - 2\int \cos^6\varphi\, d\varphi\right],$$

also nach Fundamentalintegral 19 und 21:

$$V = 8\pi a^3 \Big[\int \cos^2\varphi\, d\varphi + \frac{1}{4}\cos^3\varphi \sin\varphi + \frac{3}{4}\int \cos^2\varphi\, d\varphi$$

$$- \frac{1}{3}\cos^5\varphi \sin\varphi - \frac{5}{3}\left(\frac{1}{4}\cos^3\varphi \sin\varphi + \frac{3}{4}\int \cos^2\varphi\, d\varphi\right)\Big]$$

$$= 8\pi a^3 \Big[\frac{1}{4}\varphi + \frac{1}{4}\sin\varphi\cos\varphi + \frac{1}{4}\cos^3\varphi \sin\varphi$$

$$- \frac{1}{3}\cos^5\varphi \sin\varphi - \frac{5}{12}\cos^3\varphi \sin\varphi\Big] = 8\pi a^3 \Big[\frac{1}{4}\varphi$$

$$+ \frac{1}{4}\sin\varphi\cos\varphi - \frac{1}{6}\cos^3\varphi \sin\varphi - \frac{1}{3}\cos^5\varphi \sin\varphi\Big] + C.$$

 Für $\varphi = 0$ wird $V = 0 = 0 + C$, $C = 0$, für $\varphi = \frac{\pi}{2}$ wird der halbe Rotationskörper

$$= 8\pi a^3 \frac{1}{4} \cdot \frac{\pi}{2} = \pi^2 a^3, \quad \text{der ganze also} \quad 2\pi^2 a^3.$$

---

142. Aus

$$x^2 + y^2 = r^2$$

folgt

$$y = \sqrt{r^2 - x^2} \quad \text{und} \quad \frac{dy}{dx} = -\frac{x}{\sqrt{r^2 - x^2}},$$

somit wird

$$\begin{aligned} O_1 &= 2\pi \int (R + y)\, ds \\ &= 2\pi \int \left(R + \sqrt{r^2 - x^2}\right) \sqrt{1 + \left(\frac{dy}{dx}\right)^2}\, dx \\ &= 2\pi \int \left(R + \sqrt{r^2 - x^2}\right) \sqrt{1 + \frac{x^2}{r^2 - x^2}}\, dx \\ &= 2\pi \int \left(R + \sqrt{r^2 - x^2}\right) \frac{r\, dx}{\sqrt{r^2 - x^2}} \\ &= 2\pi \left(Rr \arcsin \frac{x}{r} + rx\right) + C, \end{aligned}$$

wo für $x = 0$ auch $O = 0$, somit auch $C = 0$ wird. Für die untere Begrenzungsfläche des Ringes erhält man:

$$\begin{aligned} O_2 &= 2\pi \int \left(R - \sqrt{r^2 - x^2}\right) \frac{r\, dx}{\sqrt{r^2 - x^2}} + C \\ &= 2\pi \left(Rr \arcsin \frac{x}{r} - rx\right). \end{aligned}$$

Für $x = r$, d. h. für die halbe Oberfläche des Ringes wird also:

$$\begin{aligned} O = O_1 + O_2 &= 4\pi Rr \arcsin \frac{r}{r} \\ &= 4\pi Rr \arcsin 1 = 4\pi Rr \frac{\pi}{2} = 2\pi^2 Rr, \end{aligned}$$

somit die ganze Ringoberfläche

$$= 4\pi^2 Rr.$$

142–143 Analog erhält man:

$$V_1 = \pi \int (R + y)^2 \, dx, \quad V_2 = \pi \int (R - y)^2 \, dx,$$

Das Volumen des Ringes ergibt sich als Differenz von V_1 und V_2 zu

$$V = \pi \int [(R + y)^2 - (R - y)^2] \, dx = 4 \pi R \int y \, dx$$

$$= 4 \pi R \int \sqrt{r^2 - x^2} \, dx$$

oder, wenn

$$x = r \sin \beta$$

substituiert wird:

$$V = 4 \pi R r^2 \int \cos^2 \beta \, d\beta = 2 \pi R r^2 (\beta + \sin \beta \cos \beta)$$

$$= 2 \pi R r^2 \left(\arcsin \frac{x}{r} + \frac{x}{r} \sqrt{1 - \frac{x^2}{r^2}} \right) + C;$$

$$x = 0, \quad V = 0, \quad C = 0; \quad x = r, \quad \arcsin 1 = \frac{\pi}{2},$$

$$V = 2 \pi R r^2 \cdot \frac{\pi}{2} = \pi^2 R r^2.$$

Da die durch $x = 0$ und $x = r$ begrenzte Fläche aber nur den halben Ring vorstellt, so wird also das Volumen des ganzen Ringes dargestellt durch $2 \pi^2 R r^2$.

Man versuche auch, Oberfläche und Volumen des durch Rotation eines Halbkreises statt eines Vollkreises entstehenden Ringes zu berechnen. Man wird hierbei finden:

$$O = 2 \pi r (R \pi + 2 r + 2 R)$$

und

$$V = \frac{4}{3} \pi r^3 + \pi^2 R r^2,$$

wenn man beachtet, daß hier ein Zylinder vom Kreisradius R und der Höhe r in Abzug zu bringen ist.

143. Für die Reihe in Aufg. 21 wird

$$s = \int \sqrt{1 + x} \, dx$$

oder wenn

$$\sqrt{1 + x} = u$$

substituiert wird

143 $$s = 2\int u^2\,du = \frac{2}{3}u^3 = \frac{2}{3}(1+x)^{3/2} + C;$$

$$x = 0, \quad C = -\frac{2}{3}, \quad x = 1, \quad s = S = \frac{2}{3}\left(2\sqrt{2} - 1\right).$$

Dies ist also in geschlossener Form der Wert der unendlichen Zahlenreihe in Aufg. 21.

Für die Reihe in Aufg. 22 wird:

$$s = \int \sqrt{1 - x^2}\,dx \quad \text{oder} \quad x = \sin\beta \text{ substituiert:}$$

$$s = \int \cos^2\beta\,d\beta = \frac{1}{2}(\beta + \sin\beta\cos\beta)$$

$$= \frac{1}{2}\left(\operatorname{arc\,sin} x + x\sqrt{1 - x^2}\right) + C;$$

$$x = 0, \; s = 0, \; C = 0, \; x = 1, \; s = S = \frac{1}{2}\operatorname{arc\,sin} 1 = \frac{\pi}{4}.$$

Für die Reihe von Aufg. 23 wird:

$$s = \int \frac{dx}{\sqrt{1 - (1-x)^2}} = -\int \frac{d(1-x)}{\sqrt{1 - (1-x)^2}}$$

$$= \operatorname{arc\,cos}(1 - x) + C; \qquad x = 0, \qquad s = 0, \qquad C = 0,$$

$$x = 1, \quad s = S = \operatorname{arc\,cos} 0 = \frac{\pi}{2}.$$

Für die Reihe in Aufg. 24 wird:

$$s = k\int \frac{dx}{\sqrt{1 - \frac{k}{2a}x}}$$

oder wenn

$$\sqrt{1 - \frac{k}{2a}x} = u$$

gesetzt wird:

$$s = -4a\int du = -4a\sqrt{1 - \frac{k}{2a}x} + C;$$

$$x = 0, \quad s = 0, \quad C = 4a, \quad x = 1,$$

$$s = S = 4a\left(1 - \sqrt{1 - \frac{k}{2a}}\right).$$

144 144. a) Durch die Substitution $y = tx$ wird die Differentialgleichung zu

$$x^2 + t^2 x^2 - t x^2 \frac{dy}{dx} = 0,$$

was sich vereinfacht zu

$$1 + t^2 - t \frac{dy}{dx} = 0,$$

oder da hier allgemein

$$\frac{dy}{dx} = t + x \frac{dt}{dx} \text{ ist:}$$

$$1 + t^2 - t^2 - t x \frac{dt}{dx} = 0$$

oder

$$2 \frac{dx}{x} = 2t\,dt,$$

ergibt integriert

$$2 \ln C + 2 \ln x = 2 \ln Cx = \int 2t\,dt = t^2 = \frac{y^2}{x^2}$$

und hieraus folgt

$$y = x \sqrt{2 \ln Cx}.$$

b) Die gegebene Differentialgleichung ist in bezug auf p nur scheinbar vom zweiten Grad, denn sie läßt sich auch schreiben:

$$y^4 - x^4 + (p\,xy + y^2)^2 - y^4 = 0,$$

d. h. es ist

$$p\,xy + y^2 = \pm x^2.$$

Es wird also (hier das obere Vorzeichen z. B.):

$$p\,x^2 t + t^2 x^2 = x^2,$$

d. h.

$$t\left(t + x \frac{dt}{dx}\right) + t^2 = 1$$

und hieraus

$$\frac{dx}{x} = \frac{t\,dt}{1 - 2t^2},$$

d. h.

$$\ln x = \ln C - \frac{1}{4} \int \frac{4t\,dt}{1 - 2t^2} = \ln C - \frac{1}{4} \ln (1 - 2t^2),$$

144–145 oder

$$4 \ln x + \ln (1 - 2t^2) = 4 \ln C,$$

also

$$x^4 \left(1 - 2\frac{y^2}{x^2}\right) = C^4$$

und hieraus

$$y^2 = \frac{x^4 - C^4}{2x^2}.$$

145. a) Hier wird

$$\frac{dx}{x} = \frac{2\,dt}{t(1+t^2)} = 2\frac{1+t^2-t^2}{t(1+t^2)}\,dt = \frac{2\,dt}{t} - \frac{2t\,dt}{1+t^2},$$

ergibt integriert:

$$\ln x = \ln C + \ln t^2 - \ln(1+t^2) = \ln \frac{Ct^2}{1+t^2},$$

d. h.

$$x = \frac{Cy^2}{x^2\left(1+\frac{y^2}{x^2}\right)} = \frac{Cy^2}{x^2+y^2}$$

oder in Polarkoordinaten:

$$r\cos\varphi = \frac{Cr^2\sin^2\varphi}{r^2}$$

oder

$$r = \frac{C\sin^2\varphi}{\cos\varphi}.$$

(Gleichung der Zissoide.)

b) $$\frac{dx}{x} = \frac{t(3-t^2)\,dt}{t^4-1},$$

oder wenn noch $t^2 = u$ substituiert wird,

$$2\frac{dx}{x} = \frac{(3-u)\,du}{u^2-1} = \left(\frac{1}{u-1} - \frac{2}{u+1}\right)du,$$

ergibt integriert

$$\ln x^2 = \ln C + \ln(u-1) - 2\ln(u+1) = \ln\frac{C(u-1)}{(u+1)^2},$$

d. h.

$$x^2 = \frac{C\left(\frac{y^2}{x^2}-1\right)}{\left(\frac{y^2}{x^2}+1\right)^2} = \frac{C(y^2-x^2)x^4}{x^2(x^2+y^2)^2}$$

oder

$$(x^2 + y^2)^2 = C(y^2 - x^2)$$

und wenn nun noch $-a^2$ statt C geschrieben wird:

$$(x^2 + y^2)^2 = a^2(x^2 - y^2).$$

(Gleichung der Lemniskate.)

---

146. a) $y = tx, \quad \frac{dx}{x} = \frac{dt}{t + \sqrt{1 + t^2}}, \quad \ln Cx = \int \frac{dt}{t + \sqrt{1 + t^2}},$

wird durch die Substitution $t = \operatorname{tg} \beta$ zu

$$\ln Cx = \int \frac{d\beta}{\cos\beta(1 + \sin\beta)} = \int \frac{1 - \sin\beta}{\cos^3\beta} d\beta$$

$$= \int \frac{d\beta}{\cos^3\beta} + \int \frac{d\cos\beta}{\cos^3\beta} = \frac{1}{2}\left(\frac{\sin\beta}{\cos^2\beta} + \ln\frac{\cos\beta}{1 - \sin\beta}\right)$$

$$- \frac{1}{2\cos^2\beta} = -\frac{1}{2}\left[\frac{1 - \sin\beta}{\cos^2\beta} + \ln\left(\frac{1}{\cos\beta} - \operatorname{tg}\beta\right)\right]$$

$$= -\frac{1}{2}\left[1 + t^2 - t\sqrt{1 + t^2} + \ln(\sqrt{1 + t^2} - t)\right]$$

$$= \frac{1}{2}\left[\sqrt{1 + t^2}(t - \sqrt{1 + t^2}) + \ln(\sqrt{1 + t^2} + t)\right].$$

Es wird also: $\quad 2\ln Cx$

oder

$$\ln C^2 + \ln x^2 = \frac{\sqrt{x^2 + y^2}(y - \sqrt{x^2 + y^2})}{x^2} + \ln\frac{\sqrt{x^2 + y^2} + y}{x}$$

oder wenn statt $\ln C^2$ kurz C geschrieben wird:

$$\frac{\sqrt{x^2 + y^2}(y - \sqrt{x^2 + y^2})}{x^2} + \ln\frac{\sqrt{x^2 + y^2} + y}{x^3} = C.$$

b) Hier wird

$$\frac{dx}{x} = \frac{dt}{t + \sqrt{t}}$$

oder wenn $\sqrt{t} = u$ gesetzt wird:

$$\ln Cx = 2\int \frac{du}{1 + u} = \ln(1 + u)^2 = \ln(1 + \sqrt{t})^2$$

oder

$$Cx = \left(1 + \sqrt{\frac{y}{x}}\right)^2,$$

was nach y aufgelöst:

$$y = x(\sqrt{Cx} - 1)^2$$

ergibt.

c) $$\frac{dx}{x} = \frac{dt}{1 + \sqrt{1 + t^2}}$$

wird durch die Substitution $t = \operatorname{tg} \beta$ zu

$$\ln Cx = \int \frac{d\beta}{\cos\beta(1 + \cos\beta)} = \int \left(\frac{1}{\cos\beta} - \frac{1}{1 + \cos\beta} \right) d\beta$$

$$= \ln \frac{1 + \sin\beta}{\cos\beta} - \frac{1 - \cos\beta}{\sin\beta}$$

(Fundamentalintegral 12 und 29),

$$= \ln (\sqrt{1 + t^2} + t) - \frac{\sqrt{1 + t^2} - 1}{t}.$$

Es wird also

$$\frac{x - \sqrt{x^2 + y^2}}{y} + \ln \frac{y + \sqrt{x^2 + y^2}}{x^2} = C.$$

147. a) Aus der Differentialgleichung

$$\frac{a\,dx}{x} = \frac{(1 - at)\,dt}{1 + t^2}$$

erhält man durch Integrieren zuletzt

$$\ln C\sqrt{x^2 + y^2} = \frac{1}{a} \operatorname{arc\,tg} \frac{y}{x}.$$

b) Man erhält

$$\ln Cx = \int \frac{t^2 + t + 1}{t(1 - t^2)}\,dt = \int \left(\frac{1}{t} + \frac{2t + 1}{1 - t^2} \right) dt,$$

somit schließlich

$$y = C(x - y)\sqrt{x^2 - y^2}.$$

c) Man erhält

$$\ln Cx = -\ln t - \int \frac{dt}{t^2(t - 1)}.$$

Substituiert man in dem letzten Integral $\frac{1}{t} = v$, so wird

$$\ln Cx + \ln t, \quad \text{d. i.} \quad \ln Cxt$$

oder

$$\ln Cy = \int \frac{v\,dv}{1 - v} = \int \left(\frac{1}{1 - v} - 1 \right) dv = \ln \frac{t}{t - 1} - \frac{1}{t}$$

und schließlich

$$C(y - x) = e^{-\frac{y}{x}}.$$

d) $$\ln\frac{C}{x^2}=\int\frac{1-t+t^2}{t(1+t^2)}\,dt$$

$$=\int\frac{dt}{t}-\int\frac{dt}{1+t^2},$$

woraus

$$\operatorname{arc\,tg}\frac{y}{x}-\ln xy=C$$

folgt.

---

148. a) Die Differentialgleichung läßt sich schreiben:

$$p=(x+1)(1+t^2)+t,$$

d. h. es ist

$$\frac{dy}{dx}=t+x\frac{dt}{dx}=(x+1)(1+t^2)+t,$$

woraus

$$\frac{(x+1)\,dx}{x}=\frac{dt}{1+t^2},$$

d. h.

$$dx+\frac{dx}{x}=\frac{dt}{1+t^2},$$

ergibt integriert

$$C+x+\ln x=\operatorname{arc\,tg}\frac{y}{x},$$

so daß

$$y=x\operatorname{tg}(C+x+\ln x).$$

b) Läßt sich schreiben:

$$p=\frac{dy}{dx}=t+x\frac{dt}{dx}=2t-\quad x,$$

oder

$$x\frac{dt}{dx}=t(1-x),$$

woraus

$$\frac{1-x}{x}\,dx=\frac{dt}{t},$$

ergibt integriert

$$C+\ln x-x=\ln\frac{y}{x}$$

oder

$$\ln\frac{y}{x^2}=C-x,\quad \text{d. h.}\quad y=e^{x^2(C-x)}.$$

149 149. a) Durch Multiplikation mit einem integrierenden Faktor β wird die Differentialgleichung zu:

$$d[\beta(1-x^2)y] - y\,d[\beta(1-x^2)] + \beta xy\,dx = \beta f(x)\,dx.$$

Wird die Summe des 2. und 3. Gliedes für sich gleich Null gesetzt, so erhält man die Differentialgleichung:

$$\frac{d[\beta(1-x^2)]}{\beta(1-x^2)} = \frac{x\,dx}{1-x^2},$$

also

$$\ln\beta(1-x^2) = -\ln\sqrt{1-x^2} = \ln\frac{1}{\sqrt{1-x^2}},$$

somit ist

$$\beta = \frac{1}{(1-x^2)^{3/2}}$$

und dadurch wird die gegebene Differentialgleichung zu der integrierbaren Gleichung:

$$\frac{y}{\sqrt{1-x^2}} = \int\frac{f(x)\,dx}{(1-x^2)^{3/2}} + C.$$

b) Aus

$$\beta\,dy - \beta x\,dx - \beta y\,dx = 0$$

wird

$$d(\beta y) - y\,d\beta - \beta x\,dx - \beta y\,dx = 0.$$

Summe des zweiten und letzten Gliedes $= 0$ gesetzt, ergibt die Differentialgleichung:

$$\frac{d\beta}{\beta} = -dx, \quad \ln\beta = -x, \quad \beta = e^{-x},$$

also wird

$$ye^{-x} - \int e^{-x}x\,dx = C$$

oder

$$ye^{-x} + e^{-x}\cdot x - \int e^{-x}\,dx = C$$

oder

$$(y+x+1)e^{-x} = C$$

und hieraus folgt

$$y = Ce^x - x - 1.$$

150 150. Ergibt nach x aufgelöst:

$$x = \frac{k + y^2}{p\,y},$$

was differenziert und durch $d\,x$ dividiert:

$$1 = \frac{2\,p^2 y^2 - \left(p^2 + y\,\frac{d\,p}{d\,x}\right)\left(k + y^2\right)}{p^2\,y^2}$$

ergibt, was sich vereinfacht zu

$$k p^2 + (k + y^2)\,y\,\frac{d\,p}{d\,x}$$

oder da aus

$$\frac{d\,y}{d\,x} = p, \quad d\,x = \frac{d\,y}{p}$$

folgt:

$$k\,p^2 + (k + y^2)\,y\,p\,\frac{d\,p}{d\,y} = 0,$$

woraus

$$-\frac{d\,p}{p} = \frac{k\,d\,y}{y\,(k + y^2)},$$

was integriert

$$\ln\frac{C}{p} = \int\left(\frac{1}{y} - \frac{y}{k + y^2}\right)d\,y = \ln y - \ln\sqrt{k + y^2},$$

d. h.

$$\frac{C}{p} = \frac{y}{\sqrt{k + y^2}}, \quad p = \frac{C\sqrt{k + y^2}}{y}.$$

Durch Einsetzung dieses Wertes in die gegebene Differentialgleichung wird diese zu

$$C\,x\sqrt{k + y^2} - y^2 = k,$$

oder

$$C\,x = \frac{k + y^2}{\sqrt{k + y^2}} = \sqrt{k + y^2}$$

oder

$$\frac{x^2}{\left(\frac{\sqrt{k}}{C}\right)^2} - \frac{y^2}{(\sqrt{k})^2} = 1,$$

d. i. die Gleichung einer Hyperbel.

Wird dagegen die gegebene Differentialgleichung in der Form geschrieben:

$$2\,x\,y\,d\,y - 2\,y^2\,d\,x = 2\,k\,d\,x,$$

so läßt sich schreiben:

$$\beta x \cdot d(y^2) - 2\beta y^2 dx = 2k\beta dx$$

oder

$$d(\beta x y^2) - y^2 d(\beta x) - 2\beta y^2 dx = 2k\beta dx.$$

Hieraus findet sich

$$\beta = \frac{1}{x^3},$$

somit wird

$$d\left(\frac{y^2}{x^2}\right) = \frac{2k}{x^3} dx,$$

was integriert

$$\frac{y^2}{x^2} = C^2 - \frac{k}{x^2} \quad \text{oder} \quad C^2 x^2 - y^2 = k$$

oder

$$Cx = \sqrt{k + y^2},$$

wie sich auch oben auf anderem Wege ergeben hat.

151. Man erhält auf die angegebene Weise, da hier

$$p = a \cos\beta \frac{d\beta}{dx},$$

somit

$$\sin\beta \cos\beta\, dx + x\, d\beta - a\cos^3\beta\, d\beta = 0.$$

Wird hier der integrierende Faktor mit γ bezeichnet, so läßt sich schreiben:

$$d[\gamma x \sin\beta\cos\beta] - x d[\gamma \sin\beta\cos\beta] \\ + \gamma x\, d\beta - a\gamma\cos^3\beta\, d\beta = 0,$$

und es folgt aus

$$\frac{d(\gamma\sin\beta\cos\beta)}{\gamma\sin\beta\cos\beta} = \frac{d\beta}{\sin\beta\cos\beta} = \frac{\frac{d\beta}{\cos^2\beta}}{\operatorname{tg}\beta} = \frac{d\operatorname{tg}\beta}{\operatorname{tg}\beta}$$

$$\ln(\gamma\sin\beta\cos\beta) = \ln\operatorname{tg}\beta, \quad \text{also} \quad \gamma = \frac{1}{\cos^2\beta},$$

so daß die gegebene Differentialgleichung

$$x\operatorname{tg}\beta - a\int\cos\beta\, d\beta = 0$$

oder

$$x\operatorname{tg}\beta - a\sin\beta = C,$$

also der Bedeutung $\sin\beta = \frac{y}{a}$ entsprechend

$$\frac{xy}{\sqrt{a^2 - y^2}} - y = C$$

oder nach x aufgelöst:

$$x = \frac{C + y}{y}\sqrt{a^2 - y^2}.$$

(Gleichung der Konchoide oder Muschellinie.)

152. In Aufg. 150 vereinfacht sich die gegebene Differentialgleichung durch Weglassung des Gliedes k zu $px = y$, d. h. zu

$$x\frac{dy}{dx} = y \quad \text{oder zu} \quad \frac{dy}{y} = \frac{dx}{x},$$

was integriert

$$\ln y = \ln Cx \quad \text{oder} \quad y = Cx$$

ergibt. Wird nun u an Stelle von C gesetzt, so folgt aus $y = ux$ durch Differenzieren:

$$\frac{dy}{dx}, \quad \text{d. i.} \quad p = u + x\frac{du}{dx}.$$

Durch Einsetzung dieses Wertes von p und des Wertes $y = ux$ in die gegebene Differentialgleichung wird diese zu

$$\left(u + x\frac{du}{dx}\right)x \cdot ux - u^2x^2 = k,$$

was sich reduziert auf

$$x^3u\frac{du}{dx} = k \quad \text{oder} \quad 2u\,du = 2k\frac{dx}{x^3},$$

was integriert

$$u^2 = C^2 - \frac{k}{x^2}$$

ergibt. Da u^2 seiner Bedeutung nach $= \frac{y^2}{x^2}$ ist, so hat man also als Integral der gegebenen Differentialgleichung die Gleichung:

$$\frac{y^2}{x^2} = C^2 - \frac{k}{x^2} \quad \text{und hieraus} \quad Cx = \sqrt{k + y^2},$$

wie dies auch in Aufg. 150 auf anderem Wege gefunden wurde.

152 In Aufg. 151 vereinfacht sich die Differentialgleichung durch Weglassung des Gliedes auf der rechten Seite zu

$$y(a^2 - y^2) + a^2 x \frac{dy}{dx} = 0$$

und hieraus folgt

$$-\frac{dx}{x} = \frac{a^2\, dy}{y(a^2 - y^2)} = \left(\frac{1}{y} + \frac{y}{a^2 - y^2}\right) dy,$$

was integriert

$$\ln \frac{C}{x} = \ln \frac{y}{\sqrt{a^2 - y^2}} \quad \text{oder} \quad \frac{C}{x} = \frac{y}{\sqrt{a^2 - y^2}}.$$

Wird nun u an Stelle von C gesetzt, so erhält man aus

$$u = \frac{xy}{\sqrt{a^2 - y^2}}$$

durch Differenzieren:

$$\frac{du}{dx} = \frac{y(a^2 - y^2) + a^2 px}{(a^2 - y^2)^{3/2}}.$$

Es ist also

$$y(a^2 - y^2) + a^2 px = (a^2 - y^2)^{3/2} \frac{du}{dx},$$

der gegebenen Differentialgleichung zufolge auch

$$(a^2 - y^2)^{3/2} \frac{du}{dx} = p(a^2 - y^2)^{3/2}$$

oder einfach

$$\frac{du}{dx} = p = \frac{dy}{dx},$$

somit wird

$$du = dy, \quad \text{daher} \quad u = C + y,$$

und der Bedeutung von u entsprechend ist also

$$C + y = \frac{xy}{\sqrt{a^2 - y^2}}$$

oder

$$x = \frac{C + y}{y} \sqrt{a^2 - y^2},$$

wie auch in Aufg. 151 auf anderem Wege gefunden wurde.

153 153. a) Die nach p aufgelöste Gleichung heißt:

$$p = \frac{\sqrt{x^2 + y^2 - a^2} - x}{y}.$$

Da sich durch Differenzieren des Ausdrucks unter dem Wurzelzeichen

$$x + p\,y = 0, \quad \text{also} \quad p = -\frac{x}{y}$$

ergibt, was sich ja auch durch Nullsetzen des Wurzelausdrucks in der gegebenen Differentialgleichung ergeben würde, so ist

$$x^2 + y^2 = a^2,$$

d. h. die Kreisgleichung die singuläre Lösung der Aufgabe. Zur Bestimmung des allgemeinen Integrals ist es am bequemsten

$$\sqrt{x^2 + y^2 - a^2} = u$$

zu substituieren, woraus durch Differenzieren

$$x + p\,y = u\,\frac{d\,u}{d\,x}.$$

Da nun aus der nach p aufgelösten Differentialgleichung

$$x + p\,y = \sqrt{x^2 + y^2 - a^2} = u$$

folgt, so hat man die Beziehung:

$$u\,\frac{d\,u}{d\,x} = u \quad \text{oder} \quad u\left(\frac{d\,u}{d\,x} - 1\right) = 0.$$

Für $u = 0$ erhält man wieder die singuläre Lösung; dagegen folgt aus

$$\frac{d\,u}{d\,x} - 1 = 0, \qquad d\,x = d\,u,$$

d. h. es ist

$$x = u + C,$$

d. h.

$$x = \sqrt{x^2 + y^2 - a^2} + C$$

oder

$$y^2 = a^2 + C^2 - 2\,C\,x \quad \text{(Parabel)}$$

die allgemeine Lösung der Aufgabe.

153 b) Ergibt nach p aufgelöst

$$p = \frac{1 + \sqrt{2x - y^2 + 1}}{y}. \tag{1}$$

Durch Nullsetzen des Wurzelausdrucks erhält man

$$2x - y^2 + 1, \tag{2}$$

woraus durch Differenzieren

$$2 - 2yp = 0, \quad \text{also} \quad p = \frac{1}{y}.$$

Da sich dieser Wert für p auch aus Gl. (1) durch Nullsetzen der Wurzel ergeben würde, diese also befriedigt, so ist

$$2x - y^2 + 1 = 0 \quad \text{oder} \quad y^2 = 2x + 1 \text{ (Parabel)}$$

die singuläre Lösung der gegebenen Differentialgleichung. Die allgemeine Lösung erhalten wir am einfachsten, wenn wir

$$\sqrt{2x - y^2 + 1} = u$$

substituieren, woraus durch Quadrieren und Differenzieren:

$$1 - py = u\frac{du}{dx}$$

folgt. Hieraus ist

$$py = 1 - u\frac{du}{dx}$$

und aus Gl. (1) folgt:

$$py = 1 + \sqrt{2x - y^2 + 1} = 1 + u,$$

man hat also

$$1 - u\frac{du}{dx} = 1 + u$$

oder einfach

$$u\left(1 + \frac{du}{dx}\right) = 0.$$

Es ist also entweder

$$u = 0, \quad \text{d. h.} \quad 2x - y^2 + 1 = 0,$$

welche Gleichung wieder die singuläre Lösung darstellt, oder

$$1 + \frac{du}{dx} = 0,$$

153 woraus u, d. h.

$$\sqrt{2x - y^2 + 1} = C - x$$

folgt, und hieraus durch Quadrieren

$$y^2 + x^2 - 2(C + 1)x = 1 - C^2$$

oder, wenn zur Abkürzung $C + 1 = A$ gesetzt wird

$$y^2 + x^2 - 2Ax + A^2 = A^2 + 1 - (A - 1)^2,$$

was sich vereinfachen läßt zu

$$y^2 + (x - A)^2 = 2A \text{ (Kreisgleichung).}$$

Die allgemeine sowohl wie die singuläre Lösung hätte sich auch unmittelbar durch Differenzieren der gegebenen Differentialgleichung ergeben, durch welche x aus der Rechnung verschwindet und sich eine Differentialgleichung zwischen p und y ergibt, nämlich:

$$py(1 + p^2) + py^2\frac{dp}{dx} - 1 - p^2 - y\frac{dp}{dx} = 0,$$

was sich zusammenziehen läßt zu

$$(1 + p^2)(py - 1) + y(py - 1)\frac{p\,dp}{p\,dx}$$

oder zu

$$(py - 1)\left(1 + p^2 + py\frac{dp}{dy}\right) = 0.$$

Hier stellt $py - 1 = 0$ wieder die singuläre Lösung vor, dagegen folgt aus

$$1 + p^2 + py\frac{dp}{dy} = 0, \qquad -\frac{dy}{y} = \frac{p\,dp}{1 + p^2},$$

was integriert

$$\ln\frac{C}{y} = \ln\sqrt{1 + p^2}$$

oder kurz

$$\frac{C}{y} = \sqrt{1 + p^2}$$

ergibt, woraus

$$p = \frac{\sqrt{C^2 - y^2}}{y}$$

folgt. Durch Einsetzen dieses Wertes in Gl. (1) erhält man also als allgemeines Integral

$$\sqrt{C^2 - y^2} = 1 + \sqrt{2x - y^2 + 1}$$

153–154 oder

$$(\sqrt{C^2 - y^2} - 1)^2 = 2x - y^2 + 1,$$

was sich vereinfacht zu

$$C^2 - 2\sqrt{C^2 - y^2} = 2x$$

oder

$$(2x - C^2)^2 = 4C^2 - 4y^2$$

oder

$$y^2 + \left(x - \frac{C^2}{2}\right)^2 = C^2$$

oder wenn hier $2A$ für C^2 geschrieben wird:

$$y^2 + (x - A)^2 = 2A,$$

wie oben.

154. a) Hier ist

$$f(p) = \sqrt{1 - p^2},$$

somit allgemeine Lösung nach Gl. (1)

$y = Cx + \sqrt{1 - C^2}$ (Gleichung der Geraden).

$$f'(p) = -\frac{p}{\sqrt{1 - p^2}},$$

also wird Gl. (2) zu

$$x - \frac{p}{\sqrt{1 - p^2}} = 0,$$

hieraus

$$p = \frac{x}{\sqrt{1 + x^2}},$$

dadurch wird die gegebene Differentialgleichung zu

$$y = \frac{x^2}{\sqrt{1 + x^2}} + \sqrt{1 - \frac{x^2}{1 + x^2}} = \frac{x^2 + 1}{\sqrt{1 + x^2}} = \sqrt{1 + x^2}$$

oder es ist

$y^2 - x^2 = 1$ (gleichseitige Hyperbel, singuläre Lösung).

b) $f(p) = 1 + p^2$, $y = Cx + 1 + C^2$ (allgemeine Lösung),

$$f'(p) = 2p,$$

also wird Gl. (2) zu

$$x + 2p = 0, \quad p = -\frac{x}{2},$$

154 $$y = -\frac{x^2}{2} + 1 + \frac{x^2}{4} = 1 - \frac{x^2}{4}$$

oder

$$x^2 = 4(1 - y) \text{ (Parabel)}.$$

c) Hier ist:
$$f(p) = \frac{1}{1+p^2},$$

$$y = Cx + \frac{1}{1+C^2} \text{ (allgemeine Lösung)}.$$

$$f'(p) = -\frac{2p}{(1+p^2)^2},$$

also wird Gl. (2) zu

$$x - \frac{2p}{(1+p^2)^2} = 0.$$

Setzt man den Wert

$$x = \frac{2p}{(1+p^2)^2}$$

in die gegebene Differentialgleichung ein, so wird also

$$\left(y - \frac{2p^2}{(1+p^2)^2}\right)(1+p^2) = 1$$

oder

$$y(1+p^2) - \frac{2p^2}{1+p^2} = 1,$$

eine in bezug auf $1 + p^2$ quadratische Gleichung. Wird nämlich

$$1 + p^2 = u$$

gesetzt, so erhält man an Stelle von obiger Gleichung

$$uy - \frac{2(u-1)}{u} = 1,$$

oder

$$uy - 2 + \frac{2}{u} = 1$$

oder

$$u^2 - \frac{3u}{y} = -\frac{2}{y}$$

und hieraus u, d. i.

$$1 + p^2 = \frac{3 + \sqrt{9-8y}}{2y}$$

$$= \frac{(3+\sqrt{9-8y})(3-\sqrt{9-8y})}{2y(3-\sqrt{9-8y})} = \frac{4}{3-\sqrt{9-8y}}.$$

 Für p erhält man hieraus

$$p = \sqrt{\frac{4}{3 - \sqrt{9 - 8y}} - 1} = \sqrt{\frac{1 + \sqrt{9 - 8y}}{3 - \sqrt{9 - 8y}}},$$

somit, da

$$x = \frac{2p}{(1 + p^2)^2} \quad \text{ist:}$$

$$x = \frac{2\sqrt{1 + \sqrt{9 - 8y}}}{\sqrt{3 - \sqrt{9 - 8y}}} \cdot \frac{(3 - \sqrt{9 - 8y})^2}{16}$$

$$= \frac{1}{8}(3 - \sqrt{9 - 8y})^{3/2}\sqrt{1 + \sqrt{9 - 8y}}\,.$$

155. a) Die Gleichung wird durch Differenzieren zu

$$3p^2 \frac{dp}{dx} - 3\frac{dp}{dx} + 3(1 + p) = 0$$

oder zu

$$(1 - p^2)\frac{dp}{dx} = 1 + p,$$

woraus

$$x + C = \int \frac{1 - p^2}{1 + p}\, dp = \int (1 - p)\, dp = p - \frac{p^2}{2}.$$

Wird diese Gleichung nach p aufgelöst, so erhält man:

$$p = 1 + \sqrt{1 - 2(x + C)}.$$

Durch Einsetzung dieses Wertes in die gegebene Differentialgleichung erhält man die verlangte Beziehung zwischen x und y.

b) Diese Gleichung ist in bezug auf p vom vierten Grad, sie vereinfacht sich aber wesentlich, wenn man $\operatorname{tg}\alpha$ statt p schreibt, wodurch man

$$x + y\operatorname{tg}\alpha = \sin\alpha$$

erhält. Durch Differenzieren wird diese Gleichung zu

$$1 + p\operatorname{tg}\alpha + \frac{y}{\cos^2\alpha}\frac{d\alpha}{dx} = \cos\alpha\frac{d\alpha}{dx}$$

oder da

$$\frac{d\alpha}{dx} = \frac{p\, d\alpha}{p\, dx} = \frac{\operatorname{tg}\alpha\, d\alpha}{dy}$$

155 geschrieben werden kann:

$$1 + \operatorname{tg}^2 \alpha + \frac{y}{\cos^2 \alpha} \operatorname{tg} \alpha \frac{d\alpha}{dy} = \cos \alpha \operatorname{tg} \alpha \frac{d\alpha}{dy} = \sin \alpha \frac{d\alpha}{dy}$$

oder wenn noch $\frac{1}{\cos^2 \alpha}$ statt $1 + \operatorname{tg}^2 \alpha$ geschrieben wird:

$$1 + y \operatorname{tg} \alpha \frac{d\alpha}{dy} = \sin \alpha \cos^2 \alpha \frac{d\alpha}{dy}$$

oder

$$\frac{\cos \alpha \, dy + y \sin \alpha \, d\alpha}{\cos^2 \alpha} = \sin \alpha \cos \alpha \, d\alpha,$$

d. i.

$$d\left(\frac{y}{\cos \alpha}\right) = -\frac{1}{2} d \cos^2 \alpha,$$

was integriert

$$\frac{y}{\cos \alpha} = C - \frac{1}{2} \cos^2 \alpha$$

ergibt. Wird der aus dieser Gleichung folgende Wert von y

$$y = \cos \alpha \left(C - \frac{1}{2} \cos^2 \alpha\right)$$

in die gegebene Differentialgleichung, d. i.

$$x + y \operatorname{tg} \alpha = \sin \alpha$$

eingesetzt, so erhält man für x:

$$x = \sin \alpha - \sin \alpha \left(C - \frac{1}{2} \cos^2 \alpha\right)$$
$$= \sin \alpha \left(1 - C + \frac{1}{2} \cos^2 \alpha\right).$$

Quadriert und addiert man die Werte für x und y und schreibt dabei $1 - \cos^2 \alpha$ statt $\sin^2 \alpha$, so erhält man nach den möglichen Vereinfachungen:

$$x^2 + y^2 = (1 - C)^2 + C \cos^2 \alpha - \frac{3}{4} \cos^4 \alpha,$$

also eine in bezug auf $\cos^2 \alpha$ quadratische Gleichung und die Gleichung

$$y = \cos \alpha \left(C - \frac{1}{2} \cos^2 \alpha\right)$$

liefert alsdann durch Einsetzung des gefundenen Wertes von $\cos \alpha$ die gewünschte Beziehung zwischen x und y.

156 156. a) Nach Methode II wird, ohne Benutzung der Formeln durch die Substitutionen $y = tx$ und $x = e^u$ die gegebene Differentialgleichung zu

$$q e^u + t^2 - pt = 0$$

und da

$$p = \frac{dy}{dx} = t + x\frac{dt}{dx} = t + \frac{dt}{du}$$

und also

$$q = \frac{dp}{dx} = \frac{dt + d\frac{dt}{du}}{e^u\,du} = \frac{\frac{dt}{du} + \frac{d^2t}{du^2}}{e^u}$$

ist, so wird die Differentialgleichung zu

$$\frac{dt}{du} + \frac{d^2t}{du^2} + t^2 - t^2 - t\frac{dt}{du} = 0$$

oder wenn $\frac{dt}{du} = v$ substituiert wird (woraus $du = \frac{dt}{v}$ folgt):

$$v + v\frac{dv}{dt} - tv = 0,$$

d. h.

$$v\left(1 + \frac{dv}{dt} - t\right) = 0.$$

Es ist also entweder $v = 0$, d. h. $dt = 0$, also t oder $\frac{y}{x} = C$, $y = Cx$; oder $1 + \frac{dv}{dt} - t = 0$, woraus v, d. h.

$$\frac{dt}{du} = \int(t-1)\,dt = \frac{t^2}{2} - t + C$$

und hieraus u, d. i.

$$\ln x + \ln B = \int\frac{2\,dt}{t^2 - 2t + 2C} = 2\int\frac{dt}{(t-1)^2 + A^2}$$

$$= \frac{2}{A}\operatorname{arc\,tg}\frac{t-1}{A},$$

wo $\ln B$ die zweite Integrationskonstante bedeutet, d. h. es ist

$$\ln Bx = \frac{2}{A}\operatorname{arc\,tg}\frac{y-x}{Ax}.$$

b) $q x = \left(p - \frac{y}{x}\right)^2 = (p - t)^2 = \left(\frac{d t}{d u}\right)^2 = v^2$

(nach Meth. II), somit

$$v + v \frac{d v}{d t} = v^2.$$

Also entweder ist $v = 0$, was auf $y = C x$ führt, oder

$$1 + \frac{d v}{d t} = v,$$

woraus

$$t + A = \int \frac{d v}{v - 1} = \ln (v - 1),$$

d. h. $v - 1$ oder

$$\frac{d t}{d u} - 1 = e^{t + A} = B e^t,$$

wenn $e^A = B$ gesetzt wird, und hieraus $u + \ln C$, d. i.

$$\ln C x = \int \frac{d t}{1 + B e^t}.$$

Hier ergibt nun die Substitution $e^t = w$,

$$\ln C x = \int \frac{d w}{w (1 + B w)} = \int \left(\frac{1}{w} - \frac{B}{1 + B w}\right) d w$$

$$= \ln w - \ln (1 + B w),$$

somit wird

$$C x = \frac{w}{1 + B w} = \frac{e^{\frac{y}{x}}}{1 + B e^{\frac{y}{x}}}.$$

157. a)

$$q x = p - \frac{p^2}{t},$$

$$v + v \frac{d v}{d t} = t + v - \frac{(t + v)^2}{t} = - \frac{v t + v^2}{t}.$$

Neben $v = 0$ oder $y = C x$ erhält man also noch die Differentialgleichung

$$1 + \frac{d v}{d t} + \frac{t + v}{t} = 0$$

oder

$$2 t\, d t + t\, d v + v\, d t = 0,$$

was integriert

$$t^2 + t v = C,$$

157 d. h.

$$v = x\frac{dt}{dx} = \frac{C - t^2}{t}$$

ergibt und hieraus folgt also

$$\ln x = \ln B + \int \frac{t\,dt}{C - t^2} = \ln \frac{B}{\sqrt{C - t^2}},$$

d. h. es ist

$$x^2 = \frac{B^2}{C - \frac{y^2}{x^2}} \quad \text{oder} \quad \frac{B^2}{C x^2 - y^2} = 1,$$

oder wenn für

$$\frac{B^2}{C} = a^2 \quad \text{und} \quad B^2 = \pm b^2$$

geschrieben wird:

$$\frac{x^2}{a^2} \mp \frac{y^2}{b^2} = 1 \text{ (Hyperbel bzw. Ellipse).}$$

b)

$$q\,x = \left(\frac{y}{x} - p\right)^3,$$

somit

$$v + v\frac{dv}{dt} = -v^3.$$

Außer $v = 0$ hat man also auch

$$1 + \frac{dv}{dt} = -v^2,$$

woraus

$$C - t = \int \frac{dv}{1 + v^2} = \operatorname{arc\,tg} v$$

oder v, d. i.

$$x\frac{dt}{dx} = \operatorname{tg}(C - t),$$

also

$$\ln x = \int \frac{\cos(C - t)}{\sin(C - t)}\,dt = \ln B - \ln \sin(C - t)$$

oder

$$x = \frac{B}{\sin(C - t)},$$

d. h.

$$C - \frac{y}{x} = \arcsin \frac{B}{x}$$

und hieraus

$$y = x\left(C - \arcsin \frac{B}{x}\right).$$

158 158. a) $$q x = 2(p - t),$$

also nach Meth. (I):

$$\frac{dp}{2(p-t)} = \frac{dt}{p-t};$$

außer $p = t$, d. h. $\frac{dy}{dx} = \frac{y}{x}$, woraus $y = Cx$,

hat man also die Differentialgleichung $dp = 2dt$,

$$p + B = \frac{2y}{x} \quad \text{oder} \quad \frac{dy}{dx} = \frac{2y}{x} - B,$$

oder

$$x\,dy - 2y\,dx = -Bx\,dx.$$

Ein integrierender Faktor dieser Gleichung ist $\frac{1}{x^3}$, dadurch wird:

$$\frac{x\,dy - 2y\,dx}{x^3} \quad \text{oder} \quad \frac{x^2\,dy - 2yx\,dx}{x^4} = -\frac{B}{x^2}\,dx,$$

d. h.

$$d\left(\frac{y}{x^2}\right) = B\,d\left(\frac{1}{x}\right), \quad \text{also} \quad \frac{y}{x^2} = A + \frac{B}{x}$$

oder

$$y = Ax^2 + Bx.$$

b) $$q x = p - t,$$

also nach Meth. (I):

$$\frac{dp}{p-t} = \frac{dt}{p-t}, \quad p = B + t,$$

d. h.

$$\frac{dy}{dx} = B + \frac{y}{x} \quad \text{oder} \quad x\,dy - y\,dx = Bx\,dx.$$

Integrierender Faktor $\frac{1}{x^2}$,

$$d\left(\frac{y}{x}\right) = \frac{B\,dx}{x},$$

also

$$\frac{y}{x} = B \ln x + A,$$

oder

$$y = x(A + B \ln x).$$

159 159. a) $q x = \frac{3 p^2}{t} + p = \frac{p(3p + t)}{t}$.

Nach Meth. I ist also:

$$\frac{t\,dp}{p(3p + t)} = \frac{dt}{p - t}$$

und wenn hier zur Vereinfachung $\frac{t}{p} = w$ substituiert, d. h. $t = p\,w$ gesetzt wird:

$$\frac{w\,dp}{3 + w} = \frac{p\,dw + w\,dp}{1 - w},$$

woraus

$$\frac{dp}{p} = -\frac{(3 + w)\,dw}{2w(1 + w)}$$

ergibt integriert:

$$\ln p = \ln C - \frac{1}{2}\int \frac{3 + w}{w(1 + w)}\,dw$$

$$= \ln C - \frac{1}{2}\int\left(\frac{3}{w} - \frac{2}{1 + w}\right)dw$$

$$= \ln C - \ln w^{3/2} + \ln(1 + w);$$

es ist also

$$p = \frac{C(1 + w)}{w\sqrt{w}} \quad \text{und} \quad p\,w, \quad \text{d. i.} \quad t = \frac{C(1 + w)}{\sqrt{w}},$$

und hieraus

$$dt = C\frac{w - 1}{2w\sqrt{w}}\,dw.$$

Da nun allgemein

$$\frac{dx}{x} = \frac{dt}{p - t}$$

ist, so erhält man, da

$$p - t = \frac{C(1 - w^2)}{w\sqrt{w}}, \qquad \frac{dx}{x} = -\frac{1}{2}\,\frac{dw}{1 + w},$$

was integriert

$$x = \frac{B}{\sqrt{1 + w}}$$

ergibt. Hieraus ist nun

$$1 + w = \frac{B^2}{x^2} \quad \text{und} \quad \sqrt{w} = \frac{\sqrt{B^2 - x^2}}{x},$$

159–160 und durch Einsetzung dieser Werte in die Gleichung für t:

$$t, \quad \text{d. i.} \quad \frac{y}{x} = \frac{C B^2}{x \sqrt{B^2 - x^2}}, \quad \text{also} \quad y = \frac{A}{\sqrt{B^2 - x^2}}.$$

b) Die Gleichung läßt sich auch in der Form schreiben:

$$q x = p^2 \left(\frac{x}{y} - p \frac{x^2}{y^2}\right) = p^2 \left(\frac{1}{t} - \frac{p}{t^2}\right) = \frac{p^2}{t^2} (t - p).$$

Nach Gl. (3) der Methode 1 ist also:

$$\frac{t^2 \, dp}{p^2 (t - p)} = - \frac{d t}{t - p};$$

außer $t = p$, was $y = Cx$ ergibt, hat man also die Differentialgleichung

$$- \frac{dp}{p^2} = \frac{dt}{t^2},$$

was integriert

$$\frac{1}{p} = 2C - \frac{1}{t}$$

ergibt, d. h.

$$\frac{dx}{dy} = 2C - \frac{x}{y}$$

oder

$$y \, dx = 2 C y \, dy - x \, dy$$

oder

$$d(xy) = 2 C y \, dy,$$

was integriert

$$x y = B + C y^2$$

ergibt, d. h. also die Gleichung eines Kegelschnittes.

160. a) Setzt man, analog den in bezug auf x und y homogenen Gleichungen $p = t x$, so wird die gegebene Differentialgleichung zu

$$q - t + t \sqrt{1 + t^2} = 0.$$

Aus $p = t x$ folgt aber

$$q = t + x \frac{dt}{dx},$$

160 also wird

$$t + x\frac{dt}{dx} - t + t\sqrt{1+t^2} = 0$$

und hieraus

$$\int\frac{dx}{x} = \ln x = -\int\frac{dt}{t\sqrt{1+t^2}} = -\int\frac{\frac{dt}{t^2}}{\frac{1}{t}\sqrt{1+t^2}}$$

$$= \int\frac{d\left(\frac{1}{t}\right)}{\sqrt{\frac{1}{t^2}+1}} = \ln\left(\frac{1}{t}+\sqrt{\frac{1}{t^2}+1}\right) + \ln C$$

(Fundamentalintegral 13). Es wird also

$$x = \frac{C(1+\sqrt{1+t^2})}{t} = \frac{Cx\left(1+\frac{\sqrt{x^2+p^2}}{x}\right)}{p}$$

und hieraus p, d. i.

$$\frac{dy}{dx} = \frac{2Cx^2}{x^2 - C^2},$$

somit

$$y + B = 2C\int\frac{x^2\,dx}{x^2-C^2} = 2C\int\frac{x^2 - C^2 + C^2}{x^2 - C^2}\,dx$$

$$= 2Cx + 2C^3\int\frac{dx}{x^2-C^2} = 2Cx - 2C^3\int\frac{dx}{C^2-x^2}$$

$$= 2Cx - C^2\ln\frac{C+x}{C-x}$$ (Fundamentalintegral 10a).

b) Wird durch die Substitution $p = tx$ zu

$$(q-t)(1+x^2) - x = 0,$$

hieraus folgt also q, d. i.

$$t + x\frac{dt}{dx} = t + \frac{x}{1+x^2} \quad \text{oder} \quad \frac{dt}{dx} = \frac{1}{1+x^2},$$

woraus

$$t = \operatorname{arc\,tg} x + A,$$

d. h.

$$\frac{p}{x} = \operatorname{arc\,tg} x + A,$$

also p, d. i.

$$\frac{dy}{dx} = x(\operatorname{arc\,tg} x + A);$$

$$2y + B = 2\int x \operatorname{arc\,tg} x\,dx + Ax^2.$$

160–161 Das hier noch aufzulösende Integral läßt sich am einfachsten durch partielle Integration bestimmen. Dasselbe wird dadurch zu

$$x^2 \operatorname{arc\,tg} x - \int x^2 \frac{dx}{1+x^2} = x^2 \operatorname{arc\,tg} x - \int \frac{1+x^2-1}{1+x^2}\,dx$$

$$= x^2 \operatorname{arc\,tg} x - x + \operatorname{arc\,tg} x = (1+x^2)\operatorname{arc\,tg} x - x,$$

somit wird

$$2y + B = x(Ax - 1) + (1+x^2)\operatorname{arc\,tg} x.$$

Die vorstehende Differentialgleichung hätte sich leicht auch ohne Substitution durch folgende Formulierung lösen lassen:

$$\frac{x\dfrac{dp}{dx} - p}{x^2}, \quad \text{d. i.} \quad \frac{x\,dp - p\,dx}{x^2\,dx} = \frac{1}{1+x^2},$$

d. h. aber

$$d\left(\frac{p}{x}\right) = \frac{dx}{1+x^2},$$

wodurch man als erstes Integral wie oben

$$\frac{p}{x} = \operatorname{arc\,tg} x + A$$

erhalten hätte.

161. a) Aus der angegebenen Substitution $p = \frac{1}{u}$ folgt:

$$q = -\frac{1}{u^2}\frac{du}{dx}.$$

Dadurch wird die Differentialgleichung, die der Gleichung (2) entspricht, zu

$$-\frac{x}{u^2}\frac{du}{dx} - \frac{2x^2}{u^2} + \frac{4}{u} = 0$$

oder zu

$$x\,du + 2x^2\,dx - 4u\,dx = 0$$

oder

$$d(\beta x u) - u\,d(\beta x) + 2\beta x^2\,dx - 4\beta u\,dx = 0.$$

Setzt man nun

$$d(\beta x) = -4\beta\,dx$$

oder

$$\frac{d(\beta x)}{\beta x} = -\frac{4\,dx}{x},$$

161 so wird

$$\ln \beta x = \ln \frac{1}{x^4},$$

also

$$\beta = \frac{1}{x^5},$$

somit

$$\frac{u}{x^4} + 2\int \frac{dx}{x^3} = 0,$$

d. h.

$$\frac{1}{p\,x^4} - \frac{1}{x^2} = A^2,$$

und hieraus p, d. i.

$$\frac{dy}{dx} = \frac{1}{x^2(A^2x^2+1)},$$

$$y = B + \int \frac{dx}{x^2(A^2x^2+1)} = B + \int \left(\frac{1}{x^2} - \frac{A^2}{A^2x^2+1}\right) dx$$

$$= B - \frac{1}{x} - \int \frac{dx}{x^2 + \frac{1}{A^2}} = B - \frac{1}{x} - A \operatorname{arc\,tg} A x.$$

b) Wird durch die Substitution $p = \frac{1}{u}$ zu

$$-\frac{1}{u^2}\frac{du}{dx} + \frac{\cos^2 x}{u^2} - \frac{\operatorname{tg} x}{u} = 0$$

oder zu

$$du - \cos^2 x\,dx + u \operatorname{tg} x\,dx = 0,$$

somit:

$$d(\beta u) - u\,d\beta - \beta \cos^2 x\,dx + u\beta \operatorname{tg} x\,dx = 0.$$

Aus

$$d\beta = \beta \operatorname{tg} x\,dx$$

folgt

$$\frac{d\beta}{\beta} = \frac{\sin x\,dx}{\cos x},$$

d. h.

$$\ln \beta = -\ln \cos x = \ln \frac{1}{\cos x},$$

also ist

$$\beta = \frac{1}{\cos x}$$

und dadurch

$$d\left(\frac{u}{\cos x}\right) = \cos x\,dx, \quad \text{d. h.} \quad \frac{1}{p\cos x} = A + \sin x$$

161–162 und hieraus p, d. i.

$$\frac{dy}{dx} = \frac{1}{(A + \sin x)\cos x},$$

also

$$y + B = \int \frac{dx}{(A + \sin x)\cos x} = \int \frac{\cos x \, dx}{(A + \sin x)(1 - \sin^2 x)}$$

oder wenn $\sin x = v$ substituiert wird:

$$y + B = \int \frac{dv}{(A + v)(1 - v^2)}$$

oder, da

$$\frac{1}{(A + v)(1 - v^2)} = \frac{1}{A^2 - 1}\left(\frac{A - v}{1 - v^2} - \frac{1}{A + v}\right)$$

ist, was man leicht durch Zerlegung in Partialbrüche findet:

$$y + B = \frac{1}{A^2 - 1}\left[\int \frac{A\,dv}{1 - v^2} - \int \frac{v\,dv}{1 - v^2} - \int \frac{dv}{A + v}\right]$$

$$= \frac{1}{A^2 - 1}\left[\frac{A}{2}\ln\frac{1 + \sin x}{1 - \sin x} + \ln\frac{\cos x}{A + \sin x}\right].$$

---

162. a) Wird durch die Substitution $p = ty$ zu

$$t\left(t + y\frac{dt}{dy}\right) - t^2 + t\sqrt{1 + t^2} = 0,$$

woraus

$$-\frac{dy}{y} = \frac{dt}{\sqrt{1 + t^2}}$$

folgt, was integriert

$$\ln\frac{C}{y} = \int \frac{dt}{\sqrt{1 + t^2}} = \ln\left(t + \sqrt{1 + t^2}\right)$$

(Fundamentalintegral 13) oder

$$\frac{C}{y} = t + \sqrt{1 + t^2},$$

was nach t aufgelöst

$$t, \text{ d. i. } \frac{p}{y} = \frac{C^2 - y^2}{2Cy} \quad \text{oder} \quad p = \frac{dy}{dx} = \frac{C^2 - y^2}{2C}$$

162 ergibt, woraus durch Integration

$$x + B = \int \frac{2C\,dy}{C^2 - y^2} = \ln \frac{C + y}{C - y}$$

folgt oder, nach y aufgelöst

$$y = \frac{C(e^{x+B} - 1)}{e^{x+B} + 1}.$$

b) Auch hier würde die sich ergebende Gleichung

$$F(t, y) = 0$$

nicht nach t auflösen lassen. Setzt man dagegen

$$y = e^u, \quad \frac{du}{dx} = v,$$

so erhält man die Differentialgleichung

$$v^2 + \frac{dv}{dx} + 2(v + 1) = 0,$$

woraus

$$-dx = \frac{dv}{v^2 + 2v + 2} = \frac{dv}{1 + (v + 1)^2},$$

was integriert

$$A - x = \int \frac{dv}{1 + (v + 1)^2} = \text{arc tg}(v + 1)$$

oder $v + 1$, d. i.

$$\frac{du}{dx} + 1 = \text{tg}(A - x)$$

ergibt und hieraus folgt u, d. i.

$$\ln y = \int \frac{\sin(A - x)}{\cos(A - x)} - x = \ln \cos(A - x) - x + B$$

oder

$$\ln \frac{y}{\cos(A - x)} = B - x, \qquad \frac{y}{\cos(A - x)} = e^{B - x},$$

also

$$y = \cos(A - x)\, e^{B - x},$$

wofür man übrigens ebensogut

$$y = \cos(-A - x)\, e^{B - x} = \cos[-(A + x)]\, e^{B - x}$$
$$= \cos(A + x)\, e^{B - x}$$

oder

$$C \cos(A + x)\, e^{-x}$$

schreiben könnte.

162–163 c) Wird durch die Substitution $p = ty$ zu

$$-\frac{dt}{t} = \frac{2\,dy}{y(1+y^2)},$$

was integriert

$$\ln\frac{C}{t} = 2\int\left(\frac{1}{y} - \frac{y}{1+y^2}\right)dy = \ln\frac{y^2}{1+y^2}$$

wird und hieraus folgt t, d. i.

$$\frac{p}{y} = \frac{C(1+y^2)}{y^2}$$

oder p, d. i.

$$\frac{dy}{dx} = \frac{C(1+y^2)}{y},$$

woraus

$$C(x+B) = \int\frac{y\,dy}{1+y^2} = \frac{1}{2}\ln(1+y^2),$$

was nach y aufgelöst

$$y = \sqrt{A\,e^{Bx} - 1}$$

ergibt.

163. a) Wird durch die Substitution $p = ty$ zu

$$2\frac{dy}{y} = \frac{dt}{\sqrt{t} - 2t}$$

oder wenn $\sqrt{t} = w$ gesetzt wird

$$2\frac{dy}{y} = \frac{2\,dw}{1-2w},$$

woraus durch Integration

$$y^2 = \frac{C}{1-2w} = \frac{C}{1-2\sqrt{t}}$$

folgt, was nach t aufgelöst t, d. i.

$$\frac{p}{y} = \frac{(y^2-C)^2}{4y^4} \quad \text{oder } p, \text{ d. i.} \quad \frac{dy}{dx} = \frac{(y^2-C)^2}{4y^3}$$

ergibt, also wird

$$x + B = \int\frac{4y^3\,dy}{(y^2-C)^2} \quad \text{oder} \quad y^2 - C = v$$

gesetzt, woraus

$$y^4 = (C+v)^2,$$

163 also durch Differenzieren

$$4y^3\,dy = 2(C+v)\,dv \quad \text{wird,}$$

somit

$$x + B = 2\int \frac{C+v}{v^2}\,dv = 2\left(\ln v - \frac{C}{v}\right)$$

$$= 2\left[\ln(y^2 - C) - \frac{C}{y^2 - C}\right]$$

oder durch eine positive Konstante ausgedrückt:

$$x + B = 2\left[\ln(y^2 + A) + \frac{A}{y^2 + A}\right].$$

---

b) Wird durch $p = ty$ zu

$$2t + y\frac{dt}{dy} - 1 = 0,$$

woraus

$$\frac{dy}{y} = \frac{dt}{1-2t},$$

was integriert

$$\ln y^2 = \ln\frac{C^2}{1-2t}$$

ergibt. Hieraus folgt t, d. i.

$$\frac{p}{y} = \frac{y^2 - C^2}{2y^2}, \quad \text{also } p, \text{ d. i.} \quad \frac{dy}{dx} = \frac{y^2 - C^2}{2y},$$

somit wird

$$x + B = \int\frac{2y\,dy}{y^2 - C^2} = \ln(y^2 - C^2)$$

oder nach y aufgelöst

$$y = \sqrt{e^{x+B} + C^2}$$

oder wenn

$$e^B = AC^2$$

gesetzt wird

$$y = C\sqrt{Ae^x + 1}.$$

c) Wird durch die Substitution

$$y = e^u, \quad p = e^u\frac{du}{dx} = e^u\cdot v, \quad q = e^u\left(v^2 + \frac{dv}{dx}\right)$$

zu

$$\left(v^2 + \frac{dv}{dx}\right)\left(1 + \sqrt{v^2 + 1}\right) - v^2 = 0,$$

163–164 woraus

$$dx = -\frac{1 + \sqrt{v^2 + 1}}{v^2\sqrt{v^2 + 1}}$$

folgt, woraus durch Integration sich

$$A + x = -\int \frac{dv}{v^2\sqrt{v^2 + 1}} - \int \frac{dv}{v^2}$$

ergibt, oder wenn $\frac{1}{v} = w$ gesetzt wird:

$$A + x = \int \frac{dw}{\sqrt{\frac{1}{w^2} + 1}} + \frac{1}{v} = \int \frac{w\,dw}{\sqrt{1 + w^2}} + \frac{1}{v}$$

$$= \sqrt{1 + \frac{1}{v^2}} + \frac{1}{v} = \frac{\sqrt{v^2 + 1} + 1}{v},$$

was nach v aufgelöst: v, d. i.

$$\frac{du}{dx} = \frac{2(A + x)}{(A + x)^2 - 1}$$

ergibt und hieraus wird u, d. i.

$$\ln y = \ln B + 2\int \frac{A + x}{(A + x)^2 - 1}\,dx = \ln B[(A + x)^2 - 1],$$

d. h. es ist

$$y = B[(A + x)^2 - 1].$$

164. a) Wird durch die Substitution

$$y = e^u, \quad p = e^u \frac{du}{dx} = e^u v, \quad q = e^u\left(v^2 + \frac{dv}{dx}\right)$$

zu

$$v^2 + \frac{dv}{dx} - 2v^2 - 1 = 0,$$

d. h.

$$\frac{dv}{dx} = v^2 + 1, \qquad x + A = \int \frac{dv}{v^2 + 1} = \operatorname{arc\,tg} v$$

oder

$$\operatorname{tg}(x + A) = v = \frac{du}{dx},$$

und hieraus u, d. i.

$$\ln y = \int \frac{\sin(x + A)}{\cos(x + A)}\,dx = \ln B - \ln\cos(x + A)$$

oder

$$y = \frac{B}{\cos(x + A)}.$$

164 b) Wird durch die Substitution $p = ty$ zu

$$t\left(t + y\frac{dt}{dy}\right) - 2t^2 + 1 = 0,$$

woraus

$$\frac{dy}{y} = \frac{t\,dt}{t^2 - 1},$$

ergibt integriert

$$\ln Ay = \ln \sqrt{t^2 - 1}$$

oder

$$\sqrt{A^2 y^2 + 1} = t = \frac{p}{y} = \frac{dy}{y\,dx},$$

und hieraus

$$x = \int \frac{dy}{y\sqrt{A^2 y^2 + 1}};$$

$y = \frac{1}{w}$ substituiert, ergibt

$$x = -\int \frac{dw}{w\sqrt{\frac{A^2}{w^2} + 1}} = -\int \frac{dw}{\sqrt{A^2 + w^2}}$$

$$= \ln B - \ln\left[\frac{1}{y} + \sqrt{A^2 + \frac{1}{y^2}}\right] = \ln \frac{By}{1 + \sqrt{A^2 y^2 + 1}},$$

was nach y aufgelöst

$$y = \frac{2Be^x}{B^2 - A^2 e^{2x}}$$

oder

$$y = \frac{2B}{B^2 e^{-x} - A^2 e^x}$$

ergibt.

c) Wird durch die Substitution $p = ty$ zu

$$t^2 + 2ty\frac{dt}{dy} + 1 = 0$$

und hieraus

$$-\frac{dy}{y} = \frac{2t\,dt}{1 + t^2},$$

was integriert

$$\ln\frac{A}{y} = \ln(1 + t^2)$$

ergibt, so daß t, d. i.

$$\frac{p}{y} = \sqrt{\frac{2A - y}{y}}$$

164–165 oder

$$p = \frac{dy}{dx} = \sqrt{y(2A - y)}$$

wird, woraus

$$x + B = \int \frac{dy}{\sqrt{y(2A-y)}} = \int \frac{dy}{\sqrt{A^2 - (y-A)^2}}$$

$= \arc\sin \frac{y-A}{A}$ oder $y = A[1 + \sin(x + B)]$

folgt.

165. Ergibt nach q aufgelöst

$$q = \frac{p^2 + p\sqrt{p^2 - 4y^2}}{y}.$$

Setzt man versuchsweise die Wurzel $= 0$, so müßte

$$p = 2y \quad \text{also} \quad q = 2p = 4y$$

sein, während die Gleichung in diesem Falle

$$q = \frac{p^2}{y} = \frac{4y^2}{y} = 4y$$

ergibt, also ist

$$p^2 - 4y^2 = 0 \quad \text{oder} \quad p = \frac{dy}{dx} = 2y,$$

d. h.

$$\ln y = 2x + C$$

die singuläre Lösung der gegebenen Differentialgleichung. Um die allgemeine Lösung zu finden, setze man $p = ty$, wodurch man die Differentialgleichung erhält:

$$t\left(t + y\frac{dt}{dy}\right) = t^2 + t\sqrt{t^2 - 4}$$

und hieraus

$$\frac{dy}{y} = \frac{dt}{\sqrt{t^2 - 4}},$$

was integriert

$$\ln Cy = \ln\left(t + \sqrt{t^2 - 4}\right)$$

oder

$$Cy = t + \sqrt{t^2 - 4}$$

ergibt,

somit ist t, d. i.

$$\frac{1}{y}\,\frac{dy}{dx} = \frac{C^2y^2+4}{2Ay},$$

somit

$$x+B = \frac{2}{C}\int\frac{dy}{\frac{4}{C^2}+y^2} = \operatorname{arc\,tg}\frac{Cy}{2},$$

$$y = \frac{2}{C}\operatorname{tg}(x+B) \quad\text{oder}\quad y = A\operatorname{tg}(x+B).$$

166. a) Läßt sich schreiben, da $p\,dx = dy$ ist:

$$y\,dp + 2y^2\,dy - 4p\,dy = 0.$$

β integrierender Faktor:

$$d(\beta py) - p\,d(\beta y) + 2\beta y^2\,dy - 4\beta p\,dy = 0.$$

Wenn also

$$-p\,d(\beta y) - 4\beta p\,dy = 0$$

gesetzt wird:

$$d(\beta y) = -4\beta\,dy$$

oder

$$\frac{d(\beta y)}{\beta y} = -4\frac{dy}{y}, \quad \beta y = \frac{1}{y^4}, \quad \beta = \frac{1}{y^5},$$

somit wird die Differentialgleichung zu

$$\frac{p}{y^4} + 2\int\frac{dy}{y^3} = A^2 \quad\text{oder}\quad \frac{p}{y^4} - \frac{1}{y^2} = A^2,$$

somit p, d. i.

$$\frac{dy}{dx} = y^2(1+A^2y^2),$$

also

$$x = \int\frac{dy}{y^2(1+A^2y^2)} = \int\left(\frac{1}{y^2} - \frac{A^2}{1+A^2y^2}\right)dy$$

$$= B - \left(\frac{1}{y} + A\operatorname{arc\,tg}Ay\right).$$

b) Läßt sich schreiben:

$$y\,dp - y^2\,dy - p\,dy = 0.$$

Der integrierende Faktor dieser Differentialgleichung ist, wie ohne weiteres zu ersehen, $\frac{1}{y^2}$. Dadurch wird

$$\frac{y\,dp - p\,dy}{y^2}, \quad\text{d. i.}\quad d\left(\frac{p}{y}\right) = dy,$$

166–167 was integriert

$$\frac{p}{y} = A + y \quad \text{oder} \quad \frac{dy}{dx} = y(A + y)$$

ergibt und hieraus folgt

$$x + C = \int \frac{dy}{y(A + y)} = \frac{1}{A}\int\left(\frac{1}{y} - \frac{1}{A + y}\right) dy$$

$$= \frac{1}{A} \ln \frac{y}{A + y}$$

oder

$$A x + A C = \ln \frac{y}{A + y}$$

und hieraus, wenn noch kurz B für $A\,C$ geschrieben wird:

$$y = \frac{A\,e^{Ax + B}}{1 - e^{Ax + B}}.$$

167. a) Wird zu

$$\frac{d(py)}{py} = \frac{x\,dx}{1 - x^2}$$

und hieraus folgt

$$p y = \frac{C}{\sqrt{1 - x^2}}$$

und aus

$$y\,dy = \frac{C\,dx}{\sqrt{1 - x^2}},$$

was integriert

$$y^2 + B = 2\,C \arcsin x \quad \text{oder} \quad x = \sin \frac{y^2 + B}{A}$$

ergibt.

b) Wird zu

$$\frac{d(py)}{py} = -\frac{dx}{1 - x^2}; \quad py = C\sqrt{1 - x^2},$$

$$2y\,dy = 2\,C\sqrt{1 - x^2}\,dx,$$

$$y^2 + B = C\,(x\sqrt{1 - x^2} + \arcsin x)$$

(Fundamentalintegral 17).

168 168. Hier ist also zu setzen:

$$f(x) = \frac{1}{x^2}, \quad F(x) = -\frac{1}{x^2} \quad \text{und} \quad \Phi(x) = \frac{1}{x^2}$$

und hiernach wird also Gl. (3) zu:

$$\frac{du}{dx} = 1 - \frac{u^2}{x^2} + \frac{u}{x}$$

oder, wenn $\frac{u}{x} = w$ gesetzt wird,

$$x\frac{dw}{dx} = 1 - w^2$$

und hieraus

$$\ln A x = \ln\sqrt{\frac{1+w}{1-w}}$$

oder

$$A^2 x^2 = \frac{x+u}{x-u} \quad \text{und hieraus} \quad u = \frac{x(A^2x^2-1)}{A^2x^2+1}.$$

Für Gl. (4) erhält man also:

$$\frac{dv}{dx} = -\frac{x(A^2x^2-1)}{A^2x^2+1}\cdot\frac{1+v}{x^2},$$

und hieraus

$$\ln(1+v) = \int\frac{1-A^2x^2}{x(1+A^2x^2)}\,dx$$

$$= \int\left(\frac{1}{x} - \frac{2A^2x}{1+A^2x^2}\right)dx = \ln\frac{x}{1+A^2x^2},$$

also ist

$$v = \frac{x}{1+A^2x^2} - 1.$$

Die Differentialgleichung für y wird also jetzt zu

$$y\,dx - \frac{x(A^2x^2-1)}{A^2x^2+1}\,dy - \frac{x\,dx}{1+A^2x^2} + dx = 0$$

oder

$$\beta y(A^2x^2+1)\,dx - d[\beta xy(A^2x^2-1)]$$
$$+ y\,d[\beta x(A^2x^2-1)] + \beta(1+A^2x^2-x)\,dx = 0.$$

Hieraus folgt

$$\ln\frac{1}{\beta x(A^2x^2-1)} = \ln\frac{A^2x^2-1}{x},$$

also ist

$$\beta = \frac{1}{(A^2x^2-1)^2},$$

168 somit wird

$$\frac{x\,y}{A^2x^2-1}=\int\frac{1+A^2x^2-x}{(A^2x^2-1)^2}\,dx$$

$$=\frac{2A+1}{4A}\int\frac{dx}{(Ax+1)^2}+\frac{2A-1}{4A}\int\frac{dx}{(Ax-1)^2}$$

$$=B-\frac{1}{4A^2}\left(\frac{2A+1}{Ax+1}+\frac{2A-1}{Ax-1}\right)$$

$$=B-\frac{2A^2x-1}{2A^2(A^2x^2-1)}$$

und hieraus

$$y=\frac{B(A^2x^2-1)}{x}-\frac{2A^2x-1}{2A^2x},$$

wo nun auch A statt A^2 geschrieben werden kann. — Differenziert man diese Gleichung zweimal in der Weise, daß dabei die Integrationskonstanten A und B aus der Rechnung fallen, so erhält man die Gleichung

$$(qx^2+px-y-1)(x-2y-2)=0\,.$$

Hier stellt der erste Faktor, gleich Null gesetzt, die gegebene Differentialgleichung vor. Es kann aber auch $x-2y-2=0$ sein, und diese Gleichung stellt somit die singuläre Lösung der gegebenen Differentialgleichung vor. Durch Differenzieren derselben würde man erhalten:

$$1-2p=0,\quad \text{also}\quad p=\frac{1}{2}\quad \text{und}\quad q=0$$

und durch Einsetzen dieser Werte sowie des sich aus $x-2y-2=0$ ergebenden Wertes von $y=\frac{x-2}{2}$ in die Gleichung

$$q+\frac{p}{x}-\frac{y}{x^2}=\frac{1}{x^2}$$

erhält man als Probe der Richtigkeit die identische Gleichung:

$$\frac{1}{2x}-\frac{x-2}{2x^2}=\frac{1}{x^2}\,.$$

169 169. a) Hier ist also

$$f(x) = -\frac{2}{x}, \quad \text{also} \quad f'(x) = \frac{2}{x^2}$$

und

$$F(x) = \frac{2 + x^2}{x^2}.$$

demnach wird

$$\varphi(x) = \frac{1}{x^2} + \frac{1}{x^2} - \frac{2 + x^2}{x^2} = -1,$$

somit Gl. (2) zu

$$\frac{d^2 v}{d x^2} = -v, \quad \text{d. h.} \quad \frac{d\,\frac{d v}{d x}}{d x} = -v,$$

oder, mit $2dv$ multipliziert

$$2\frac{d v}{d x}\,d\frac{d v}{d x}, \quad \text{d. i.} \quad d\left(\frac{d v}{d x}\right)^2 = -2v\,dv,$$

was integriert

$$\left(\frac{d v}{d x}\right)^2 = A^2 - v^2 \quad \text{oder} \quad \frac{d v}{d x} = \sqrt{A^2 - v^2}$$

ergibt. Durch nochmalige Integration folgt hieraus:

$$\text{arc sin}\,\frac{v}{A} = x + B,$$

also

$$v = A \sin(x + B),$$

und somit wird Gl. (1) zu

$$y = A \sin(x + B)\,e^{\int\frac{dx}{x}} = A \sin(x + B)\,e^{\ln x}$$

$$= A x \sin(x + B).$$

b) Hier ist

$$f(x) = -2\,\text{tg}\,x, \quad \text{also} \quad f'(x) = -\frac{2}{\cos^2 x}$$

und

$$F(x) = -1,$$

somit

$$\varphi(x) = \text{tg}^2 x - \frac{1}{\cos^2 x} + 1 = \frac{1}{\cos^2 x} - \frac{1}{\cos^2 x} = 0,$$

169–170 somit

$$\frac{d^2 v}{d x^2} = 0, \qquad \frac{d v}{d x} = A, \quad v = A x + B,$$

$$y = (A x + B) e^{\int \operatorname{tg} x \, d x} = (A x + B) e^{-\ln \cos x},$$

d. h.

$$= \frac{A x + B}{e^{\ln \cos x}} = \frac{A x + B}{\cos x}.$$

c) $$f(x) = 2 \sin x, \qquad f'(x) = 2 \cos x,$$

$$F(x) = \cos x (1 - \cos x),$$

$$\varphi(x) = \sin^2 x + \cos x - \cos x + \cos^2 x = 1,$$

$$\frac{d^2 v}{d x^2} = v, \qquad \frac{2 d v}{d x} \cdot d \frac{d v}{d x} = 2 v d v,$$

$$\left(\frac{d v}{d x}\right)^2 = A + v^2;$$

$$x + B = \int \frac{d v}{\sqrt{A + v^2}} = \ln \left(v + \sqrt{A + v^2}\right),$$

was nach v aufgelöst

$$v = \frac{1}{2} (e^{x + B} - A e^{-(x + B)})$$

ergibt. Es wird also, da hier

$$u = - \int \sin x \, d x = \cos x$$

ergibt,

$$y = \frac{1}{2} (e^{x + B} - A e^{-(x + B)}) e^{\cos x}.$$

170. a) Hier wird also

$$\varphi(x) = F(x) + 1 = x$$

und

$$e^{\int f(x) \, d x} = e^{\int \frac{d x}{x}} = e^{\ln x} = x, \qquad e^{-\int \frac{d x}{x}} = \frac{1}{x},$$

somit

$$\ln B y = \int \frac{d x}{x (\int d x + A)} = \int \frac{d x}{x (x + A)}$$

$$= \int \frac{1}{A} \left(\frac{1}{x} - \frac{1}{x + A}\right) d x = \frac{1}{A} \ln \frac{x}{x + A} = \ln \left(\frac{x}{x + A}\right)^{\frac{1}{A}}$$

und hieraus

$$y = \frac{1}{B} \cdot \left(\frac{x}{x + A} \right)^{\frac{1}{A}}$$

oder wenn B statt $\frac{1}{B}$ und A statt $\frac{1}{A}$ geschrieben wird:

$$y = B\left(\frac{Ax}{Ax+1}\right)^{A}.$$

b) Hier wird

$$F(x) = 1, \quad f(x) = \frac{1}{x}, \quad \text{somit} \quad \varphi(x) = 2,$$

$$\ln By = \int \frac{dx}{x\left(2\int\frac{dx}{x} + A\right)} = \frac{dx}{x(2\ln x + A)}.$$

Wird nun noch $\ln x = z$ substituiert, so wird

$$\frac{dx}{x} = dz,$$

somit

$$\ln By = \int \frac{dz}{2z + A} = \ln \sqrt{2z + A},$$

also

$$By = \sqrt{2\ln x + A}$$

oder in einfacherer Schreibweise der Konstanten:

$$y = \sqrt{A + B\ln x}.$$

---

171. a) Aus der Substitution $y = e^{kx}$ folgt die Gleichung

$$k^3 + k^2 + k + 1 = 0,$$

die also in bezug auf k vom dritten Grade ist. Die drei Wurzeln der Gleichung sind

$$k_1 = -1, \quad k_2 = i, \quad k_3 = -i.$$

Es wird also

$$y_1 = e^{-x}, \quad y_2 = e^{ix}, \quad y_3 = e^{-ix},$$

somit heißt das Integral der Gleichung

$$y = Ae^{-x} + Be^{ix} + Ce^{-ix}$$
$$= Ae^{-x} + (B + C)\cos x + i(B - C)\sin x$$

oder in anderer Bezeichnungsweise der Konstanten:

$$y = Ae^{-x} + B\cos x + C\sin x.$$

171–172 b) $y = e^{kx}, \qquad k^2 - a^2 = 0,$

$$k_1 = + a, \qquad k_2 = - a,$$

$$y_1 = e^{ax}, \qquad y_2 = e^{-ax},$$

$$y = A y_1 + B y_2 = A e^{ax} + B e^{-ax}.$$

172. a) $\qquad y = e^{kx}, \qquad k^3 + k^2 + k = 0;$

$$k_1 = 0, \quad k_2 = \frac{i\sqrt{3} - 1}{2}, \quad k_3 = \frac{-i\sqrt{3} - 1}{2},$$

$$y_1 = e^{0 \cdot x} = 1, \quad y_2 = e^{\frac{i\sqrt{3}-1}{2}x}, \quad y_3 = e^{\frac{-i\sqrt{3}-1}{2}x},$$

also wird

$$y = A + B e^{\frac{i\sqrt{3}-1}{2}x} + C e^{\frac{-i\sqrt{3}-1}{2}x}$$

$$= A + e^{-\frac{x}{2}}\left(B e^{\frac{i\sqrt{3}}{2}x} + C e^{\frac{-i\sqrt{3}}{2}x}\right)$$

$$= A + e^{-\frac{x}{2}}\left[(B + C)\cos\frac{\sqrt{3}}{2}x + i(B - C)\sin\frac{\sqrt{3}}{2}x\right]$$

$$= A + e^{-\frac{x}{2}}\left(B\cos\frac{\sqrt{3}}{2}x + C\sin\frac{\sqrt{3}}{2}x\right).$$

b) $y = e^{kx}$, charakteristische Gleichung:

$$k^4 + 4 = 0,$$

somit wird

$$k^2 = \pm 2i; \quad k = \pm\sqrt{\pm 2i}.$$

Nun ist allgemein

$$(1 + i)^2 = 1 + 2i - 1 = 2i,$$

also

$$\sqrt{i} = \pm\frac{1 + i}{\sqrt{2}}$$

und da

$$(1 - i)^2 = 1 - 2i - 1 = - 2i.$$

$$- i = \frac{(1 - i)^2}{2}, \quad \text{also} \quad \sqrt{-i} = \pm\frac{1 - i}{\sqrt{2}}.$$

172–173 Die vier Wurzelwerte von k sind also:

$$k_1 = \sqrt{2i} = \frac{\sqrt{2}(1+i)}{\sqrt{2}} = 1 + i,$$

$$k_2 = 1 - i, \quad k_3 = -1 - i, \quad k_4 = -1 + i.$$

Es wird also:

$$y = A e^{(1+i)x} + B e^{(1-i)x} + C e^{-(1+i)x} + D e^{-(1-i)x}.$$

Werden hier noch die Exponentialfunktionen durch die trigonometrischen ersetzt, so erhält man nach den möglichen Zusammenziehungen und in vereinfachter Schreibweise der Konstanten:

$$y = (A e^{x} + B e^{-x}) \cos x + (C e^{x} + D e^{-x}) \sin x.$$

173. a) $y = e^{kx}$, charakteristische Gleichung $k^4 - 2 = 0$;

$$k^2 = \pm \sqrt{2}, \quad k = \pm \sqrt{\pm \sqrt{2}} = \pm \sqrt{\pm 1}\, \sqrt[4]{2},$$

die Wurzelwerte von k heißen also

$$k_1 = \sqrt[4]{2}, \quad k_2 = -\sqrt[4]{2}, \quad k_3 = i\sqrt[4]{2}, \quad k_4 = -i\sqrt[4]{2},$$

also wird das Integral

$$y = A y_1 + B y_2 + C y_3 + D y_4$$

$$= A e^{x\sqrt[4]{2}} + B e^{-x\sqrt[4]{2}} + C e^{ix\sqrt[4]{2}} + D e^{-ix\sqrt[4]{2}}$$

$$= A \sin x\sqrt[4]{2} + B \cos x\sqrt[4]{2} + C e^{x\sqrt[4]{2}} + D e^{-x\sqrt[4]{2}}.$$

b) Charakteristische Gleichung:

$$k^2 - k + 1 = 0, \quad k_1 = \frac{1 + i\sqrt{3}}{2}, \quad k_2 = \frac{1 - i\sqrt{3}}{2},$$

$$y = A e^{\frac{1+i\sqrt{3}}{2}x} + B e^{\frac{1-i\sqrt{3}}{2}x}$$

$$= e^{\frac{x}{2}} \left(A^{\frac{i\sqrt{3}}{2} x} + B^{\frac{-i\sqrt{3}}{2} x} \right)$$

$$= e^{\frac{x}{2}} \left(A \cos \frac{x}{2}\sqrt{3} + B \sin \frac{x}{2}\sqrt{3} \right).$$

174 174. a) Charakteristische Gleichung:

$$k^2 - 4k + 4 = 0,$$

d. h.

$$(k-2)^2 = 0; \quad k_1 = k_2 = 2, \quad y = (Ax + B)e^{2x}.$$

Probe: Aus

$$y e^{-2x} = Ax + B$$

ergibt sich durch zweimaliges Differenzieren:

$$e^{-2x}\left(\frac{dy}{dx} - 2y\right) = A,$$

$$e^{-2x}\left[\frac{d^2y}{dx^2} - 2\frac{dy}{dx} - 2\left(\frac{dy}{dx} - 2y\right)\right] = 0,$$

d. h.

$$\frac{d^2y}{dx^2} - 4\frac{dy}{dx} + 4y = 0,$$

d. i. die gegebene Differentialgleichung.

Nach der früher angegebenen Methode hätte man — durch die Substitution

$$y = e^u, \quad \frac{dy}{dx} = e^u \frac{du}{dx} = e^u \cdot v,$$

$$\frac{d^2y}{dx^2} = e^u\left[\left(\frac{du}{dx}\right)^2 + \frac{d^2u}{dx^2}\right] = e^u\left(v^2 + \frac{dv}{dx}\right)$$

erhalten:

$$\frac{dv}{dx} + v^2 - 4v + 4 = 0, \quad \text{d. h.} \quad (v-2)^2 = -\frac{dv}{dx},$$

$$C + x = -\int \frac{dv}{(v-2)^2} = \frac{1}{v-2}$$

und hieraus v, d. i.

$$\frac{du}{dx} = 2 + \frac{1}{C+x},$$

also $u + \ln D$, d. i.

$$\ln y + \ln D = \ln Dy = 2x + \ln(C + x)$$

oder

$$\frac{Dy}{C+x} = e^{2x}$$

und hieraus

$$y = \left(\frac{C}{D} + \frac{x}{D}\right)e^{2x} = (A + Bx)e^{2x}$$

wie oben.

174 b) Charakteristische Gleichung

$$k^4 - 4k^3 + 5k^2 - 4k + 4 = 0.$$

Hier ist

$$k_1 = 2, \quad k_2 = 2, \quad k_3 = i, \quad k_4 = -i,$$

denn es ist

$$(k-2)(k-2)(k-i)(k+i) = (k^2 - 4k + 4)(k^2 + 1)$$
$$= k^4 - 4k^3 + 5k^2 - 4k + 4.$$

Das Integral heißt somit

$$y = (A + Bx)e^{2x} + Ce^{ix} + De^{-ix}$$
$$= (A + Bx)e^{2x} + C\cos x + D\sin x.$$

c) Die charakteristische Gleichung der Differentialgleichung:

$$\frac{d^4 y}{dx^4} + 2\frac{d^2 y}{dx^2} + y = 0 \quad \text{ist} \quad k^4 + 2k^2 + 1 = 0,$$

d. h.

$$(k^2 + 1)^2 = 0,$$

also

$$k_1 = k_2 = i, \qquad k_3 = k_4 = -i.$$

Das Integral dieser Differentialgleichung ist also:

$$y = (Ax + B)e^{ix} + (Cx + D)e^{-ix}$$

oder in trigonometrischen Funktionen und vereinfachter Schreibweise der Konstanten:

$$y = (Ax + B)\cos x + (Cx + D)\sin x \ldots \tag{1}$$

Diese Gleichung enthält nun aber vier willkürliche Konstanten; da die gegebene Differentialgleichung aber ursprünglich nur von der zweiten Ordnung war, so sind also zwei dieser Konstanten überzählig. Der Wert derselben läßt sich aber leicht bestimmen und dadurch die Zahl der Konstanten auf zwei reduzieren. Wird nämlich Gl. (1) zweimal differenziert, so erhält man:

$$\frac{dy}{dx} = A\cos x - (Ax + B)\sin x$$
$$+ C\sin x + (Cx + D)\cos x$$

174–175 und

$$\frac{d^2 y}{d x^2} = -2A \sin x - (Ax + B) \cos x$$
$$+ 2C \cos x - (Cx + D) \sin x.$$

Setzt man diesen Wert von $\frac{d^2 y}{d x^2}$, sowie den durch Gl. (1) für y gegebenen Wert in die ursprüngliche Differentialgleichung, d. i. in die Gleichung

$$\frac{d^2 y}{d x^2} + y = \sin x,$$

so wird dieselbe, nach den möglichen Vereinfachungen zu

$$2C \cos x - 2A \sin x = \sin x$$

und dieser Gleichung wird genügt durch die Annahme:

$$C = 0 \quad \text{und} \quad -2A = 1, \quad \text{d. h.} \quad A = -\frac{1}{2}$$

und durch Einsetzung dieser Wert in die das Integral darstellende Gl. (1) erhält man also:

$$y = \left(B - \frac{x}{2}\right) \cos x + D \sin x.$$

175. a) Die „reduzierte“ Differentialgleichung

$$\frac{d^2 y}{d x^2} + y = 0$$

ergibt für $y = e^{kx}$

$$k^2 + 1 = 0, \quad k_1 = i, \quad k_2 = -i,$$
$$y = A e^{ix} + B e^{-ix}$$

oder durch trigonometrische Funktionen ausgedrückt mit Änderung der Bezeichnungsweise der Konstanten:

$$y = A \cos x + B \sin x.$$

Es ist also zu substituieren:

$$y = u \cos x + v \sin x;$$

hieraus folgt

$$\frac{dy}{dx} = \cos x \frac{du}{dx} - u \sin x + \sin x \frac{dv}{dx} + v \cos x.$$

175 Wird aus dieser Gleichung

$$\cos x \frac{du}{dx} + \sin x \frac{dv}{dx} = 0 \qquad (1)$$

ausgeschieden, so bleibt

$$\frac{dy}{dx} = -u \sin x + v \cos x$$

und hieraus durch Differenzieren

$$\frac{d^2 y}{dx^2} = -\sin x \frac{du}{dx} - u \cos x + \cos x \frac{dv}{dx} - v \sin x.$$

Die gegebene Differentialgleichung wird also durch Einsetzen der Werte von $\frac{d^2 y}{dx^2}$ und y zu:

$$-\sin x \frac{du}{dx} + \cos x \frac{dv}{dx} = e^x \ldots \qquad (2)$$

Zur Elimination von $\frac{dv}{dx}$ aus dieser Gleichung hat man nun aus Gl. (1)

$$\frac{dv}{dx} = -\frac{\cos x}{\sin x} \frac{du}{dx} \ldots \qquad (3)$$

Dadurch wird (2) zu

$$-\left(\sin x + \frac{\cos^2 x}{\sin x}\right) \frac{du}{dx} = e^x,$$

d. h.

$$-\frac{1}{\sin x} \frac{du}{dx} = e^x,$$

woraus

$$u = A - \int \sin x\, e^x\, dx.$$

Für das Integral erhält man durch partielle Integration:

$$\int \sin x\, e^x\, dx = \sin x\, e^x - \int e^x \cos x\, dx$$

$$= \sin x\, e^x - \cos x\, e^x - \int \sin x\, e^x\, dx,$$

also ist

$$\int \sin x\, e^x\, dx = \frac{1}{2} (\sin x - \cos x)\, e^x,$$

somit

$$u = A + \frac{1}{2} (\cos x - \sin x)\, e^x,$$

175 wogegen aus Gl. (3), wenn daselbst

$$\frac{du}{dx} = -\sin x e^x$$

gesetzt wird,

$$v = B + \int \cos x e^x dx$$

folgt, was durch partielle Integration

$$v = B + \frac{1}{2}(\cos x + \sin x) e^x$$

ergibt. Sonach wird

$$y = A \cos x + \frac{1}{2}(\cos x - \sin x) e^x \cos x$$

$$+ B \sin x + \frac{1}{2}(\cos x + \sin x) e^x \sin x,$$

was sich vereinfacht zu

$$y = A \cos x + B \sin x + \frac{1}{2} e^x.$$

Diese Aufgabe hätte sich leicht auch dadurch lösen lassen, daß man die gegebene Differentialgleichung noch einmal differenziert hätte, was

$$\frac{d^3 y}{dx^3} + \frac{dy}{dx} = e^x$$

ergäbe. Wird hiervon die gegebene Differentialgleichung abgezogen, so erhält man die homogene Differentialgleichung:

$$\frac{d^3 y}{dx^3} - \frac{d^2 y}{dx^2} + \frac{dy}{dx} - y = 0,$$

deren charakteristische Gleichung

$$k^3 - k^2 + k - 1 = 0$$

ist, woraus

$$k_1 = 1, \quad k_2 = i, \quad k_3 = -i$$

folgt. Es wird also

$$y = A e^x + B \cos x + C \sin x.$$

Da dies Integral in bezug auf eine Differentialgleichung zweiter Ordnung, wie die gegebene Differentialgleichung eine ist, eine überzählige Konstante aufweist, so braucht

175 man zur Bestimmung derselben nur diese Gleichung zweimal zu differenzieren, was

$$\frac{d^2 y}{d x^2} = A e^x - B \cos x - C \sin x$$

ergibt und durch Einsetzung dieses Wertes und des Wertes von y in die gegebene Differentialgleichung erhält man:

$$2 A e^x = e^x, \quad \text{woraus} \quad A = \frac{1}{2}$$

folgt. Somit wird

$$y = \frac{1}{2} e^x + B \cos x + C \sin x,$$

was bei Änderung der Bezeichnungsweise der Konstanten mit dem ersten Resultat vollständig übereinstimmt.

b) Reduzierte Gleichung:

$$\frac{d^2 y}{d x^2} - \frac{d y}{d x} - 2 y = 0. \tag{1}$$

Charakteristische Gleichung:

$$k^2 - k - 2 = 0, \quad k_1 = 2, \quad k_2 = -1,$$

$$y = A e^{2x} + B e^{-x}.$$

Substitutionsgleichung:

$$y = u e^{2x} + v e^{-x}$$

$$\frac{d y}{d x} = e^{2x} \frac{d u}{d x} + 2 u e^{2x} + e^{-x} \frac{d v}{d x} - v e^{-x}.$$

$$e^{2x} \frac{d u}{d x} + e^{-x} \frac{d v}{d x} = 0. \tag{2}$$

Aus

$$\frac{d y}{d x} = 2 u e^{2x} - v e^{-x}$$

folgt also durch Differenzieren

$$\frac{d^2 y}{d x^2} = 2 e^{2x} \frac{d u}{d x} + 4 u e^{2x} - e^{-x} \frac{d v}{d x} + v e^{-x}.$$

Hiernach wird die gegebene Differentialgleichung zu

$$2 e^{2x} \frac{d u}{d x} - e^{-x} \frac{d v}{d x} = \frac{3}{2} e^x \ldots \tag{3}$$

175 Durch Einsetzung des Wertes für $e^{-x}\frac{dv}{dx}$ aus Gl. (2) wird also

$$3e^{2x}\frac{du}{dx} = \frac{3}{2}e^x \quad \text{oder} \quad e^x\frac{du}{dx} = \frac{1}{2}$$

und hieraus

$$u = A - \frac{1}{2}e^{-x}$$

und da

$$\frac{dv}{ax} = -e^{3x}\frac{du}{dx} = -e^{3x}\cdot\frac{1}{2}e^{-x} = -\frac{1}{2}e^{2x}$$

ist, so folgt

$$v = B - \frac{1}{4}e^{2x},$$

somit wird

$$y = \left(A - \frac{1}{2}e^{-x}\right)e^{2x} + \left(B - \frac{1}{4}e^{2x}\right)e^{-x}$$

$$= Ae^{2x} + Be^{-x} - \frac{3}{4}e^x.$$

Die gegebene Differentialgleichung hätte sich auch durch nochmaliges Differenzieren ergeben. Da nämlich auch die differenzierte Gleichung den gleichen Wert: $\frac{3}{2}e^x$ ergibt, erhielte man durch Abzug der gegebenen Gleichung von der differenzierten die homogene Differentialgleichung:

$$\frac{d^3y}{dx^3} - 2\frac{d^2y}{dx^2} - \frac{dy}{dx} + 2y = 0.$$

Charakteristische Gleichung:

$$k^3 - 2k^2 - k + 2 = 0; \quad k_1 = 1, \quad k_2 = -1, \quad k_3 = 2,$$

$$y = Ae^x + Be^{-x} + Ce^{2x}.$$

Zur Bestimmung der überzähligen Konstanten hat man

$$\frac{dy}{dx} = Ae^x - Be^{-x} + 2Ce^{2x},$$

$$\frac{d^2y}{dx^2} = Ae^x + Be^{-x} + 4Ce^{2x}.$$

Die gegebene Differentialgleichung wird durch diese Werte zu

$$-2Ae^x = \frac{3}{2}e^x$$

175–176 und hieraus folgt

$$A = -\frac{3}{4},$$

das Integral der gegebenen Differentialgleichung wird also, wie oben zu

$$y = Ce^{2x} + Be^{-x} - \frac{3}{4}e^{x}.$$

176. a) Ergibt durch zweimaliges Differenzieren die Differentialgleichung

$$\frac{d^5 y}{dx^5} + \frac{d^2 y}{dx^2} = -\sin x,$$

was zur gegebenen Differentialgleichung addiert die homogene Differentialgleichung

$$\frac{d^5 y}{dx^5} + \frac{d^3 y}{dx^3} + \frac{d^2 y}{dx^2} + y = 0 \quad \text{ergibt.}$$

Charakteristische Gleichung:

$$k^5 + k^3 + k^2 + 1 = 0.$$

Wurzeln dieser Gleichung

$$k_1 = -1, \quad k_2 = i, \quad k_3 = -i, \quad k_4 = \frac{1}{2} + \frac{i}{2}\sqrt{3},$$

$$k_5 = \frac{1}{2} - \frac{i}{2}\sqrt{3}.$$

$$y = Ae^{-x} + B\cos x + C\sin x$$

$$+ \left(D\cos\frac{1}{2}\sqrt{3}\,x + E\sin\frac{1}{2}\sqrt{3}\,x\right)e^{\frac{x}{2}}.$$

Zur Bestimmung der überzähligen Konstanten ergibt sich nach den möglichen Vereinfachungen:

$$(B + C)\sin x + (B - C)\cos x = \sin x,$$

welcher Gleichung durch die Annahme genügt wird

$$B + C = 1, \quad B - C = 0,$$

so daß also $B = C = \frac{1}{2}$ zu setzen ist. Dadurch wird das Integral zu

$$y = Ae^{-x} + \frac{1}{2}(\cos x + \sin x)$$

$$+ \left(D\cos\frac{\sqrt{3}}{2}x + E\sin\frac{\sqrt{3}}{2}x\right)e^{\frac{x}{2}}.$$

176 b) Ergibt auf die gleiche Weise behandelt, wie 176a), d. h. nach zweimaligem Differenzieren, die homogene Differentialgleichung

$$\frac{d^5 y}{d x^5} - \frac{d^4 y}{d x^4} + 2\frac{d^3 y}{d x^3} - 2\frac{d^2 y}{d x^2} + \frac{d y}{d x} - y = 0 .$$

Wurzeln der charakteristischen Gleichung:

$$k_1 = 1, \quad k_2 = k_3 = i, \quad k_4 = k_5 = -i.$$

Unter Berücksichtigung der Doppelwurzeln erhält man also als Integral

$$y = A e^x + (B + Cx)\cos x + (D + Ex)\sin x,$$

wobei die überzähligen Konstanten aus der Gleichung

$$2(C - E)\sin x - 2(C + E)\cos x = \sin x$$

zu bestimmen sind. Hiernach wäre zu setzen:

$$2(C - E) = 1, \quad C + E = 0,$$

also ist $C = \frac{1}{4}$ und $E = -\frac{1}{4}$ zu setzen und dadurch wird

$$y = A e^x + \frac{1}{4} x(\cos x - \sin x) + B\cos x + D\sin x .$$

Nach der Methode der Variation der Konstanten erhielte man aus der reduzierten Differentialgleichung

$$\frac{d^3 y}{d x^3} - \frac{d^2 y}{d x^2} + \frac{d y}{d x} - y = 0 .$$

$$y = u e^x + v\sin x + w\cos x, \qquad (1)$$

also eine Differentialgleichung mit drei neuen Variabeln, zu deren Bestimmung man die Gleichungen findet:

$$\frac{d y}{d x} = u e^x + v\cos x - w\sin x, \qquad (2)$$

$$e^x \frac{d u}{d x} + \sin x\frac{d v}{d x} + \cos x\frac{d w}{d x} = 0, \qquad (3)$$

$$\frac{d^2 y}{d x^2} = u e^x - v\sin x - w\cos x, \qquad (4)$$

$$e^x \frac{d u}{d x} + \cos x\frac{d v}{d x} - \sin x\frac{d w}{d x} = 0 \qquad (5)$$

und

$$e^x \frac{d u}{d x} - \sin x\frac{d v}{d x} - \cos x\frac{d w}{d x} = \sin x . \qquad (6)$$

176–177 Hier ergibt nun die Addition von Gl. (3) und (6):

$$2e^x \frac{du}{dx} = \sin x,$$

woraus

$$u = A - \frac{1}{4} e^{-x} (\sin x + \cos x)$$

folgt. Durch Addition der mit $\sin x$ multiplizierten Gl. (3) und der mit $\cos x$ multiplizierten Gl. (6) erhält man

$$(\sin x + \cos x) e^x \frac{du}{dx} + \frac{dv}{dx} = 0$$

oder da bereits

$$e^x \frac{du}{dx} = \frac{1}{2} \sin x$$

gefunden wurde,

$$2 dv = - \sin x (\sin x + \cos x) dx$$

und hieraus

$$v = B + \frac{1}{8} (\sin 2x + \cos 2x) - \frac{x}{4},$$

endlich durch Einsetzung der Werte von $\frac{du}{dx}$ und $\frac{dv}{dx}$ in Gl. (3)

$$2 \frac{dw}{dx} = \sin^2 x (\operatorname{tg} x + 1) - \operatorname{tg} x,$$

woraus

$$w = C + \frac{x}{4} + \frac{1}{8} (\cos 2x - \sin 2x),$$

so daß also schließlich, mit entsprechender Änderung in der Bezeichnung der Konstanten,

$$y = A e^x + \frac{x}{4} (\cos x - \sin x) + B \cos x + D \sin x$$

sich ergibt, wie bereits oben auf anderem Wege gefunden wurde.

177. a) Wird durch Differenzieren zu der homogenen Differentialgleichung

$$\frac{d^3 y}{dx^3} + \frac{dy}{dx} = 0.$$

177 Substitution $y = e^{kx}$, charakteristische Gleichung

$$k^3 + k = 0 .$$

Wurzeln der Gleichung:

$$k_1 = 0, \quad k_2 = i, \quad k_3 = -i .$$

$$y = A e^0 + B e^{ix} + C e^{-ix}$$

oder

$$y = A + B\cos x + C\sin x .$$

Zur Bestimmung der überzähligen Konstanten hat man:

$$\frac{dy}{dx} = -B\sin x + C\cos x ,$$

$$\frac{d^2 y}{dx^2} = -B\cos x - C\sin x .$$

Die gegebene Differentialgleichung wird dadurch zu:

$$-2(A + B\cos x + C\sin x)(B\cos x + C\sin x)$$
$$-(C\cos x - B\sin x)^2 + (A + B\cos x + C\sin x)^2 = 0 ,$$

was sich auch schreiben läßt:

$$(A + B\cos x + C\sin x)(A + B\cos x + C\sin x$$
$$- 2B\cos x - 2C\sin x) = (C\cos x - B\sin x)^2$$

oder

$$[A + B\cos x + C\sin x][A - (B\cos x + C\sin x)]$$
$$= (C\cos x - B\sin x)^2$$

oder

$$A^2 - (B\cos x + C\sin x)^2 = (C\cos x - B\sin x)^2 ,$$

was sich vereinfacht zu

$$A^2 = B^2 + C^2 ,$$

und hieraus folgt

$$C = \sqrt{A^2 - B^2} ,$$

also wird:

$$y = A + B\cos x + \sqrt{A^2 - B^2}\sin x .$$

177–178 b) Wird durch Differenzieren zu

$$\frac{d^4 y}{d x^4} - 2\frac{d^3 y}{d x^3} - \frac{d^2 y}{d x^2} = 0; \quad y = e^{kx},$$

charakteristische Gleichung:

$$k^4 - 2k^3 - k^2 = 0;$$

$$k_1 = 0, \quad k_2 = 0, \quad k_3 = 1 + \sqrt{2}, \quad k_4 = 1 - \sqrt{2},$$

$$y = (A + Bx)e^0 + Ce^{x + x\sqrt{2}} + De^{x - x\sqrt{2}}$$

$$= A + Bx + e^x\left(Ce^{x\sqrt{2}} + De^{-x\sqrt{2}}\right).$$

Zur Bestimmung der überzähligen Konstanten hätte man nun noch zu bilden:

$$\frac{dy}{dx} = B + \left[C(1+\sqrt{2})\, e^{x\sqrt{2}} + D(1-\sqrt{2})\, e^{-x\sqrt{2}}\right] e^x,$$

$$\frac{d^2 y}{dx^2} = \left[C(1+\sqrt{2})^2 e^{x\sqrt{2}} + D(1-\sqrt{2})^2 e^{-x\sqrt{2}}\right] e^x,$$

$$\frac{d^3 y}{dx^3} = \left[C(1+\sqrt{2})^3 e^{x\sqrt{2}} + D(1-\sqrt{2})^3 e^{-x\sqrt{2}}\right] e^x.$$

Diese Werte sind in die gegebene Differentialgleichung einzusetzen, wobei man eine Gleichung erhalten würde, in welcher die Glieder, welche Funktionen von x sind, aus der Rechnung fallen müssen. Zur Vereinfachung der Rechnung kann man aber überall zuvor auch $x = 0$ setzen. Die gegebene Differentialgleichung reduziert sich dabei auf

$2B + A = 0$ oder es ist $A = -2B$,

somit

$$y = B(x-2) + \left(Ce^{x\sqrt{2}} + De^{-x\sqrt{2}}\right) e^x.$$

178. a) Läßt sich schreiben:

$$d\left(x\frac{dy}{dx}\right) - dy + dy = 0,$$

$$x\frac{dy}{dx} = A, \quad y = A \ln x + B.$$

178 b) Läßt sich schreiben:

$$d\left(x\frac{d^2y}{dx^2}\right) - d\frac{dy}{dx} + 2d\frac{dy}{dx} = 0,$$

was integriert

$$x\frac{d^2y}{dx^2} + \frac{dy}{dx} = A$$

ergibt. An Stelle dieser Gleichung läßt sich wiederum schreiben:

$$d\left(x\frac{dy}{dx}\right) - dy + dy = A\,dx,$$

also wird

$$x\frac{dy}{dx} = Ax + B,$$

also ist

$$dy = A\,dx + \frac{B}{x}\,dx,$$

somit

$$y = Ax + B\ln x + C.$$

---

c) Läßt sich schreiben:

$$d\left(e^x\frac{dy}{dx}\right) - e^x\,dy - d(y\,e^x) + e^x\,dy - 2\sin x\,dx = 0,$$

was integriert

$$e^x\frac{dy}{dx} - y\,e^x + 2\cos x + A = 0$$

ergibt. Mit e^{-2x} als integrierendem Faktor multipliziert wird diese Gleichung zu

$$d(y\,e^{-x}) + 2e^{-2x}\cos x\,dx + A\,e^{-2x}\,dx = 0,$$

was integriert

$$y\,e^{-x} + \frac{2}{5}(\sin x - 2\cos x)\,e^{-2x} - \frac{A}{2}\,e^{-2x} = B$$

ergibt, also ist

$$y = A\,e^{-x} + B\,e^{x} - \frac{2}{5}(\sin x - 2\cos x)\,e^{-x},$$

da man jetzt A statt $\frac{A}{2}$ schreiben kann.

179. $x = e^u, \quad u = \ln x,$

$$du = \frac{dx}{x}, \quad dx = x\,du, \quad \frac{dy}{dx} = \frac{dy}{x\,du};$$

$$\frac{d^2y}{dx^2} = \frac{1}{x}\,\frac{d\frac{dy}{du}}{dx} - \frac{1}{x^2}\frac{dy}{du} = \frac{1}{x^2}\left(\frac{d^2y}{du^2} - \frac{dy}{du}\right),$$

$$\frac{d^3y}{dx^3} = \frac{1}{x^2}\left(\frac{d\frac{d^2y}{du^2}}{dx} - \frac{d\frac{dy}{du}}{dx}\right) - \frac{2}{x^3}\left(\frac{d^2y}{du^2} - \frac{dy}{du}\right)$$

$$= \frac{1}{x^3}\left(\frac{d^3y}{du^3} - 3\frac{d^2y}{du^2} + 2\frac{dy}{du}\right).$$

Die gegebene Differentialgleichung wird durch Einsetzung dieser Werte zur homogenen Differentialgleichung:

$$\frac{d^3y}{du^3} + \frac{d^2y}{du^2} - \frac{dy}{du} - y = 0; \quad y = e^{ku},$$

charakteristische Gleichung:

$k^3 + k^2 - k - 1 = 0, \quad k_1 = 1, \quad k_2 = -1, \quad k_3 = -1$ (Doppelwurzel),

$$y = Ae^u + (B + Cu)e^{-u},$$

d. h. da

$$e^u = x \quad \text{und} \quad u = \ln x,$$

$$y = Ax + \frac{B + C\ln x}{x}.$$

180. Eliminiert man die Veränderliche t aus den beiden Gleichungen, indem man (2) durch (1) dividiert, so erhält man die Differentialgleichung:

$$\frac{dy}{dx} = \frac{x - y}{x + y} \quad \text{oder} \quad x\,dy + y\,dy = x\,dx - y\,dx$$

oder

$$x\,dy + y\,dx, \quad \text{d. i.} \quad d(xy) = x\,dx - y\,dy,$$

was integriert

$$2xy = A + x^2 - y^2$$

ergibt. Wird diese Gleichung nach y aufgelöst, so erhält man

$$y = \sqrt{A + 2x^2} - x \quad \text{oder} \quad x + y = \sqrt{A + 2x^2}$$

und dadurch wird Gl. (1) zu

$$\frac{dx}{dt} = \sqrt{A + 2x^2},$$

woraus durch Integration

$$B + t = \int \frac{dx}{\sqrt{A + 2x^2}} = \frac{1}{\sqrt{2}} \int \frac{\sqrt{2}\, dx}{\sqrt{A + (x\sqrt{2})^2}}$$

$$= \frac{1}{\sqrt{2}} \ln\left(x\sqrt{2} + \sqrt{A + 2x^2}\right).$$

Diese Gleichung gibt nach x aufgelöst:

$$x = \frac{1}{2\sqrt{2}}\left(e^{(B+t)\sqrt{2}} - A e^{-(B + t\sqrt{2})}\right)$$

oder in leichtverständlicher Vereinfachung der Konstanten:

$$x = a e^{t\sqrt{2}} + b e^{-t\sqrt{2}}.$$

Aus dieser Gleichung folgt:

$$\frac{dx}{dt} = \left(a e^{t\sqrt{2}} - b e^{-t\sqrt{2}}\right)\sqrt{2},$$

somit nach Gl. (1):

$$y = \frac{dx}{dt} - x = a\left(\sqrt{2} - 1\right) e^{t\sqrt{2}} - b\left(\sqrt{2} + 1\right) e^{-t\sqrt{2}}.$$

181. Durch Subtraktion der Gl. (1) von Gl. (2) erhält man:

$$\frac{d^2 x}{dt^2} - \frac{d^2 y}{dt^2} = 2y,$$

während man aus (1) durch zweimaliges Differenzieren

$$\frac{d^4 y}{dt^2} = \frac{d^2 x}{dt^2} - \frac{d^2 y}{dt^2}$$

erhält. Aus den beiden letzten Gleichungen folgt also ohne weiteres, daß $\frac{d^4 y}{dt^2} = 2y$ sein muß und aus der homogenen Differentialgleichung

$$\frac{d^4 y}{dt^2} - 2y = 0$$

folgt also, wenn $y = e^{kt}$ gesetzt wird, die charakteristische Gleichung:

$$k^4 - 2 = 0,$$

oder

$$k^2 = \pm \sqrt{2}, \quad k = \pm \sqrt{\pm \sqrt{2}},$$

also wird

$$k_1 = \sqrt{\sqrt{2}} = \sqrt[4]{2}, \quad k_2 = -\sqrt{\sqrt{2}} = -\sqrt[4]{2}.$$

$$k_3 = \sqrt{-\sqrt{2}} = i\sqrt[4]{2}, \quad k_4 = -\sqrt{-\sqrt{2}} = -i\sqrt[4]{2},$$

also

$$y = A e^{t\sqrt[4]{2}} + B e^{-t\sqrt[4]{2}} + C e^{it\sqrt[4]{2}} + D e^{-it\sqrt[4]{2}}$$

$$= A e^{t\sqrt[4]{2}} + B e^{-t\sqrt[4]{2}} + C \cos t\sqrt[4]{2} + D \sin t\sqrt[4]{2}.$$

Da nach Gl. (1)

$$x = y + \frac{d^2 y}{d t^2}$$

folgt, so braucht man nur den für y gefundenen und den hieraus für $\frac{d^2 y}{d t^2}$ durch zweimaliges Differenzieren sich ergebenden Wert in diese Gleichung einzusetzen und erhält dadurch:

$$x = A(\sqrt{2} + 1) e^{t\sqrt[4]{2}} + B(\sqrt{2} + 1) e^{-t\sqrt[4]{2}}$$

$$- C(\sqrt{2} - 1) \cos t\sqrt[4]{2} - D(\sqrt{2} - 1) \sin t\sqrt[4]{2}.$$

182. Durch Addition der beiden Gl. (1) und (2) erhält man:

$$\frac{d^2 y}{d t^2} + \frac{d^2 x}{d t^2} = 0 \tag{3}$$

und aus

$$x = \frac{1}{a^2} \frac{d^2 y}{d t^2}$$

folgt durch zweimaliges Differenzieren:

$$\frac{d^2 x}{d t^2} = \frac{1}{a^2} \frac{d^4 y}{d t^4},$$

sonach wird (3) zu

$$\frac{d^4 y}{d t^4} + a^2 \frac{d^2 y}{d t^2} = 0.$$

182—183 Die Substitution $y = e^{kt}$ liefert für diese homogene Differentialgleichung die charakteristische Gleichung:

$$k^4 + a^2 k^2 = 0$$

mit den Wurzeln:

$$k_1 = k_2 = 0, \quad k_3 = i a, \quad k_4 = -i a;$$

$$y = A + Bt + C \cos a t + D \sin a t.$$

Durch zweimaliges Differenzieren erhält man:

$$\frac{d^2 y}{d t^2} = -a^2 (C \cos a t + D \sin a t).$$

Da aber nach obigem

$$x = \frac{1}{a^2} \frac{d^2 y}{d t^2},$$

so wird also

$$x = -(C \cos a t + D \sin a t).$$

Zwischen x und y findet somit die Beziehung statt:

$$y + x = A + Bt,$$

eine Beziehung, die auch die integrierbare Gl. (3) ergeben würde, aus welcher zunächst sich

$$\frac{dy}{dt} + \frac{dx}{dt} = B$$

und durch nochmaliges Integrieren

$$y + x = A + Bt$$

ergeben hätte.

183. Von den beiden Differentialgleichungen läßt sich die zweite ohne weiteres integrieren und ergibt:

$$y = x + At + B. \tag{3}$$

Aus (1) und (2) folgt aber auch

$$\frac{d^2 x}{d t^2} = x + y,$$

also wegen (3)

$$\frac{d^2 x}{d t^2} = 2x + At + B, \tag{4}$$

183 welche Gleichung differenziert

$$\frac{d^3 x}{d t^3} = 2 \frac{d x}{d t} + A$$

und nochmals differenziert

$$\frac{d^4 x}{d t^4} = 2 \frac{d^2 x}{d t^2} \quad \text{oder} \quad \frac{d^4 x}{d t^4} - 2 \frac{d^2 x}{d t^2} = 0$$

ergibt. Wird in dieser Differentialgleichung

$$\frac{d^2 x}{d t^2} = u$$

substituiert, so hat man die homogene Differentialgleichung

$$\frac{d^2 u}{d t^2} - 2 u = 0$$

und wenn $u = e^{kt}$ gesetzt wird, so erhält man die charakteristische Gleichung:

$$k^2 - 2 = 0\,,$$

somit

$$k_1 = + \sqrt{2}\,, \quad k_2 = - \sqrt{2}\,,$$

daher wird

$$u, \text{ d. i. } \frac{d^2 x}{d t^2} = C e^{t\sqrt{2}} + D e^{-t\sqrt{2}}.$$

Der Gl. (4) zufolge ist also jetzt

$$2x + At + B = C e^{t\sqrt{2}} + D e^{-t\sqrt{2}}$$

und hieraus folgt:

$$x = \frac{1}{2} \left(C e^{t\sqrt{2}} + D e^{-t\sqrt{2}} - At - B \right)$$

und da nach (3)

$$y = x A t + B\,,$$

so wird also

$$y = \frac{1}{2} \left(C e^{t\sqrt{2}} + D e^{-t\sqrt{2}} + At + B \right).$$

Durch Auflösen der Gl. (3) nach t und Einsetzen des Wertes dieser Veränderlichen in eine der Gleichung für x oder y erhielte man dann leicht die zwischen x und y bestehende Beziehung.

184–185 184. Aus (2) folgt:

$$\frac{dx}{dt} = \frac{d^2 y}{dt^2} + \frac{dy}{dt}$$

und hieraus durch Differenzieren

$$\frac{d^2 x}{dt^2} = \frac{d^3 y}{dt^3} + \frac{d^2 y}{dt^2}.$$

Durch Einsetzen dieser Werte in Gl. (1) wird diese zu:

$$\frac{d^3 y}{dt^3} - 2\frac{dy}{dt} = 0.$$

Diese homogene Differentialgleichung ergibt durch die Substitution $y = e^{kt}$ die charakteristische Gleichung

$$k^3 - 2k = 0,$$

woraus

$$k_1 = 0, \quad k_2 = \sqrt{2}, \quad k_3 = -\sqrt{2}$$

folgt, also wird

$$y = Ae^0 + Be^{t\sqrt{2}} + Ce^{-t\sqrt{2}} = A + Be^{t\sqrt{2}} + Ce^{-t\sqrt{2}}.$$

Setzt man die aus dieser Gleichung durch Differenzieren erhaltenen Werte für $\frac{dy}{dt}$ und $\frac{d^2 y}{dt^2}$ in die Gleichung

$$\frac{dx}{dt} = \frac{d^2 y}{dt^2} + \frac{dy}{dt},$$

so erhält man die Differentialgleichung

$$\frac{dx}{dt} = B\sqrt{2}(\sqrt{2}+1)e^{t\sqrt{2}} + C\sqrt{2}(\sqrt{2}-1)e^{-t\sqrt{2}}$$

und hieraus durch Integrieren:

$$x = B(\sqrt{2}+1)e^{t\sqrt{2}} - C(\sqrt{2}-1)e^{-t\sqrt{2}} + D.$$

---

185. Durch Addition der beiden Gleichungen erhält man:

$$\frac{dy}{dt} + \frac{dx}{dt} + 2y = e^t + e^{-t} \dots \quad (3)$$

Gl. (1) differenziert, ergibt:

$$\frac{d^2 y}{dt^2} + \frac{dy}{dt} + \frac{dx}{dt} = e^t \dots \quad (4)$$

185 Zieht man also Gl. (3) von Gl. (4) ab, so erhält man:

$$\frac{d^2 y}{d t^2} - 2y = -e^{-t} \ldots \qquad (5)$$

was differenziert

$$\frac{d^3 y}{d t^3} - 2\frac{d y}{d t} = e^{-t} \ldots \qquad (6)$$

ergibt. Durch Addition von (5) und (6) erhält man also die homogene Differentialgleichung:

$$\frac{d^3 y}{d t^3} + \frac{d^2 y}{d t^2} - 2\frac{d y}{d t} - 2y = 0; \quad y = e^{kt},$$

charakteristische Gleichung

$$k^3 + k^2 - 2k - 2 = 0;$$

Wurzeln dieser Gleichung

$$k_1 = -1, \quad k_2 = +\sqrt{2}, \quad k_3 = -\sqrt{2},$$

$$y = A e^{-t} + B e^{t\sqrt{2}} + C e^{-t\sqrt{2}}.$$

Hieraus folgt:

$$\frac{d y}{d t} = -A e^{-t} + B\sqrt{2}\, e^{t\sqrt{2}} - C\sqrt{2}\, e^{-t\sqrt{2}}.$$

Nach Gl. (1) wird also endlich:

$$x = e^t - y - \frac{d y}{d t}$$

$$= e^t - B(\sqrt{2}+1)\, e^{t\sqrt{2}} + C(\sqrt{2}-1)\, e^{-t\sqrt{2}}.$$

Bildet man hieraus den Differentialquotienten $\frac{d x}{d t}$ und setzt denselben, sowie die für y und x gefundenen Werte in Gl. (2) ein, so ergibt sich die Gleichung:

$$A e^{-t} = e^{-t},$$

woraus sich die Überzähligkeit der Konstanten A ergibt. Dieselbe ist also $= 1$ zu setzen, wodurch sich die Gleichung für y modifiziert zu

$$y = e^{-t} + B e^{t\sqrt{2}} + C e^{-t\sqrt{2}}.$$

186–187 186. Durch Multiplizieren von Gl. (1) mit $\sin t$ und Gl. (2) mit $\cos t$ und Addieren beider Gleichungen erhält man:

$$(\sin^2 t + \cos^2 t)\frac{dy}{dt}, \quad \text{d. i.} \quad \frac{dy}{dt} = \sin t \cos t \tag{3}$$

also durch Integration:

$$y = A + \frac{1}{2}\sin^2 t = A + \frac{1}{4}(1 - \cos 2t).$$

Ferner erhält man durch Einsetzen des Wertes für $\frac{dy}{dt}$ aus Gl. (3) in Gl. (1):

$$\frac{dx}{dt} = -\sin^2 t,$$

somit

$$x = B - \int \sin^2 t\, dt = B + \frac{1}{2}(\sin t \cos t - t)$$

oder

$$x = B + \frac{1}{4}(\sin 2t - 2t).$$

Aus den Gleichungen für y und x geht also hervor, daß die durch x und y dargestellte Kurve eine Zykloide ist.

187. Durch Einsetzen des Wertes von $\frac{dx^2}{dt^2}$ aus Gl. (2) in Gl. (1) wird diese zu

$$\frac{d^2 y}{dt^2} - y\frac{dy}{dt} = 0, \quad \text{d. h.} \quad d\frac{dy}{dt} - y\,dy = 0,$$

was integriert

$$\frac{dy}{dt} = \frac{1}{2}(K^2 + y^2)$$

und hieraus durch nochmalige Integration

$$t + L = 2\int \frac{dy}{K^2 + y^2} = \frac{2}{K}\operatorname{arc\,tg}\frac{y}{K},$$

woraus

$$y = K \operatorname{tg}\frac{K}{2}(t + L)$$

oder in einfacherer Bezeichnungsweise der Konstanten

$$y = 2A\operatorname{tg}(At + B).$$

187–188 Zur Bestimmung von x läßt sich nun zunächst Gl. (1) in der Form schreiben:

$$x\,d\frac{dy}{dt} - y\,d\frac{dx}{dt} = 0$$

oder

$$d\left(x\frac{dy}{dt}\right) - \frac{dy}{dt}dx - d\left(y\frac{dx}{dt}\right) + \frac{dx}{dt}dy = 0\,.$$

Da sich das zweite Glied gegen das vierte aufhebt, so ergibt der Rest der Gleichung durch Integration:

$$x\frac{dy}{dt} - y\frac{dx}{dt} = C \quad \text{oder} \quad x\,dy - y\,dx = C\,dt.$$

Wird diese Gleichung durch

$$y^2 = 4A^2\,\mathrm{tg}^2(At + B)$$

dividiert, so erhält man

$$\frac{x\,dy - y\,dx}{y^2}, \quad \text{d. i.} \quad -d\left(\frac{x}{y}\right) = \frac{C}{4A^2}\cdot\frac{dt}{\mathrm{tg}^2(At + B)},$$

was integriert

$$\frac{x}{y} = D - \frac{C}{4A^2}\int\frac{1 - \sin^2(At + B)}{\sin^2(At + B)}\,dt$$

$$= D + \frac{C}{4A^2}\left(\frac{1}{A\,\mathrm{tg}(At + B)} + t\right)$$

oder da für den sonst nirgends vorkommenden Koeffizienten $\frac{C}{4A^2}$ auch einfach C geschrieben werden kann, so wird

$$x = y\left[D + C\left(\frac{1}{A\,\mathrm{tg}(At + B)} + t\right)\right]$$

oder mit Einsetzung des gefundenen Wertes von y

$$x = 2A(D + Ct)\,\mathrm{tg}(At + B) + 2C.$$

188. Substituiert man mit Rücksicht auf Gl. (2) $y = ux$, so wird

$$\frac{dy}{dt} = u\frac{dx}{dt} + x\frac{du}{dt}$$

und

$$\frac{d^2y}{dt^2} = 2\frac{du}{dt}\cdot\frac{dx}{dt} + u\frac{d^2x}{dt^2} + x\frac{d^2u}{dt^2}$$

188 und hiernach Gl. (1) zu

$$2x\frac{du}{dt}\cdot\frac{dx}{dt} + ux\frac{d^2x}{dt^2} + x^2\frac{d^2u}{dt^2} - ux\frac{d^2x}{dt^2} = 0,$$

was sich reduziert auf

$$2x\frac{du}{dt}dx + x^2 d\frac{du}{dt}, \quad \text{d. i.} \quad d\left(x^2\frac{du}{dt}\right) = 0,$$

was integriert

$$x^2\frac{du}{dt} = A \ldots \qquad (3)$$

ergibt. Es ist also

$$\frac{du}{dt} = \frac{A}{x^2}, \quad \text{also} \quad \frac{d^2u}{dt^2} = -\frac{2A}{x^3}\frac{dx}{dt}$$

und hierdurch wird der gefundene Wert für $\frac{d^2y}{dt^2}$ zu

$$\frac{2A}{x^2}\frac{dx}{dt} + u\frac{d^2x}{dt^2} - \frac{2A}{x^2}\frac{dx}{dt} = u\frac{d^2x}{dt^2}$$

und hierdurch wird Gl (2), in welcher statt

$$\frac{ky}{(x^2+y^2)^{3/2}} = \frac{kux}{(x^2+u^2x^2)^{3/2}} = \frac{ku}{x^2(1+u^2)^{3/2}}$$

geschrieben werden kann, zu

$$\frac{d^2x}{dt^2} + \frac{k}{x^2(1+u^2)^{3/2}} = 0,$$

d. h. es ist

$$d\frac{dx}{dt} + \frac{k\,dt}{x^2(1+u^2)^{3/2}} = 0.$$

Setzt man in dieser Gleichung für dt den aus Gl. (3) sich ergebenden Wert, so erhält man also zwischen x und u eine Differentialgleichung von der Form

$$A\,d\left(\frac{dx}{x^2\,du}\right) + \frac{k}{A}\cdot\frac{du}{(1+u^2)^{3/2}} = 0,$$

was integriert

$$\frac{A^2}{x^2}\cdot\frac{dx}{du} + k\int\frac{du}{(1+u^2)^{3/2}} = B$$

ergibt. Für das noch auszuführende Integral findet man leicht durch die Substitution $u = \operatorname{tg}\varphi$:

$$k\int\frac{d\varphi}{\sqrt{1+\operatorname{tg}^2\varphi}} = k\int\cos\varphi\,d\varphi = k\sin\varphi = \frac{ku}{\sqrt{1+u^2}},$$

also wird

$$\frac{A^2}{x^2}\frac{dx}{du} + \frac{ku}{\sqrt{1+u^2}} = B$$

oder

$$A^2\frac{dx}{x^2} + \frac{k u\, du}{\sqrt{1+u^2}} = B\,du,$$

was nochmals integriert

$$k\sqrt{1+u^2} - \frac{A^2}{x} = Bu + C \tag{4}$$

ergibt, oder der Bedeutung von u als $\frac{y}{x}$ zufolge:

$$k\sqrt{x^2+y^2} = A^2 + By + Cx.$$

Dies ist ganz allgemein die Gleichung eines Kegelschnittes, speziell für $B = 0$ und $C = 0$ die Mittelpunktsgleichung eines Kreises mit dem Radius $\frac{A^2}{k}$; für $B = 0$, $C = k$ wird sie zu der auf ihren Brennpunkt als Koordinatenanfang bezogenen Parabel mit dem Halbparameter $\frac{A^2}{k}$,

$$y^2 = \frac{2A^2}{k}\left(x + \frac{A^2}{2k}\right),$$

im übrigen die einer Ellipse oder Hyperbel. Um die zwischen t, x und y bestehende Beziehung zu finden, hätte man nur z. B. Gl. (4) nach x aufzulösen und den Wert dafür in Gl. (3) einzusetzen und die sich dabei ergebende Differentialgleichung zwischen $u\left(\text{d. i.} = \frac{y}{x}\right)$ und t zu integrieren.

189. Die Substitution $y = ux$ ergibt hier für Gl. (1) wie in der vorigen Aufgabe

$$x^2\frac{du}{dt} = A, \tag{3}$$

während Gl. (2) zu

$$2u\frac{dx}{dt} + x\frac{du}{dt} = \frac{ux}{t}$$

wird, was mit $\frac{dt}{ux}$ multipliziert die integrierbare Gleichung

189

$$2\frac{dx}{x} + \frac{du}{u} = \frac{dt}{t}$$

ergibt, was integriert

$$\ln x^2 + \ln u = \ln B + \ln t \quad \text{oder} \quad x^2 u = Bt \tag{4}$$

ergibt. Hieraus ist

$$u = \frac{Bt}{x^2},$$

also

$$\frac{du}{dt} = B\frac{x^2 - 2xt\frac{dx}{dt}}{x^4} = B\frac{x - 2t\frac{dx}{dt}}{x^3}.$$

Durch Einsetzung dieses Wertes in Gl. (3) wird diese zu

$$B\left(x - 2t\frac{dx}{dt}\right) = Ax,$$

und hieraus

$$(B - A)\frac{dt}{t} = 2B\frac{dx}{x},$$

was integriert

$$(B - A)\ln t = 2B\ln x + 2B\ln C = 2B\ln Cx$$

oder

$$\ln Cx = \frac{B - A}{2B}\ln t$$

ergibt, d. h.

$$Cx = t^{\frac{B-A}{2B}} \quad \text{oder} \quad x = Ct^{\frac{B-A}{2B}},$$

wenn hier C statt $\frac{1}{C}$ geschrieben wird. Da $y = ux$ ist, so läßt sich Gl. (4) auch schreiben:

$$xy = Bt,$$

also wird

$$y = \frac{Bt}{x} = \frac{Bt}{Ct^{\frac{B-A}{2B}}} = \frac{B}{C}t^{\frac{B+A}{2B}}.$$

190–191 Aus den beiden Differentialgleichungen ergibt sich durch Subtraktion

$$\frac{d^2 y}{d t^2} - \frac{d^2 x}{d t^2} = \sin t - \cos t$$

oder

$$d \frac{d y}{d t} - d \frac{d x}{d t} = (\sin t - \cos t) d t,$$

was integriert

$$\frac{d y}{d t} - \frac{d x}{d t} = A - \cos t - \sin t$$

ergibt, woraus durch nochmalige Integration

$$y - x = A t - \sin t + \cos t + B \qquad (3)$$

folgt. Hierzu Gl. (1) addiert, ergibt

$$\frac{d^2 y}{d t^2} = A t + \cos t + B,$$

d. h.

$$d \frac{d y}{d t} = A t d t + \cos t d t + B d t,$$

was integriert

$$\frac{d y}{d t} = \frac{A}{2} t^2 + \sin t + B t + C.$$

Hieraus folgt durch nochmalige Integration

$$y = \frac{A}{6} t^3 - \cos t + \frac{B}{2} t^2 + C t + D.$$

Hiervon Gl. (3) subtrahiert, ergibt

$$x = \frac{A}{6} t^3 + \frac{B}{2} t^2 + (C - A) t - 2 \cos t + \sin t + D - B.$$

---

191. Gl. (1) differenziert ergibt

$$\frac{d^3 y}{d t^3} - \frac{d^2 x}{d t^2} = 0,$$

oder da nach (2)

$$\frac{d^2 x}{d t^2} = \frac{d y}{d t} \quad \text{ist:} \quad \frac{d^3 y}{d t^3} - \frac{d y}{d t} = 0;$$

Substitution:

$$y = e^{k t},$$

191–192 charakteristische Gleichung:

$$k^3 - k = 0; \quad k_1 = 0, \quad k_2 = 1, \quad k_3 = -1;$$

$$y = A + Be^t + Ce^{-t}. \tag{3}$$

Hieraus folgt durch Differenzieren

$$\frac{dy}{dt} = Be^t - Ce^{-t} \quad \text{und} \quad \frac{d^2y}{dt^2} = Be^t + Ce^{-t},$$

somit wird zufolge Gl. (1):

$$\frac{dx}{dt} = Be^t + Ce^{-t},$$

was integriert

$$x = Be^t - Ce^{-t} + D \tag{4}$$

ergibt. Um die zwischen x und y bestehende Beziehung zu finden, kann man zum Zwecke der Elimination von t aus (3) und (4) die Gleichungen bilden:

$$y + x = A + D + 2Be^t$$

und

$$y - x = A - D + 2Ce^{-t}$$

oder

$$\frac{y - A + x - D}{2B} = e^t \quad \text{und} \quad \frac{y - A - (x - D)}{2C} = e^{-t}.$$

Werden die beiden letzten Gleichungen miteinander multipliziert, so erhält man:

$$\frac{(y - A)^2 - (x - D)^2}{4BC} = 1,$$

oder wenn $-a^2$ statt $4BC$ geschrieben wird:

$$(x - D)^2 - (y - A)^2 = a^2$$

(Gleichung der gleichseitigen Hyperbel).

192. Aus (1) folgt

$$\frac{d^3y}{dt^3} + \frac{d^2x}{dt^2} = 0,$$

also wird wegen (2)

$$\frac{d^3y}{dt^3} + \frac{dy}{dt} = 0; \quad y = e^{kt},$$

$$k^3 + k = 0, \quad k_1 = 0, \quad k_2 = i, \quad k_3 = -i;$$

192–193

$$y = A + B\cos t + C\sin t \tag{3}$$

und hieraus

$$\frac{d^2 y}{dt^2} = -B\cos t - C\sin t.$$

Zufolge Gl. (1) wird also

$$\frac{dx}{dt} = B\cos t + C\sin t$$

und hieraus

$$x = D + B\sin t - C\cos t. \tag{4}$$

Zur Elimination von t hat man aus (3)

$(y - A)^2 = B^2\cos^2 t + 2BC\cos t\sin t + C^2\sin^2 t$

und aus (4):

$(x - D)^2 = B^2\sin^2 t - 2BC\sin t\cos t + C^2\cos^2 t,$

somit ist

$(y - A)^2 + (x - D)^2 = B^2 + C^2$ (Kreisgleichung).

---

193. Aus (1) folgt durch Differenzieren:

$$\frac{d^4 y}{dt^4} = \frac{d^3 x}{dt^3},$$

also wird wegen (2)

$$\frac{d^4 y}{dt^4} - \frac{d^2 y}{dt^2} = 0; \quad y = e^{kt}, \quad k^4 - k^2 = 0;$$

$k_1 = k_2 = 0$ (Doppelwurzel), $k_3 = +1$, $k_4 = -1$,

$y = (A + Bt)e^0 + Ce^t + De^{-t} = A + Bt + Ce^t + De^{-t}$.

Hieraus folgt

$$\frac{d^3 y}{dt^3} = Ce^t - De^{-t},$$

also ist wegen Gl. (1)

$$\frac{d^2 x}{dt^2} = Ce^t - De^{-t},$$

was einmal integriert

$$\frac{dx}{dt} = Ce^t + De^{-t} + E$$

und nochmals integriert

$$x = Ce^t - De^{-t} + Et + F$$

ergibt.

194 194. Aus (3) und (1) folgt:

$$\frac{d^2 z}{d t^2} = \frac{d x}{d t} = y$$

und aus (2) durch zweimaliges Differenzieren:

$$\frac{d^2 z}{d t^2} = \frac{d^3 y}{d t^3}.$$

Aus den beiden letzten Gleichungen ergibt sich also die homogene Differentialgleichung:

$$\frac{d^3 y}{d t^3} = y \quad \text{oder} \quad \frac{d^3 y}{d t^3} - y = 0;$$

$$y = e^{k t}, \quad k^3 - 1 = 0;$$

$$k_1 = 1, \quad k_2 = \frac{1}{2} + \frac{i}{2}\sqrt{3}, \quad k_3 = \frac{1}{2} - \frac{i}{2}\sqrt{3},$$

somit wird

$$y = A e^t + e^{\frac{t}{2}}\left(B \cos\frac{t}{2}\sqrt{3} + C \sin\frac{t}{2}\sqrt{3}\right).$$

Da nun aber nach Gl. (2) $z = \frac{d y}{d t}$ und nach (3) $x = \frac{d z}{d t}$ ist, so können die Werte von z und x aus der gefundenen Gleichung für y ohne Integration durch bloßes Differenzieren gefunden werden. Man erhält auf diese Weise

$$z = A e^t + e^{\frac{t}{2}}\left(\frac{B}{2}\cos\frac{t}{2}\sqrt{3} + \frac{C}{2}\sin\frac{t}{2}\sqrt{3}\right.$$

$$\left. - \frac{B}{2}\sqrt{3}\sin\frac{t}{2}\sqrt{3} + \frac{C}{2}\sqrt{3}\cos\frac{t}{2}\sqrt{3}\right)$$

$$= A e^t + e^{\frac{t}{2}}\left(\frac{B + C\sqrt{3}}{2}\cos\frac{t}{2}\sqrt{3} + \frac{C - B\sqrt{3}}{2}\sin\frac{t}{2}\sqrt{3}\right);$$

$$x = A e^t + e^{\frac{t}{2}}\left(\frac{C\sqrt{3} - B}{2}\cos\frac{t}{2}\sqrt{3}\right.$$

$$\left. - \frac{B\sqrt{3} + C}{2}\sin\frac{t}{2}\sqrt{3}\right).$$

195 195. Aus (1) und (3) folgt:

$$\frac{d^2 x}{d t^2} - \frac{d y}{d t} = x + y \tag{4}$$

und (2) — (1) ergibt:

$$\frac{d y}{d t} - \frac{d x}{d t} = x - y. \tag{5}$$

Aus (4) und (5) erhält man somit durch Addition:

$$\frac{d^2 x}{d t^2} - \frac{d x}{d t} - 2x = 0; \quad x = e^{k t}; \quad k^2 - k - 2 = 0;$$

$$k_1 = 2, \quad k_2 = -1; \quad x = A e^{2t} + B e^{-t}.$$

Diese Gleichung ergibt differenziert:

$$\frac{d x}{d t} = 2 A e^{2t} - B e^{-t},$$

also wegen (1):

$$y + z = 2 A e^{2t} - B e^{-t},$$

und hieraus wird durch Differenzieren:

$$\frac{d y}{d t} + \frac{d z}{d t} = 4 A e^{2t} + B e^{-t}$$

oder da nach (3)

$$\frac{d z}{d t} = x + y = A e^{2t} + B e^{-t} + y$$

ist:

$$\frac{d y}{d t} + y = 3 A e^{2t}.$$

Der integrierende Faktor dieser Differentialgleichung ist e^t, man erhält dadurch

$$e^t dy + y e^t dt = 3 A e^{3t} dt,$$

was integriert

$$y e^t = A e^{3t} + C$$

ergibt, also ist

$$y = A e^{2t} + C e^{-t}.$$

Zufolge (1) ist also noch

$$z = \frac{d x}{d t} - y = 2 A e^{2t} - B e^{-t} - A e^{2t} - C e^{-t}$$

$$= A e^{2t} - (B + C) e^{-t}.$$

196–198 Von den drei Differentialgleichungen ist (3) ohne weiteres integrierbar und ergibt:

$$\ln z = \ln A \sin t \quad \text{oder} \quad z = A \sin t. \tag{4}$$

Hierdurch wird (2) zu

$$\frac{dy}{dt} = A \sin t \cos t,$$

was integriert

$$y = \frac{A}{2} \sin^2 t + B$$

ergibt, während man aus (1)

$$dx = A \sin^2 t\, dt, \quad \text{also} \quad x = \frac{A}{2}(t - \sin t \cos t) + C$$

erhält.

197. Von den drei Differentialgleichungen ist die zweite ohne weiteres integrierbar. Sie ergibt aus

$$y = e^{kt}, \quad k^2 - k = 0, \quad k_1 = 0, \quad k_2 = 1, \quad y = A + Be^t.$$

Aus (1) und (3) folgt:

$$\frac{d^3 x}{dt^3} = \frac{d^2 z}{dt^2} = \frac{dx}{dt},$$

also für

$$x = e^{kt}, \quad k^3 - k = 0, \quad k_1 = 0, \quad k_2 = 1, \quad k_3 = -1,$$

somit

$$x = C + De^t + Ee^{-t};$$

hieraus durch zweimaliges Differenzieren:

$$\frac{d^2 x}{dt^2} = De^t + Ee^{-t} = \frac{dz}{dt} \quad \text{(zufolge Gl. (1))},$$

ergibt integriert

$$z = De^t - Ee^{-t} + F.$$

198. Aus (1) und (2) folgt:

$$\frac{d^2 x}{dt^2} - \frac{d^2 y}{dt^2} = \frac{dy}{dt} - \frac{dx}{dt}; \tag{4}$$

aus (2)

$$\frac{d^3 y}{dt^3} = \frac{d^2 x}{dt^2} + \frac{d^2 z}{dt^2} = \frac{d^2 x}{dt^2} + \frac{dy}{dt} + \frac{dx}{dt} \dots \tag{5}$$

(wegen (3)).

198 Es ergibt also (4) + (5):

$$\frac{d^3 y}{d t^3} - \frac{d^2 y}{d t^2} = 2 \frac{d y}{d t}$$

oder

$$\frac{d^3 y}{d t^3} - \frac{d^2 y}{d t^2} - 2 \frac{d y}{d t} = 0 ; \quad y = e^{k t},$$

$$k^3 - k^2 - 2k = 0, \quad k_1 = 0, \quad k_2 = 2, \quad k_3 = -1,$$

somit wird

$$y = A + B e^{2t} + C e^{-t}.$$

Setzt man die hieraus für $\frac{d y}{d t}$ und $\frac{d^2 y}{d t^2}$ folgenden Werte in Gl. (4) ein, so erhält man:

$$\frac{d^2 x}{d t^2} + \frac{d x}{d t} = 6 B e^{2t} \quad \text{oder} \quad d \frac{d x}{d t} + dx = 6 B e^{2t} dt,$$

was integriert

$$\frac{d x}{d t} + x = 3 B e^{2t} + D$$

ergibt. Der integrierende Faktor der Differentialgleichung

$$dx + x\,dt = 3 B e^{2t} dt + D\,dt \quad \text{ist} \quad e^t,$$

man erhält dadurch

$$e^t dx + x e^t dt, \quad \text{d. i.} \quad d(x e^t) = 3 B e^{3t} dt + D e^t dt,$$

was integriert

$$x e^t = B e^{3t} + D e^t + E \quad \text{oder} \quad x = B e^{2t} + D + E e^{-t}$$

ergibt. Durch Einsetzung der aus den Gleichungen für y und x folgenden Werte für $\frac{d^2 x}{d t^2}$ und $\frac{d y}{d t}$ in Gl. (1) erhält man schließlich noch

$$\frac{d z}{d t} = 2 B e^{2t} + (E + C) e^{-t},$$

was integriert

$$z = B e^{2t} - (E + C) e^{-t} + F$$

ergibt.

199 199. Durch Addition der drei Gleichungen erhält man:

$$\frac{d^2 x}{d t^2} - \frac{d x}{d t} - 2x = 0; \quad x = e^{kt}, \quad k^2 - k - 2 = 0,$$

$$k_1 = 2, \quad k_2 = -1, \quad x = A e^{2t} + B e^{-t};$$

hieraus

$$\frac{d x}{d t} = 2 A e^{2t} - B e^{-t} \quad \text{und} \quad \frac{d^2 x}{d t^2} = 4 A e^{2t} + B e^{-t}.$$

Hiernach ist nun auch Gl. (3) integrierbar. Man erhält nämlich aus

$$d z - d \frac{d z}{d t} = (2 A e^{2t} + 2 B e^{-t}) dt,$$

$$z - \frac{d z}{d t} = A e^{2t} - 2 B e^{-t} + C,$$

oder mit dem integrierenden Faktor e^{-t} multipliziert

$$e^{-t} z\, dt - e^{-t} dz,$$

d. i.

$$- d(z e^{-t}) = (A e^{t} - 2 B e^{-2t} + C e^{-t}) dt,$$

woraus

$$z e^{-t} = D - A e^{t} - B e^{-2t} + C e^{-t},$$

woraus

$$z = D e^{t} - A e^{2t} - B e^{-t} + C.$$

Hieraus ist

$$\frac{d z}{d t} = D e^{t} - 2 A e^{2t} + B e^{-t}$$

und damit folgt aus (1)

$$\frac{d^2 y}{d t^2} = - 2 A e^{2t} - 2 B e^{-t} - D e^{t},$$

was zweimal integriert

$$y = E t - \frac{A}{2} e^{2t} - 2 B e^{-t} - D e^{t} + F$$

ergibt.

200 200. Durch Addition der drei Gleichungen erhält man die integrierbaren Differentialgleichnngen:

$$\frac{d^2 y}{d t^2} - 2\frac{d y}{d t} - 3y = 0, \quad y = e^{kt}, \quad k^2 - 2k - 3 = 0,$$

$$k_1 = 3, \quad k_2 = -1, \quad y = A e^{3t} + B e^{-t};$$

$$\frac{d y}{d t} = 3 A e^{3t} - B e^{-t}; \quad \frac{d^2 y}{d t^2} = 9 A e^{3t} + B e^{-t}.$$

Nun folgt aus (1) und (2):

$$\frac{d^2 z}{d t^2} = -\frac{d^2 y}{d t^2} - \frac{d^2 x}{d t^2} = \frac{1}{2}\frac{d^2 x}{d t^2} - \frac{d y}{d t}.$$

Es wird also

$$\frac{3}{2}\frac{d^2 x}{d t^2} = \frac{d y}{d t} - \frac{d^2 y}{d t^2} = -6 A e^{3t} - 2 B e^{-t}$$

oder

$$d\frac{d x}{d t} = -4 A e^{3t} dt - \frac{4}{3} B e^{-dt},$$

was integriert

$$\frac{d x}{d t} = C - \frac{4}{3} A e^{3t} + \frac{4}{3} B e^{-t},$$

somit

$$x = D + Ct - \frac{4}{9} A e^{3t} - \frac{4}{3} B e^{-t}.$$

Endlich folgt aus (3)

$$\frac{d^2 z}{d t^2} = 2\frac{d^2 x}{d t^2} + 3y = \frac{B}{3} e^{-t} - 5 A e^{3t},$$

woraus

$$\frac{d z}{d t} = E - \frac{B}{3} e^{-t} - \frac{5}{3} A e^{3t}$$

und

$$z = F + Et + \frac{B}{3} e^{-t} - \frac{5}{9} A e^{3t}$$

folgt.

FSC
www.fsc.org
MIX
Papier | Fördert gute Waldnutzung
FSC® C083411

Zeitfracht Medien GmbH
Ferdinand-Jühlke-Straße 7
99095 Erfurt, Deutschland
produktsicherheit@kolibri360.de